# UML
## 面向对象设计与分析 基础教程

牛丽平 郭新志 杨继萍 等 编著

清华大学出版社
北京

## 内 容 简 介

本书全面介绍使用 UML 进行软件设计、分析与开发的知识。UML 适合于以体系结构为中心、用例驱动、迭代式和渐增式的软件开发过程，其应用领域非常广泛。本书内容包括面向对象的分析方法和设计方法，面向对象分析的三层设计，用例图、类图、对象图和包图、活动图、顺序图和协作图、状态图、构造组件图和部署图等，UML 核心语义以及扩展机制的三个重要组成部分：构造型、标记值和约束，使用与 UML 紧密结合的 RUP 进行软件开发，对象约束语言，UML 在 Web 应用程序中的应用，使用 C++语言实现 UML 模型（重点介绍类图模型的实现）的基本原理和方法。

本书适合作为普通高校计算机专业教材，也可以作为软件设计人员和开发人员的参考资料。

本书封面贴有清华大学出版社防伪标签，无标签者不得销售。
版权所有，侵权必究。举报：010-62782989，beiqinquan@tup.tsinghua.edu.cn。

图书在版编目(CIP)数据

UML 面向对象设计与分析基础教程 /牛丽平等编著. —北京：清华大学出版社，2007.7
（2025.1重印）
ISBN 978-7-302-15429-7

Ⅰ．U… Ⅱ．牛… Ⅲ．面向对象语言，UML–程序设计–教材　Ⅳ．TP312

中国版本图书馆 CIP 数据核字（2007）第 086861 号

责任编辑：夏兆彦　王冰飞
责任校对：张　剑
责任印制：宋　林

出版发行：清华大学出版社
　　　　网　　　址：https://www.tup.com.cn，https://www.wqxuetang.com
　　　　地　　　址：北京清华大学学研大厦 A 座　　　邮　　编：100084
　　　　社 总 机：010-83470000　　　　　　　　　　邮　　购：010-62786544
　　　　投稿与读者服务：010-62776969，c-service@tup.tsinghua.edu.cn
　　　　质 量 反 馈：010-62772015，zhiliang@tup.tsinghua.edu.cn
装 订 者：三河市人民印务有限公司
经　　销：全国新华书店
开　　本：185mm×260mm　　印　张：20.75　　字　数：488 千字
版　　次：2007 年 7 月第 1 版　　　　　　　　印　次：2025 年 1 月第 19 次印刷
定　　价：29.80元

产品编号：023633-01

# 前言

20世纪90年代,人们推出了许多不同的面向对象设计和分析方法。这些不同的面向对象的方法具有不同的建模符号体系,这些不同的符号体系极大地妨碍了软件的设计人员、开发人员和用户之间的交流。因此,有必要在分析、比较不同的建模语言以及总结面向对象技术应用实践的基础上,建立一个标准的、统一的建模语言。UML就是这样的建模语言,UML在1997年11月17日被对象管理组织OMG采纳成为基于面向对象技术的标准建模语言。统一建模语言UML不仅统一了面向对象方法中的符号表示,而且在其基础上进一步发展,并最终被统一为被人们所接受的标准。

UML相当适合于以体系结构为中心的、用例驱动的、迭代式和渐增式的软件开发过程,其应用领域颇为广泛,除了可用于具有实时性要求软件系统建模以及处理复杂数据的信息系统建模外,还可用于描述非软件领域的系统。

UML适用于系统开发过程中从需求分析到完成测试的各个阶段:在需求分析阶段,可以用用户模型视图来捕获用户需求;在分析和设计阶段,可以用静态结构和行为模型视图来描述系统的静态结构和动态行为;在实现阶段,可以将UML模型自动转换为用面向对象程序设计语言实现代码。

本书以渐进的顺序来介绍UML,从需求分析开始,然后再构建和部署系统。

第1章 主要介绍什么是面向对象的分析方法和设计方法,面向对象分析的三层设计;然后介绍面向对象分析的工具和方法——UML,以及UML的主要构成。

第2章 主要介绍什么是用例图,用例图的组成,以及如何使用用例图对系统进行需求分析。

第3章 介绍类图、对象图和包图的基本概念,重点介绍了类与类之间的关系以及如何建模类图。

第4章 主要介绍活动图的相关知识和活动图在UML建模中发挥的作用,并辅以图书馆管理系统活动图实例。

第5章 介绍系统交互之一的顺序图,其中主要介绍系统顺序图的作用,以及顺序图的组成。UML2.0在UML1.x的基础上,为管理复杂交互添加了顺序片段部分。

第6章 主要介绍通信图,通信图也是描述系统交互的动态视图,其在UML1.x中称为协作图,在本章介绍了构成通信图的主要部件,以及如何实现通信图与顺序图之间的转换。

第7章 本章主要介绍UML2.0新增的交互视图——时序图。当正在建模的系统对时间有需求时,就需要使用时序图对其进行交互建模。

第8章 本章主要介绍交互概况图和组合结构图,交互概况图将顺序图、通信图和时序图组合在一起,使用各种类型的交互图的特长为用例进行建模。组合结构图则从另一个方面描述了类之间的组成结构。

第 9 章　主要介绍了状态图的基础知识,并着重介绍状态图中的重要元素,最后给出了图书馆管理系统中用到的状态图。

第 10 章　介绍如何构造组件图和部署图。

第 11 章　介绍如何通过与 UML 紧密结合的 RUP 进行软件开发,重点介绍了 RUP 的二维空间和 RUP 的核心工作流程。

第 12 章　介绍如何根据 UML 模型进行数据库设计。

第 13 章　本章由浅入深地介绍了对象约束语言,包括对象约束语言的结构、语法、集合的使用和 OCL 标准库等。

第 14 章　本章从 UML 四层体系结构入手,详细介绍了 UML 核心语义及扩展机制的三个重要组成部分：构造型、标记值和约束。

第 15 章　介绍用 C++语言实现 UML 模型(重点介绍类图模型的实现)的基本原理和方法。

第 16 章　介绍使用 UML 分析一个比较完整的案例——图书管理系统,这一章是对前面基础部分的总结,展示了如何使用 UML 为系统建模。

第 17 章　主要介绍嵌入式系统的分析,以及嵌入式系统的技术特点和开发过程,并通过一个案例——MP3 播放器,介绍 UML 在嵌入式系统中的应用。

第 18 章　主要介绍 UML 在 Web 应用程序中的应用,通过本章的介绍,将使读者对 Web 应用程序的开发有一个全新的认识。

**本书特色**

本书是一本完整介绍 UML 在软件设计和开发过程中应用的教程,在编写过程中我们精心设计了丰富的体例,以帮助读者顺利学习本书内容。

- **理论紧密结合实践**　全书提供了 3 个完整的分析案例,通过示例分析、设计过程讲解 UML 的应用知识。
- **图文并茂**　UML 理论知识比较抽象,本书绘制了大量 UML 图,帮助读者直观理解抽象内容。
- **网站互动**　我们在网站上提供了本书案例和扩展内容的资料链接,便于读者继续学习相关知识；授课教师也可以下载本书教学课件和其他教学资源。
- **思考与练习**　简答题测试读者对各章内容的掌握程度；分析题理论结合实际,引导读者深入掌握 UML 理论知识。

**读者对象**

本书在多家院校成熟教案以及自编教材的基础上整合编写,全面介绍使用 UML 进行软件设计、分析与开发的知识,适合作为普通高校计算机专业教材,也可以作为软件设计人员和开发人员的参考资料。

本书作者均从事软件分析、开发和教学工作,拥有丰富的 UML 开发案例。参与本书编写人员除了封面署名人员之外,还有吴俊海、张瑞萍、董志鹏、祝红涛、王海峰、郝相林、刘万军、杨宁宁、郭晓俊、康显丽、辛爱军、牛小平、贾栓稳、王立新、苏静、赵元庆、王蕾、亢凤林、韦潜、郝安林等人。由于时间仓促,书中错误在所难免,敬请读者批评指正。读者可以通过清华大学出版社网站 www.tup.tsinghua.edu.cn 与我们联系。

编　者

# 目 录

## 第1章 UML 与面向对象 ............ 1
### 1.1 面向对象开发 ............ 2
- 1.1.1 理解面向对象开发 ............ 2
- 1.1.2 面向对象的主要概念 ............ 5
- 1.1.3 OO 开发的优点 ............ 8

### 1.2 OO 开发中的三层设计 ............ 8
### 1.3 UML 简介 ............ 9
- 1.3.1 为什么对系统建模 ............ 9
- 1.3.2 UML 的发展 ............ 10
- 1.3.3 UML 的构成 ............ 10
- 1.3.4 "统一"的意义 ............ 11

### 1.4 UML 视图 ............ 11
### 1.5 UML 图 ............ 13
### 1.6 模型元素 ............ 15
- 1.6.1 事物 ............ 15
- 1.6.2 关系 ............ 17

### 1.7 通用机制 ............ 18
### 1.8 使用 UML 建模 ............ 19
### 1.9 思考与练习 ............ 20

## 第2章 用例图 ............ 21
### 2.1 用例图的构成 ............ 21
- 2.1.1 系统 ............ 22
- 2.1.2 参与者 ............ 22
- 2.1.3 用例 ............ 24
- 2.1.4 关系 ............ 26

### 2.2 泛化 ............ 27
- 2.2.1 泛化用例 ............ 27
- 2.2.2 泛化参与者 ............ 29

### 2.3 描述用例 ............ 30
### 2.4 用例之间的关系 ............ 33
- 2.4.1 包含关系 ............ 33
- 2.4.2 扩展关系 ............ 34

### 2.5 用例建模 ............ 36
- 2.5.1 确定系统涉及的总体信息 ............ 36
- 2.5.2 确定系统的参与者 ............ 36
- 2.5.3 确定用例与构造用例模型 ............ 37

### 2.6 思考与练习 ............ 40

## 第3章 类图、对象图和包图 ............ 41
### 3.1 类图 ............ 41
- 3.1.1 概述 ............ 41
- 3.1.2 类及类的表示 ............ 42
- 3.1.3 定义类 ............ 47

### 3.2 关联关系 ............ 47
- 3.2.1 二元关联 ............ 48
- 3.2.2 关联类 ............ 53
- 3.2.3 或关联与反身关联 ............ 54
- 3.2.4 聚合 ............ 55
- 3.2.5 组成 ............ 55

### 3.3 泛化关系 ............ 56
- 3.3.1 泛化的含义和用途 ............ 56
- 3.3.2 泛化的层次与多重继承 ............ 57
- 3.3.3 泛化约束 ............ 58

### 3.4 依赖关系和实现关系 ............ 59
### 3.5 构造类图模型 ............ 61
### 3.6 抽象类 ............ 63
### 3.7 接口 ............ 64
### 3.8 对象图 ............ 65
- 3.8.1 对象和链 ............ 65
- 3.8.2 使用对象图建模 ............ 66

### 3.9 包图 ............ 67
- 3.9.1 理解包图 ............ 67
- 3.9.2 导入包 ............ 68
- 3.9.3 使用包图建模 ............ 70

### 3.10 思考与练习 ............ 70

## 第 4 章 活动图 ·········· 72
### 4.1 定义活动图 ·········· 72
### 4.2 认识活动图标记符 ·········· 73
#### 4.2.1 活动 ·········· 74
#### 4.2.2 状态 ·········· 75
#### 4.2.3 转移 ·········· 75
#### 4.2.4 控制点 ·········· 76
#### 4.2.5 判断节点与合并节点 ·········· 77
#### 4.2.6 综合应用 ·········· 79
### 4.3 其他标记符 ·········· 79
#### 4.3.1 事件和触发器 ·········· 79
#### 4.3.2 分叉和汇合 ·········· 80
#### 4.3.3 泳道 ·········· 81
#### 4.3.4 对象流 ·········· 82
### 4.4 建造活动图模型 ·········· 83
#### 4.4.1 建模活动图步骤 ·········· 83
#### 4.4.2 标识用例 ·········· 84
#### 4.4.3 建模主路径 ·········· 84
#### 4.4.4 建模从路径 ·········· 85
#### 4.4.5 添加泳道 ·········· 86
#### 4.4.6 改进高层活动 ·········· 87
### 4.5 思考与练习 ·········· 87

## 第 5 章 顺序图 ·········· 89
### 5.1 定义顺序图 ·········· 89
### 5.2 顺序图的组成 ·········· 90
#### 5.2.1 对象与生命线 ·········· 90
#### 5.2.2 消息 ·········· 91
#### 5.2.3 激活 ·········· 94
### 5.3 创建对象和分支、从属流 ·········· 95
#### 5.3.1 创建对象 ·········· 95
#### 5.3.2 分支和从属流 ·········· 96
### 5.4 建模时间 ·········· 97
### 5.5 建模迭代 ·········· 98
### 5.6 消息中的参数和序号 ·········· 99
### 5.7 管理复杂交互的顺序图片段 ·········· 100
### 5.8 创建顺序图模型 ·········· 101
#### 5.8.1 确定用例与工作流 ·········· 101
#### 5.8.2 布置对象与添加消息 ·········· 101
### 5.9 思考与练习 ·········· 104

## 第 6 章 通信图 ·········· 105
### 6.1 通信图的构成 ·········· 105
#### 6.1.1 对象和类角色 ·········· 105
#### 6.1.2 关联角色 ·········· 106
#### 6.1.3 通信链接 ·········· 107
#### 6.1.4 消息 ·········· 107
### 6.2 对消息使用序列号和控制点 ·········· 108
### 6.3 在通信图中创建对象 ·········· 109
### 6.4 迭代 ·········· 110
### 6.5 顺序图与通信图 ·········· 110
### 6.6 思考与练习 ·········· 112

## 第 7 章 时序图 ·········· 113
### 7.1 时序图构成 ·········· 113
#### 7.1.1 时序图中的对象 ·········· 113
#### 7.1.2 状态 ·········· 115
#### 7.1.3 时间 ·········· 115
#### 7.1.4 状态线 ·········· 116
#### 7.1.5 事件与消息 ·········· 116
### 7.2 时间约束 ·········· 117
### 7.3 时序图的替代表示法 ·········· 118
### 7.4 思考与练习 ·········· 119

## 第 8 章 交互概况图和组合结构图 ·········· 120
### 8.1 交互概况图的组成 ·········· 120
### 8.2 为用例建模交互概况图 ·········· 121
#### 8.2.1 交互 ·········· 122
#### 8.2.2 组合交互 ·········· 124
### 8.3 组合结构图 ·········· 125
#### 8.3.1 内部结构 ·········· 125
#### 8.3.2 使用类 ·········· 127
#### 8.3.3 合作 ·········· 128
### 8.4 思考与练习 ·········· 129

## 第 9 章 状态机图 ·········· 130
### 9.1 定义状态机图 ·········· 130
#### 9.1.1 状态机 ·········· 130

9.1.2　对象、状态和事件……………131
　　　9.1.3　状态机图……………………131
9.2　认识状态机图中的标记符……………132
　　　9.2.1　状态……………………………132
　　　9.2.2　转移……………………………132
　　　9.2.3　决策点…………………………135
　　　9.2.4　同步……………………………135
9.3　指定状态机图中的动作和事件………136
　　　9.3.1　事件……………………………136
　　　9.3.2　动作……………………………138
9.4　组成状态……………………………141
　　　9.4.1　顺序子状态……………………141
　　　9.4.2　并发子状态……………………142
　　　9.4.3　子状态机引用状态……………143
　　　9.4.4　同步状态………………………144
　　　9.4.5　历史状态………………………145
9.5　建造状态机图模型…………………146
　　　9.5.1　分析状态机图…………………146
　　　9.5.2　完成状态机图…………………146
9.6　思考与练习…………………………147

# 第10章　构造实现方式图……………148
10.1　组件图概述………………………148
10.2　组件及其表示……………………149
10.3　接口和组件间的关系……………149
10.4　组件图的应用……………………150
10.5　部署图……………………………151
　　　10.5.1　节点…………………………152
　　　10.5.2　关联关系……………………153
　　　10.5.3　部署图的应用………………153
10.6　组合组件图和部署图……………155
10.7　建模实现方式图…………………156
　　　10.7.1　添加节点和关联关系………156
　　　10.7.2　添加组件、类和对象………157
　　　10.7.3　添加依赖关系………………157
　　　10.7.4　图书管理系统的实现
　　　　　　　方式图……………………158

10.8　思考与练习………………………160

# 第11章　UML 与 RUP…………………162
11.1　理解软件开发过程………………162
11.2　Rational 统一过程（RUP）………163
　　　11.2.1　理解 RUP……………………163
　　　11.2.2　为什么要使用 RUP…………164
11.3　RUP 的二维空间…………………165
　　　11.3.1　时间维………………………165
　　　11.3.2　RUP 的静态结构……………167
11.4　核心工作流程……………………169
　　　11.4.1　需求获取工作流……………169
　　　11.4.2　分析工作流…………………172
　　　11.4.3　设计工作流…………………174
　　　11.4.4　实现工作流…………………176
　　　11.4.5　测试工作流…………………179
11.5　思考与练习………………………182

# 第12章　UML 与数据库设计…………183
12.1　数据库结构………………………183
12.2　数据库接口………………………183
12.3　数据库结构转换…………………184
　　　12.3.1　类到表的转换………………184
　　　12.3.2　关联关系的转换……………186
12.4　完整性与约束验证………………188
　　　12.4.1　父表的约束…………………188
　　　12.4.2　子表的约束…………………191
12.5　关于存储过程和触发器…………191
12.6　铁路系统 UML 模型到
　　　 数据库的转换……………………192
12.7　用 SQL 语句实现数据库功能……194
12.8　思考与练习………………………195

# 第13章　对象约束语言………………197
13.1　OCL 概述…………………………197
13.2　OCL 结构…………………………198
　　　13.2.1　抽象语法……………………198

13.2.2 具体语法 198
13.3 OCL 表达式 199
13.4 OCL 语法 200
　　13.4.1 固化类型 200
　　13.4.2 数据类型、运算符和操作 201
13.5 深入固化类型 202
　　13.5.1 属性约束建模 202
　　13.5.2 对操作约束建模 203
13.6 使用集合 204
　　13.6.1 创建集合 204
　　13.6.2 操作集合 205
13.7 使用消息 206
13.8 元组 208
13.9 OCL 标准库 209
　　13.9.1 OclVoid 和 OclAny 类型 209
　　13.9.2 OclMessage 类型 210
　　13.9.3 集合类型 210
　　13.9.4 模型元素类型 215
　　13.9.5 基本类型 216
13.10 思考与练习 218

## 第 14 章 UML 扩展机制 220

14.1 UML 的体系结构 220
　　14.1.1 四层体系结构 220
　　14.1.2 元元模型层 222
　　14.1.3 元模型层 223
14.2 UML 核心语义 224
14.3 构造型 226
　　14.3.1 表示构造型 226
　　14.3.2 UML 标准构造型 226
　　14.3.3 数据建模 229
　　14.3.4 Web 建模和业务建模扩展 230
14.4 标记值 231
　　14.4.1 表示标记值 231
　　14.4.2 标记值应用元素 231
　　14.4.3 自定义标记值 232
　　14.4.4 UML 标准标记值 233
14.5 约束 233
　　14.5.1 表示约束 233
　　14.5.2 UML 标准约束 234
　　14.5.3 自定义约束 236
14.6 思考与练习 236

## 第 15 章 UML 模型的实现 237

15.1 类的实现 237
15.2 关联关系的实现 239
　　15.2.1 一般关联的实现 240
　　15.2.2 有序关联的实现 244
　　15.2.3 关联类的实现 244
　　15.2.4 受限关联的实现 246
15.3 聚合与组合关系的实现 249
15.4 泛化关系的实现 250
15.5 接口类和包的实现 251
15.6 思考与练习 252

## 第 16 章 图书管理系统的分析与设计 256

16.1 系统需求 256
16.2 需求分析 257
　　16.2.1 识别参与者和用例 257
　　16.2.2 用例描述 259
16.3 静态结构模型 262
　　16.3.1 定义系统中的对象和类 262
　　16.3.2 定义用户界面类 266
　　16.3.3 类之间的关系 269
16.4 动态行为模型 271
　　16.4.1 建立顺序图 271
　　16.4.2 建立状态图 280
16.5 物理模型 281

# 目录

## 第 17 章 嵌入式系统设计 ……………283
- 17.1 嵌入式系统的技术特点 ………283
- 17.2 嵌入式系统的开发技术 ………285
  - 17.2.1 嵌入式系统开发过程……285
  - 17.2.2 软件移植 …………………286
- 17.3 嵌入式系统的需求分析 ………286
  - 17.3.1 MP3 播放器的
    工作原理 …………………287
  - 17.3.2 外部事件 …………………287
  - 17.3.3 识别用例 …………………289
  - 17.3.4 使用顺序图描述用例……290
- 17.4 系统的静态模型 ………………293
  - 17.4.1 识别系统中的
    对象或类 …………………293
  - 17.4.2 绘制类图 …………………294
- 17.5 系统的动态模型 ………………298
  - 17.5.1 状态图 ……………………298
  - 17.5.2 协作图 ……………………300
- 17.6 体系结构 ………………………302

## 第 18 章 Web 应用程序设计……………303
- 18.1 Web 应用程序的结构 …………303
  - 18.1.1 瘦客户模式 ………………304
  - 18.1.2 胖客户模式 ………………306
  - 18.1.3 Web 传输模式 ……………307
  - 18.1.4 程序结构模式对
    程序的影响 ………………307
- 18.2 Web 应用系统的 UML
  建模方法 …………………………308
- 18.3 UML 在学生成绩管理系统
  建模中的运用 ……………………311
  - 18.3.1 系统需求分析 ……………311
  - 18.3.2 系统设计 …………………311
- 18.4 系统详细设计 …………………318
- 18.5 系统部署 ………………………320

# 第 1 章　UML 与面向对象

UML（Unified Modeling Language，统一建模语言）是软件和系统开发的标准建模语言，它主要以图形的方式对系统进行分析、设计。任何大规模的系统设计难度都比较大。从简单的单机桌面程序设计到多层的企业级系统，任何系统都可以分解成为多个软件和硬件。那么，面对如此庞大复杂的结构，我们如何与客户沟通，了解客户对系统的需求？如何在开发人员之间共享设计，以确保各个部分能够无缝地协作？在开发复杂的系统时，如果缺乏相应的帮助工具，则很容易曲解或遗忘许多细节，这就是使用 UML 的原因。

面向对象是一种软件开发方法。软件系统，特别是由多个人开发的大型软件系统，应使用某种方法来开发。甚至由一个人开发的小型软件系统也应通过某种方法进行改进。所有的专业开发人员都相信，合适的开发方法是软件系统开发的基础。因此，在过去的几十年中，人们发明了许多开发方法，如瀑布开发方法、螺旋式开发方法、迭代式开发方法等。面向对象的设计方法是一种新兴程序设计方法，其基本思想是使用对象、类、封装、继承、关联、消息等基本概念来对系统进行分析与设计。

从 20 世纪 80 年代末到 90 年代中出现了一大批面向对象的分析与设计方法。各种流派的方法相互之间各不相同，它们之间的差异为面向对象的程序开发方法的发展和应用带来了不便。在这种情况下，UML 应运而生。UML 是在多种面向对象分析与设计方法相互融合的基础上形成的，是一种专用于系统建模的语言。它为开发人员与客户之间，以及开发人员之间的沟通与理解架起了"桥梁"。

**本章学习要点：**

- 理解面向对象概念
- 了解 OO 开发
- 熟悉 OO 开发的优点
- 掌握 OO 开发三层设计
- 了解模型的作用
- 了解面向对象的主要概念
- 了解 UML 的发展
- 掌握 UML 四层结构
- 了解统一的含义
- 理解 UML 视图和图的关系
- 掌握 UML 模型元素内容
- 理解 UML 通用机制
- 了解 UML 建模在软件开发中的应用

## 1.1 面向对象开发

面向对象开发作为一种新兴的软件开发方法，正在逐渐取代传统的方法，日益成为当前软件工程领域的主流方法。

### 1.1.1 理解面向对象开发

面向对象（Objec-Oriented，OO）不仅是一些具体的软件开发技术与策略，而且是一整套关于如何看待软件系统与现实世界的关系，用什么观点来研究问题并进行求解，以及如何进行系统构造的软件方法学。

概括地说，面向对象方法的基本思想包括两个主要方面。一方面是从现实世界中客观存在的事务出发来构造软件系统，并在系统的构造中尽可能地运用人类的自然思维方式。开发软件是为了解决某些问题，这些问题所涉及的业务范围称为该软件的问题域。面向对象方法强调直接以问题域中的事物为中心来思考问题、认识问题，并根据这些事物的本质特征把它们抽象为系统中的对象，以对象作为系统的基本构成单位。这可以使系统直接映射问题域，保持问题域中的事物及其相互关系的本质。

另一方面是面向对象方法比以往的方法更接近人类的自然思维方式。虽然结构化开发方法也采用了符合人类思维习惯的原则与策略（如自顶向下、逐步求解等方法），但是与传统的结构化开发方法不同，面向对象方法更加强调运用人类在日常生活中的逻辑思维中采用的思想方法，例如抽象、分类、继承等。这使得开发人员能够更有效地解决问题，并以其他人也能理解的方法将自己的想法表达出来。

如前所述，软件开发是对问题求解的过程。按照软件工程学的观点，可以将软件开发过程分为几个周期，主要包括分析、设计、编程、测试和维护等主要阶段。在软件工程学出现以前，软件开发主要是指编程，在这个阶段软件开发的成功与否完全依赖于开发人员的经验。随着计算机应用邻域的拓广，问题域的复杂性急剧膨胀，而且由于人类思维的局限性，使得软件系统的复杂性和其中包含的错误已经达到开发人员无法控制的程度。于是就出现了20世纪60年代人们所说的"软件危机"。

软件危机的出现促进了软件工程学的形成和发展。如果将编程技术比作工匠的盖房技术，则软件工程则是一套完整的建筑学体系。这样当要建造一座大楼时，首先需要设计人员根据实地情况对大楼进行设计，然后再由工匠建造。与此类似，当开发大型软件系统时，同样需要开发人员进行分析、设计，最后才是编程实现，以及测试和维护等一系列过程。在整个软件开发的过程中，这需要一整套软件工程理论与技术。

传统的软件开发方法是指所有非面向对象的软件开发方法。在传统的软件工程方法中，其主要特点是将软件开发过程分为如下几个阶段。

- ❑ **需求分析** 需求分析是指理解用户需求，就软件功能与客户达成一致，估计软件风险和评估项目代价，最终形成开发计划的一个复杂过程。这个过程为以后的软件设计打下基础。
- ❑ **总体设计** 在总体设计阶段，以需要分析的结果为出发点，试图构造一个具体的系统设计方案。主要决定系统的模块结构，包括模块的划分、模块间的数据传递及调用关系。

# UML 与面向对象

- **详细设计**  详细设计则是在总体设计的基础上，分析每个模块的内部结构及算法，最终产生每个模块的程序流程图。
- **编程和测试**  编程阶段又称为实现阶段，其主要工作是用一种编程语言开发能够被机器理解和执行的系统。测试则是发现和排除程序的错误，最终形成正常的系统。
- **维护**  软件维护主要分为两种：一种是在软件的使用过程中发现了错误而进行的修改；另一种是因为用户需求发生了变化而进行的维护。

面向对象的软件工程方法的基础是面向对象的编程语言。一般认为诞生于 1967 年的 Simula-67 是第一种面向对象的编程语言。尽管该语言对后来许多面向对象语言的设计产生了很大的影响，但它没有后继版本。继而 20 世纪 80 年代初 Smalltalk 语言掀起了一场"面向对象"运动。随后便诞生了面向对象的 C++、Eiffel 和 CLOS 等语言。尽管在当时面向对象的编程语言在实际使用中具有一定的局限性，但它仍吸引了广泛的注意，一批批面向对象编程书籍层出不穷。直到今天面向对象编程语言数不胜数，在众多领域发挥着各自的作用，如 C++、Java、C#、VB.NET 和 C++.NET 等等。随着面向对象技术的不断完善，面向对象技术逐渐在软件工程邻域得到了应用。

面向对象的软件工程方法包括面向对象的分析（OOA）、面向对象的设计（OOD）、面向对象的编程（OOP）等内容。

（1）面向对象的分析

OOA 就是应用面向对象方法进行系统分析。OOA 是面向对象方法从编程领域向分析领域发展的产物。从根本上讲，面向对象是一种方法论，不仅仅是一种编程技巧和编程风格，而是一套可用于软件开发全过程的软件工程方法，OOA 是其中的第一个环节。OOA 的基本任务是运用面向对象方法，从问题域中获取需要的类和对象，以及它们之间的各种关系。

（2）面向对象的设计

OOD 指面向对象设计，在软件设计生命周期中发生于 OOA 后期或者之后。在面向对象的软件工程中，OOD 是软件开发过程中的一个大阶段，其目标是建立可靠的、可实现的系统模型；其过程是完善 OOA 的成果，细化分析。其与 OOA 的关系为：OOA 表达了"做什么"，而 OOD 则表达了"怎么做"，即分析只解决系统"做什么"，不涉及"怎么做"；而设计解决"怎么做"的问题。

（3）面向对象的编程

OOP 就是使用某种面向对象的语言，实现系统中的类和对象，并使得系统能够正常运行。在理想的 OO 开发过程中，OOP 只是简单地使用编程语言实现了 OOA 和 OOD 分析和设计模型。

为了加深理解面向对象的开发，下面将比较面向对象开发与传统的软件开发。面向对象的开发方法把完整的信息系统看成对象的集合，用这些对象来完成所需要的任务。对象能根据情况执行一定的行为，并且每个对象都有自己的数据。另一方面，软件系统的传统开发方法则把系统看成一些与数据交互的过程，这些数据与过程隔离保存在不同文件中，当程序运行时，就创建或修改数据文件。图 1-1 显示了面向对象开发与传统软件开发之间的区别。

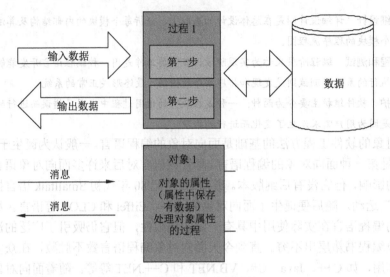

图1-1　传统方法与面向对象方法的比较

过程通过接收输入的数据，然后对它进行处理，随后保存数据或输出数据。面向对象则是通过接收消息来更新它的内部数据。这些差别虽然看起来简单，但对于整个系统的分析、设计和实现来说却非常重要。

任何一种开发方法，在开发任何系统之前，开发人员都会对此项目先进行分析。系统需求分析就是对系统需求的研究、了解和说明。系统需求定义了系统要为从事业务活动的用户完成的任务。这些需求一般用图表来描述，对图表进行规范化后就构成了该系统的基本需求模型。系统分析过程中建立的模型被称为逻辑模型，因为它仅仅描述了系统的需求，而不涉及到如何实现此需求。系统设计就是建立一个新模型，该模型展示了组成软件系统所使用的技术。系统设计过程中所建立的模型也称为物理模型。

在传统的结构化分析和设计中，开发人员也使用图形模型，如数据流图（DFD）用来表示输入、输出和处理，还要建立实体关系图（ERD）以表示有关存储数据的详细资料。它的设计模型主要由结构图等构成。

在OO开发中，因为需要描述不同的对象，所以OO开发中所建立的模型不同于传统的模型。例如，OO开发不仅需要用数据和方法来描述建模，还需要用模型来描述对象之间的交互。OO开发中使用UML来构造模型。

OO开发方法不仅在模型上与传统的开发方法不同，在系统开发生命周期也有不同。系统开发生命周期是开发一个项目的管理框架，它列出了开发系统时的每个阶段和在每个阶段所要完成的任务。几个主要阶段有计划、分析、设计、实现和支持。系统开发生命周期最初用在传统的系统开发中，但它也能用于OO开发中。OO开发人员经常使用迭代开发方法来分析、设计和实现。

迭代开发方法就是先分析、设计，编写部分程序完成系统需求的一部分。然后再分析——设计——编程完成其他需求。图1-2演示了迭代开发方法。

迭代开发方法和早期瀑布开发方法形成了鲜明对比。在瀑布开发方法中，在开始设计前要完成所有的需求分析，然后在需求分析的基础上进行系统设计，编程工作要在系统分析和设计完成后才进行。虽然传统的开发方法也使用了迭代开发方法，但是因为每个迭代过程都涉及到改进和增加模块的功能，而且在 OO 开发过程中每次迭代增加一个类，所以 OO 开发比传统的开发更适用于迭代开发。

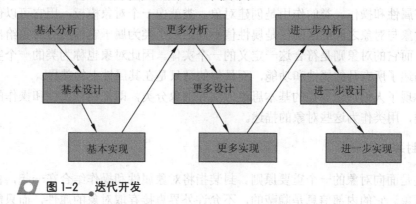

图 1-2　迭代开发

OO 方法在建造系统模型和系统如何工作方面和传统的编程不同，在系统开发生命周期和项目管理中，OO 开发仍然和传统的系统开发有相似之处。

### 1.1.2　面向对象的主要概念

为了进一步理解面向对象的内涵，下面将逐一介绍面向对象的主要概念。

#### 1. 对象

对象（Object）从一般意义上来讲，它是现实世界中一个实际存在的事物，它可以是看得见摸得着的东西，如汽车；也可以是日常生活中一个抽象的概念，如课程。对象具有自己的状态特性和动作。状态特性即该对象区别于其他对象的特征，它可以用某种数据来描述，例如汽车的型号、载重、颜色等。动作为该对象所表现的行为或对象具有的功能，例如汽车可以移动、拐弯等。

从上面的介绍可知，现实世界中对象是无处不在的。但是在开发一个系统时，通常只需要一定范围内与系统目标有关的事物（即问题域中所涉及的对象），并且用系统的对象抽象地表示。

上面介绍的对象为现实世界中的对象，对于软件系统中的对象而言，对象描述了客观事物中的一个实体，它是构成系统的一个基本单元，由一组属性和操作组成。对象的属性是描述对象状态特性的数据项。对象的操作是对象具有动作的描述，它通常是一组可执行的语句或过程。一个对象可以具有多个属性和多个操作。

#### 2. 类

类（Class）将众多的事物归纳、划分，使相同的事物归为一类。分类所依据的原则是抽象，即忽略事件的非本质特征，只考虑那些与当前需要有关的本质特性，从而找出事物的共性，以便把有共同性质的事物划分为一类。例如马、牛、石头等一些抽象概念，它们描述了该类事件所具有的共同性质。

而在 OO 方法中的类定义为：类是一组具有相同属性和操作的对象集合，它为所有属于该类的对象提供了统一的描述。

在面向对象的编程语言中，类是一个独立的程序单元，它具有类名和该类对象应具有的所有属性和操作。类的作用是创建对象。类就像一个对象模板，用它可以创建许多对象，对象与对象之间的区别仅是属性值不同。一个类为属于它的所有对象给出了统一的定义，而它的对象则是符合这一定义的一个实体。因此对象也称为类的一个实例。例如马类描述了所有马的属性和功能，而具体的马只是在其属性上的差异。

类体现了人们认识事物的基本思维方法和抽象分类，即把相同属性和操作的对象划分为一类，用类作为这些对象的描述。

### 3．封装

封装是面向对象的一个重要原则。封装指将对象属性和操作结合在一起，构成一个独立的对象。它的内部信息是隐蔽的，不允许外界直接存取对象的属性，而只能通过指定的接口与对象联系。

封装使得对象属性和操作紧密结合在一起，这反映了事物的状态特性与动作是事物不可分割的特征。系统中把对象看成其属性和操作的结合体，就使对象能够集中而完整地描述一个事物。这避免了将数据和功能分离开进行处理，使得系统的组成与现实世界中的事物具有良好的对应性。

封装的信息隐蔽作用反映事物的独立性。这样使得对于对象外部而言，只需要注意对象对外呈现的行为，而不必关心其内部的工作细节。封装可以使软件系统的错误局部化，因而大大减少了查错和排错的难度。另一方面，当修改对象内部时，由于它只通过操作接口对外部提供服务，因此大大减少了内部修改对外部的影响。

### 4．继承

继承是指子类可以拥有父类的全部属性和操作。继承是 OO 方法的一个重要的概念，并且是 OO 技术可以提高软件开发效率的一个重要原因。

在建造系统模型时，可以根据所涉及到的事物的共性抽象出一些基本类，在此基础上再根据事物的个性抽象出新的类。新类既具有父类的全部属性和操作，又具有自己独特的属性和操作。父类与子类的关系为一般与特殊的关系。

继承机制具有特殊的意义。由于子类可以自动拥有父类的全部属性和操作，这样使得定义子类时，不必重复定义那些在父类中已经定义过的属性和操作，只需要声明该类是某个父类的子类，将精力集中在定义子类所特有的属性和操作上。这样提高了软件的可重用性。

继承具有传递性。如果子类 B 继承了类 A，而子类 C 又继承了类 B，则子类 C 可以继承类 A 和类 B 的所有属性和操作。这样子类 C 的对象除了具有该类的所有特性外，还具有全部父类的所有特性。

如果限定每个子类只能继承单独一个父类的属性和操作，则这种继承称为单继承。在有些情况下，一个子类可以同时继承多个父类的属性和操作，这种继承称为多重继承。

### 5. 消息

消息是指对象之间在交互中所传递的通信信息。当系统中的其他对象需要请求该对象执行某个操作时，就向其发送消息，该对象接收消息并完成指定的操作，然后把操作结果返回到请求服务的对象。

一个消息一般应该含有如下信息：接收消息的对象、请求该对象提供的服务、输入信息和响应信息。

消息在面向对象的程序中具体表现为函数调用，或其他类似于函数调用的机制。对于一个顺序系统，由于其不存在并发执行多个任务，其操作是顺序执行的，因此其消息实现目前主要为函数调用。而在并发程序和分布式程序中，消息则为进程间的通信机制和远程调用过程等其他通信机制。

### 6. 多态性

在面向对象的开发中，多态性是指在父类中定义的属性和操作被子类继承后，可以具有不同的数据类型或表现出不同的行为。例如，在定义一个父类"几何图形"时，为其定义了一个绘图操作。当子类"椭圆"和"矩形"都继承了几何图形类的绘图操作时，该操作根据不同的类对象，将执行不同的操作，在"椭圆"类对象调用绘图操作时，该操作将绘制一个椭圆，而当"矩形"类对象执行该操作时将绘制一个矩形。这样当系统的其他部分请求绘制一个几何图形时，同样的"绘图"操作消息因为接收消息的对象不同，将执行不同的操作。

在父类与子类的类层次结构中，利用多态性可以使不同层次的类之间共享一个方法名，而各自有不同的操作。当一个对象接收到一个请求消息时，所采取的操作将根据该对象所属的类决定。

在继承父类的属性和操作的名称时，子类也可以根据自己的情况重新定义该方法。这种情况称为重载。重载是实现多态性的方法之一。

### 7. 关联

在现实世界中，事物不是孤立的、互相无关的，而是彼此之间存在着各种各样的联系。例如在一个学校中，有教师、学生、教室等事物，他们之间存在着某种特定的联系。在面向对象的方法中，用关联来表示类或对象集合之间的这种关系。在面向对象中，常把对象之间的连接称为链接，而把存在对象连接的类之间的联系称为关联。

如果在 OOA 和 OOD 阶段定义了一个关联，那么在实现阶段必须通过某种数据结构来实现它。关联还具有多重性，多重性表示参加关联的对象之间数量上的约束，有一对一、一对多、多对多等不同的情况。

### 8. 聚合

现实世界中既有简单的事物，也有复杂的事物。当人们认识比较复杂的事物时，常用的思维方法为：把复杂的事物分解成若干个比较简单的事物。在面向对象的技术中像这样将一个复杂的对象分解为几个简单对象的方法称为聚合。

聚合是面向对象方法的基本概念之一。它指定了系统的构造原则，即一个复杂的对象可以分解为多个简单对象。同时它也表示为对象之间的关系：一个对象可以是另一个对象的组成部分。同时该对象也可以由其他对象构成。

### 1.1.3 OO 开发的优点

面向对象的方法最初用于计算机模拟和图形用户界面，但更常用在信息系统开发上，究其原因是 OO 开发具有的优点。其优点主要体现在两方面：自然性和重用性。

**1. 自然性**

面向对象开发的自然性，是指在开发中总是以对象的形式来认识世界，因此当人们分析和设计系统需求时，总是很自然地定义各类对象。除此之外在面向对象开发的各个阶段，OOA、OOD 和 OOP 等都要建造各类对象，因此在开发过程中关注的仍然是对象。

一些有经验的系统开发人员仍然避开使用 OO，他们认为 OO 其实并不如过程编程自然。事实上有编程经验的人在学习 OO 时很困难，因为过程编程方法是他们学习的第一种编程方法。而对于初学编程的人而言，OO 看起来是相当自然的，他们很容易地讨论工作中涉及到的类和对象等知识。

**2. 重用性**

重用类和对象是面向对象开发的另一个优点。重用是指一次创建的类和对象能多次使用。一旦开发者创建了类，例如在系统中创建了一个客户类 Customer，在有客户对象的许多其他系统中就能重复使用它。如果在某些需要的地方出现特殊的客户，用于描述特殊的功能，就可以继承 Customer 类，以该类为基础为新的子类添加新特征。在分析、设计和编程中，类都能按照这种方法重复使用。

## 1.2 OO 开发中的三层设计

面向对象的开发中，通常把 OO 系统中相互联系的所有对象分成三类：问题域类、GUI 类和数据访问类，这就要求开发人员在设计和建造系统时分清这三类。其中问题域类是指和用户相关的对象类；GUI 类的作用是方便用户与问题类进行交互；数据访问类实现问题域类和数据库的交互。在实现系统时首先确定问题域类，然后实现 GUI 类，最后再确定数据访问类的顺序逐步实现。一旦完成所有的内容后，它们就可以作为一个完整的系统进行工作了。本书以图书管理系统贯穿始终，这里给出简单的图书管理系统的三层结构，如图 1-3 所示。

从图 1-3 中可以看出，管理员和图形用户界面（GUI 类）交流，图形用户界面一般由包含 GUI 对象的窗口组成，如图中所示的"添加新学生窗口"，可以包含按钮、菜单、工具栏的窗体。用户不能直接和问题对象交互，而是通过鼠标和键盘对用户界面进行操作，使 GUI 类与问题域对象交互。

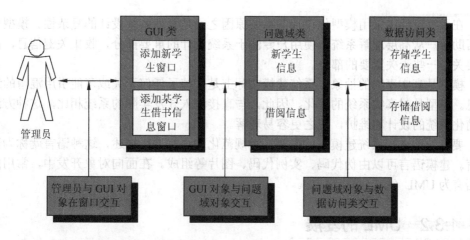

图1-3 图书管理系统三层分析

当问题域类中的对象需要保存实现持久化时,就需要使用数据库实现对象的持久性,即保存对象中的数据。每个过程需要为每个问题类定义一个单独的数据访问类,以便处理数据和保存有用的信息。

在面向对象设计中把一个完整的系统分成三层,这样对整个系统的开发、维护是非常有益的,因为修改系统的任何一个部件对其他部件影响较小。例如,更改数据存储方式,只需要修改数据访问类,而不需要改变 GUI 类和问题域类。另外,本次开发的独立部件都可以在下次开发中重复使用,实现代码最大限度的复用性。

三层设计还提供了定义 OOA 和 OOD 的架构。OOA 包括确定和构造问题域类模型,在确定和建造问题域类模型与对象交互作用时,也就是在建立系统需求的逻辑模型,这是系统分析的主要目标。逻辑模型只显示了需要处理什么而没有显示系统将怎么处理。之后便可以设计用户界面、GUI 类和数据访问类,然后将这三部分组成一个整体,这个过程被称为 OOD。这三部分构成了系统的物理模型,在构造系统模型过程中,开发人员会使用 UML 语言作为建造模型的工具。

## 1.3 UML 简介

统一建模语言(UML)仅仅是一种语言。它不是系统设计的方法,而是系统建模的标准。UML 经历了多年的研究、发展并不断完善,成为现在诸多领域内建模的首选标准。开发人员主要使用 UML 来构造各种模型,以便描述系统需求和设计。

### 1.3.1 为什么对系统建模

任何大规模的系统设计都是相当复杂的,甚至简单的桌面程序也可以被分解为多个软件和硬件。在一个系统比较复杂时,就涉及到几个问题:开发人员如何与用户进行沟通以了解系统的需求?开发人员之间如何沟通以确保各个部分能够无缝地协作?这就是为什么需要为系统建模。

在系统设计中采用模型化设计的重要原因之一是管理系统设计的复杂性。模型化可以帮助用户从高层理解系统，使用户专注于系统设计的重要部分，收集关键信息，而不需要关心一些无关紧要的部分。

模型是真实事物的抽象。系统建模实际上是去掉任何无关或可能引用混淆的细节信息。模型是对真实系统的简化，因此，与直接深入开发实际的系统相比，这种方法可以简化系统的设计和维护，使之更容易理解。

要有效地进行系统建模，就需要一种规范化的语言进行描述，这种语言就称为建模语言。建模语言可以由伪代码、实例代码、图片等组成。在面向对象开发中，常用的建模语言为 UML（统一建模语言）。

### 1.3.2　UML 的发展

在 20 世纪 80 年代，当结构化分析和设计方法以及面向过程的编程方式还在软件领域内盛行时，众多方法学家就开始尝试使用不同方法进行面向对象的分析与设计。其中有少数方法开始在一些关键项目中发挥作用，包括 Booch 方法、OMT 方法、RDD 方法、OBA 方法和 Objectory 方法。

20 世纪 90 年代中期，出现了第二代面向对象方法，包括 Booch'94、OMT 等。面向对象方法已经成为软件分析和设计方法的主流，这些方法所做的最重要的尝试是在程序设计与计算机科学之间寻求合理平衡，来进行复杂软件的开发。

由于 Booch 方法和 OMT 方法都已经独自成功地发展成为世界上主要的面向对象方法，因此 Grady Booch 和 Jim Rumbaugh 于 1994 年 10 月共同合作把他们的工作统一起来。1995 年成为"统一方法（Unified Method）"0.8 版。之后，Ivar Jacobson 加入，吸取了他的用例（Use Case）思想于 1996 年成为"统一建模语言"0.9 版。1997 年 1 月，UML 版本 1.0 被提交给 OMG 组织，作为软件建模语言标准化的候选。随后一些重要的软件开发商和系统集成商成为"UML 伙伴（UML Partners）"，其中有 Microsoft、IBM 和 HP。经过应用并吸收了开发商和其他诸多意见，于 1997 年 9 月再次提交给 OMG 组织，11 月 7 日正式被 OMG 采纳作为业界标准。2001 年，UML1.4 这一版本被核准推出。2003 年 UML2.0 标准版发布，UML2.0 根据工业界使用 UML1.x 的经验作了相应改进，以帮助简化模型驱动的开发。

### 1.3.3　UML 的构成

UML 语言从四个抽象层次上对 UML 语言的概念、模型元素和结构等进行了全面的定义，并规定了相应的表示法和图形符号，这四层分别如下。

- **元元模型层（Metametamodel）**　位于结构的最上层，组成 UML 最基本的元素"事物(Thing)"，代表要定义的所有事物。
- **元模型层（Metamodel）**　组成了 UML 的基本元素，包括面向对象和面向组件的概念。这一层的每个概念都是元元模型层中"事物"的实例。
- **模型层（Model）**　组成了 UML 的模型，这一层中的概念都是元模型层中概念的实例化。该层的模型通常叫做类模型（Class Model）或类型模型（Type Model）。

## UML 与面向对象

- **用户模型层（Usermodel）** 该层的每个实例都是模型层和元模型层概念的实例。该层中模型通常叫做对象模型（Object Model）或实例模型（Instance Model）。

四层体系结构定义了 UML 的所有内容，具体来说 UML 的核心是由视图（Views）、图（Diagrams）、模型元素和通用机制组成。

- **视图** 视图是表达系统的某一个方面特征的 UML 建模元素的子集，它并不是具体的图，是由一个或多个图组成对系统某个角度的抽象。建造完整系统时，通过定义多个反映系统不同方面的视图，才能做出完整、精确的描述。
- **图** 图由各种图片组成，用于描述一个视图内容，图并不仅仅是一个图片。而是在某一个抽象层上对建模系统的抽象表示。UML 中共定义了九种基本图，结合这些图可以描述系统所有的视图。
- **模型元素** UML 中模型元素包括事物和事物之间的联系。事物描述了面向对象概念，如类、对象、消息和关系等。事物之间的联系能够把事物联系在一起，组成有意义的结构模型。常见的联系包括关联关系、依赖关系、泛化关系、实现关系和聚合关系等。
- **通用机制** 通用机制用于为模型元素提供额外信息，如注释、模型元素的语义等，同时它还提供扩展机制，允许用户对 UML 语言进行扩展，以便适应特殊的方法、组织或用户。

### 1.3.4 "统一"的意义

UML 的含义为统一建模语言，那么"统一"在 UML 中具有一些相关联的含义，具体表现在以下几个方面。

- 在以往出现的方法和表示法方面，UML 合并了许多面向对象方法中被普遍接受的概念，对每一种概念 UML 都给出了清晰的定义、表示法和有关术语。使用 UML 可以对已有的各种方法建立的模型进行描述，并比原来的方法描述得更好。
- 在软件开发的生命期方面，UML 对于开发的要求具有无缝性，开发过程中的不同阶段可以采用相同的一整套概念和表示法，在同一个模型中它们可以混合使用，而不必去转换概念和表示法。这种无缝性对迭代的增量式软件开发至关重要。
- 在应用领域方面，UML 适用于各种领域的建模，包括大型的、复杂的、实时的、分布的、集中式数据或计算的、嵌入式的系统等。
- 在实现的编程语言和开发平台方面，UML 可应用于运行各种不同的编程实现语言和开发平台的系统。
- 在开发过程方面，UML 是一种建模语言，不是对开发过程的细节进行描述的工具。就像通用程序设计语言可以进行许多风格的程序设计一样。
- 在内部概念方面，在构建 UML 元模型的过程中，应特别注意揭示和表达各种概念之间的内在联系。试图用多种适用于已知和未知情况的办法把握建模中的概念，这个过程会增强对概念及其适用性的理解。这不是统一各种标准的初衷，但却是统一各种标准最重要的结果之一。

## 1.4 UML 视图

在对复杂的工程进行建模时，系统可由单一的图形来描述，该图形精确地定义了整个系统。但是，单一的图形不可能包含系统所需的所有信息，更不可能描述系统的整体结构功能。UML 中使用视图来划分系统各个方面，每一种视图描述系统某一方面的特性。完整的系统由不同的视图从不同的角度共同描述，这样系统才可能被精确定义。UML 中具有多种视图，细分起来共有五种：用例视图、逻辑视图、并发视图、组件视图和部署视图。

### 1. 用例视图

用例视图强调从系统的外部参与者（主要是用户）角度需要的功能，描述系统应该具有的功能。用例是系统中的一个功能单元，可以被描述为参与者与系统之间的一次交互作用。用户对系统要求的功能被当作多个用例在用例视图中进行描述，一个用例就是对系统的一个用法的通用描述。

用例视图是其他视图的核心，它的内容直接驱动其他视图的开发。系统要提供的功能都在用例视图中描述，用例视图的修改会对所有其他的视图产生影响。此外，通过测试用例视图还可以检验最终校验系统。

### 2. 逻辑视图

逻辑视图的使用者主要是设计人员和开发人员，它描述用例视图提出的系统功能的实现。与用例视图相比，逻辑视图主要关注系统内部，它既描述系统的静态结构，如类、对象及它们之间的关系，又描述系统内部的动态协作关系。对系统中静态结构的描述使用类图和对象图，而对动态模型的描述则使用状态图、时序图、协作图和活动图。

### 3. 并发视图

并发视图的使用者主要是开发人员和系统集成人员，它主要考虑资源的有效利用、代码的并行执行以及系统环境中异步事件的处理。除了系统划分为并发执行的控制以外，并发视图还需要处理线程之间的通信和同步。描述并发视图主要使用状态图、协作图和活动图。

### 4. 组件视图

组件是不同类型的代码模块，它是构造应用的软件单元。而组件视图是描述系统的实现模块以及它们之间的依赖关系。组件视图中可以添加组件的其他附加信息，如资源分配或其他管理信息。描述组件视图的主要是组件图，它的使用者主要是开发人员。

### 5. 部署视图

部署视图使用者主要是开发人员、系统集成人员和测试人员，它显示系统的物理部署，它描述位于节点上的运行实例的部署情况，还允许评估分配结果和资源分配。例如，一个程序或对象在哪台计算机上执行，执行程序的各节点设备之间是如何连接的。部署视图一般使用部署图来描述。

## 1.5 UML 图

每一种 UML 的视图都是由一个或多个图组成的，图就是系统架构在某个侧面的表示，所有的图一起组成了系统的完整视图。UML1.x 提供了九种不同的图，可以分为两大类：一类是静态图，包括用例图、类图、对象图、组件图和部署图；另一类是动态图，包括顺序图、协作图、状态图和活动图。

### 1．用例图

用例图（Use Case Diagram）显示多个外部参与者以及他们与系统提供的用例之间的连接。用例是系统中的一个可以描述参与者与系统之间交互作用的功能单元。用例图仅仅描述系统参与者从外部观察到的系统功能，并不描述这些功能在系统内部的具体实现。

### 2．类图

类图（Class Diagram）以类为中心，图中的其他元素或属于某个类，或与类相关联。在类图中，类可以有多种方式相互连接：关联、依赖、特殊化，这些连接称为类之间的关系。所有的关系连同每个类内部结构都在类图中显示。

### 3．对象图

对象图（Object Diagram）是类图的变体，它使用与类图相类似的符号描述。不同之处在于对象图显示的是类的多个对象实例而非实际的类。可以说对象图是类图的一个实例，用于显示系统执行时的一个可能，即在某一时刻上系统显现的样子。

### 4．状态图

状态图（State Diagram）是对类描述的补充，它用于显示类的对象可能具备的所有状态，以及引起状态改变的事件。状态之间的变化称为转移，状态图由对象的各个状态和连接这些状态的转移组成。事件的发生会触发状态间的转移，导致对象从一种状态转化到另一种新的状态。

实际建模时，并不需要为所有的类绘制状态图，仅对那些具有多个明确状态并且这些状态会影响和改变其行为的类才绘制状态图。

### 5．顺序图

顺序图（Sequence Diagram）显示多个对象之间的动态协作，重点是显示对象之间发送消息的时间顺序。顺序图也显示对象之间的交互，就是在系统执行时，某个指定时间点将发生的事情。顺序图的一个用途是用来表示用例中的行为顺序，当执行一个用例行为时，顺序图中的每个消息对应了一个类操作或状态机中引起转移的触发事件。

### 6. 协作图

协作图（Collaboration Diagram）对一次交互中有意义的对象和对象间链建模，除了显示消息的交互，协作图也显示对象以及它们之间的关系。

顺序图和协作图都可以表示各对象之间的交互关系，但它们的侧重点不同。顺序图用消息的排列关系来表达消息的时间顺序，各角色之间的关系是隐含的；协作图用各个角色的排列来表示角色之间的关系，并用消息说明这些关系。在实际应用中可以根据需要来选择两种图，如果需要重点强调时间或顺序，那么选择顺序图；如果需要重点强调上下文，那么选择协作图。

### 7. 活动图

活动图（Activity Diagram）用于描述执行算法的工作流程中涉及的活动。动作状态代表一个活动，即一个工作流步骤或一个操作的执行。活动图由多个动作组成，当一个动作完成后，动作将会改变，转移到一个新的动作。这样，控制就在这些互相连接的动作之间流动。

### 8. 组件图

组件图（Component Diagram）用代码组件来显示代码物理结构，一般用于实际的编程中。组件可以是源代码组件、二进制组件或一个可执行的组件，组件中包含它所实现的一个或多个逻辑类的相关信息。组件图中显示组件之间的依赖关系，并可以很容易地分析出某个组件的变化将会对其他组件产生什么样的影响。

### 9. 部署图

部署图（Deployment Diagram）用于显示系统的硬件和软件物理结构，不仅可以显示实际的计算机和节点，还可以显示它们之间的连接和连接类型。

UML2.0 又增加了几种新的模型图，使模型图的数量达到 13 种，并且进一步加强了某些图的表达能力，但是同时也增加了其复杂性。UML2.0 增加的模型图如图 1-4 所示。其中，状态机图是状态图改名而来，通信图是协作图改名而来。包图虽然是新的模型图，但是在 UML1.x 中已经存在，只是在 UML2.0 中正式作为一种模型图。UML2.0 新增的模型图在面向对象分析与设计中所起的作用如下。

- ❏ 包图　辅助模型，可作为类图和其他几种模型图的组织机制，使之更便于阅读。当系统规模比较大时使用。
- ❏ 组合结构图　是 UML2.0 新增加的一种模型视图，用来表示类、组件、协作等模型元素的内部结构。
- ❏ 交互概览图　该图是活动图的一个变种，以提升控制流概览的方式来定义交互。
- ❏ 定时图　顺序图着重于消息的次序，通信图显示参与者之间的链接，而定时图则主要考虑交互的时间。

# UML 与面向对象

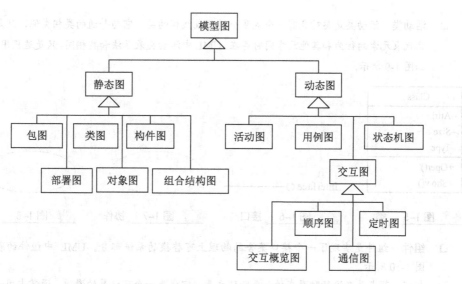

图 1-4　UML2.0 中的各种模型图

## 1.6 模型元素

UML 中每一个模型元素都有一个与之相对应的图形元素。模型元素的图形表示对 UML 建造的模型进行图形化，图形语言简明和直观使其成为人们建模的有力工具。模型元素包括事物和事物之间的关系，是 UML 中重要的组成部分。

### 1.6.1 事物

事物是 UML 模型中面向对象基本的模块，它们在模型中属于静态部分，代表物理上或概念上的元素。UML 中的事物可分为四种，分别是结构事物、动作事物、分组事物和注释事物。

**1. 结构事物**

结构事物共有七种类型，分别是：类、接口、协作、用例、活动类、组件和节点。它们在 UML 中都有自己的图形表示，用于组成各种图，描述系统功能。

- 类　类是对具有相同属性、方法、关系和语义的一组对象的抽象，一个类可以实现一个或多个接口。UML 中类的符号如图 1-5 所示。
- 接口　接口是为类或组件提供特定服务的一组操作的集合。一个接口可以实现类或组件的全部动作，也可以实现其中的一部分。UML 中接口符号如图 1-6 所示。
- 协作　协作定义了交互操作，一个给定的类可能是几个协作的组成部分，这些协作代表构成系统模式的实现。协作在 UML 中使用虚线构成的椭圆表示，如图 1-7 所示。
- 用例　用例描述系统中特定参与者执行的一系列动作，模型中用例通常用来组织动作事物，它是通过协作来实现的。UML 中使用实线椭圆表示用例，如图 1-8 所示。

UML 面向对象设计与分析基础教程

- 活动类　活动类是类对象有一个或多个进程或线程的类，它与普通的类相类似，只是该类对象代表元素的行为和其他元素同时存在。UML 中活动类表示法和类相同，只是边框用粗线条，如图 1-9 所示。

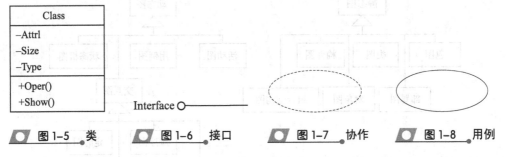

　　图 1-5　类　　　　图 1-6　接口　　　　图 1-7　协作　　　　图 1-8　用例

- 组件　组件是实现了一个接口集合的物理上可替换的系统部分。UML 中组件的表示法如图 1-10 所示。
- 节点　节点是在运行时存在的一个物理元素，它代表一个可计算的资源，通常占用一些内存和具有处理能力。UML 中节点的表示法如图 1-11 所示。

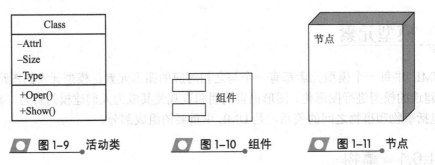

　　图 1-9　活动类　　　　图 1-10　组件　　　　图 1-11　节点

### 2．动作事物

动作事物是 UML 模型中的动态部分，代表时间和空间上的动作。交互和状态机是 UML 模型中两个基本的动态事物元素，它们通常和其他结构元素、主要的类、对象连接在一起。

- 交互　交互是一组对象在特定上下文中，为达到某种特定目的而进行的一系列消息交换组成的动作。交互中组成动作对象的每个操作都要详细列出，包括消息、动作次序和连接等。UML 中使用带箭头的直线表示，并在直线上对消息进行标注，如图 1-12 所示。
- 状态机　状态机由一系列对象的状态组成，在 UML 中状态的表示法如图 1-13 所示。

　　图 1-12　消息　　　　图 1-13　状态

### 3．分组事物

分组事物是 UML 模型中重要的组织部分，分组事物所使用的机制称为包，包可以将彼此相关的元素进行分组。结构事物、动作事物甚至其他的分组事物都可以放在一个包中。包只存在于开发阶段，UML 中包的图形表示如图 1-14 所示。

#### 4．注释事物

注释事物是 UML 中模型元素的解释部分，在 UML 中注释事物由统一的图形表示，如图 1-15 所示。

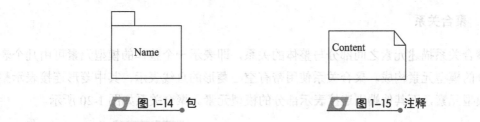

图 1-14　包　　　　　　　　　　图 1-15　注释

### 1.6.2　关系

前面的内容对事物之间的关系简要概括，UML 中关系共分为五种，分别是：关联关系、依赖关系、泛化关系、实现关系和聚合关系。这里对它们进行简要介绍并讲解每种关系的图形表示。

#### 1．关联关系

关联关系连接元素和链接实例，它连接两个模型元素。关联的两端中以关联双方的角色和多重性标记，如图 1-16 所示。

图 1-16　关联

#### 2．依赖关系

依赖关系描述一个元素对另一个元素的依附，依赖关系使用带箭头的虚线从源模型指向目标模型，如图 1-17 所示。

#### 3．泛化关系

泛化关系也称为继承关系，这种关系意味着一个元素是另一个元素的特例。泛化关系使用空心三角箭头的直线作为其图形表示，箭头从表示特殊性事物的模型元素指向表示一般性事物的模型元素，如图 1-18 所示。

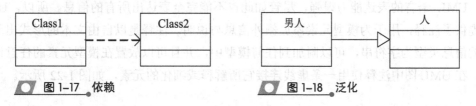

图 1-17　依赖　　　　　　　　　　图 1-18　泛化

### 4. 实现关系

实现关系描述一个元素实现另一个元素。实现关系使用一条空心三角作为箭头的虚线作为其图形表示，箭头从源模型指向目标模型，表示源模型元素实现目标模型元素。如图 1-19 所示。

### 5. 聚合关系

聚合关系描述元素之间部分与整体的关系，即表示一个整体的模型元素可由几个表示部分的模型元素构成。聚合关系使用带有空心菱形的直线表示，其中菱形连接表示整体的模型元素，而其他端则连接表示部分的模型元素。聚合关系如图 1-20 所示。

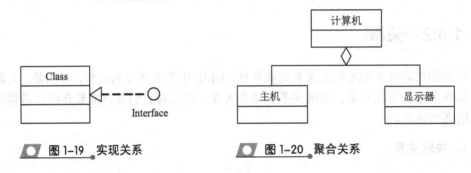

图 1-19 实现关系　　　　　图 1-20 聚合关系

## 1.7 通用机制

通用机制使得 UML 更简单和易于使用，通用机制可以为模型元素添加注释、信息或语义，还可以对 UML 进行扩展。这些通用机制中包括了修饰、注释、规格说明和扩展机制四种。

### 1. 修饰

修饰（Adornment）为图中的模型元素增加了语义，建模时可以将图形修饰附加到 UML 图中的模型元素上。例如，当一个元素代表某种类型时，名称显示为粗体；当同一元素表示该类型的实例时，该元素名称显示为下划线修饰。

UML 中修饰通常写在相关元素的旁边，所有对这些修饰的描述与它们所影响元素的描述放在一起。如图 1-21 所示为类和对象修饰示意图。

### 2. 注释

UML 语言的表达能力很强，尽管如此也不能完全表达出所有的信息。所以，UML 中提供了注释，用于为模型元素添加额外信息与说明。注释是以自由文本的形式出现，它的信息类型为字符串，可以附加到任何模型中，并且可以放置在模型元素的任意位置上。在 UML 图中注释使用一条虚线连接它所解释或细化的元素，如图 1-22 所示。

# UML 与面向对象

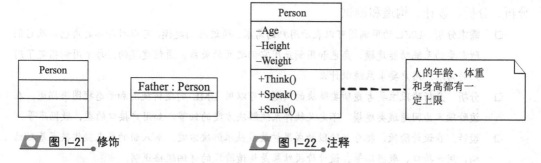

图 1-21 修饰　　　　　　　　图 1-22 注释

### 3．规格说明

模型元素具有许多用于维护该元素的数据值特性，特性用名称和标记值定义。标记值是一种特定的类型，如整型或字符串。UML 中有许多预定义的特性，如文档（Documentation）、职责（Responsibility）、永久性（Persistence）和并发性（Concurrency）。

### 4．扩展机制

UML 的扩展机制（Extensibility）允许 UML 的使用人员根据需要自定义一些构造型语言成分，通过该扩展机制用户可以定义使用自己的元素。UML 扩展机制由三部分组成：构造型（Stereotype）、标记值（Tagged Value）和约束（Constraint）。

扩展机制的基础是 UML 元素，扩展形式是为元素添加新语义。扩展机制可以重新定义语义，增加新语义和为原有元素添加新的使用限制，这样做只能在原有元素基础上添加限制，而非对 UML 进行直接修改。

## 1.8 使用 UML 建模

UML 可用于任何面向对象系统开发建模，不仅可以使用 UML 进行软件建模，同样可以使用 UML 对其他非计算机领域系统进行建模，UML 常应用在以下领域。

- 信息系统（Information System）　向用户提供信息的存储、检索和提交，处理存放在关系或对象数据库中大量具有复杂关系的数据。
- 技术系统（Technical System）　处理和控制技术设备，如电信设备、军事系统或工业过程。
- 嵌入式系统（Embedded Real-Time System）　它以软件的形式嵌入到硬件设备中从而控制硬件设备的运行，通常为手机、家电或汽车等设备上的系统。
- 分布式系统（Distributed System）　分布在一组机器上运行的系统，数据很容易从一个机器传送到另一个机器上。需要同步通信机制来确保数据的完整性，通常建立在对象机制上，如 CORBA、COM/DCOM 或 Java Beans/RMI 上。
- 商业系统（Business System）　描述目标、资源、规则和商业中的实际工作。

商业工程是面向对象建模应用的一个新领域，运行商业过程工程或全质量管理技术可以对公司的商业过程进行分析、改进和实现。

本书着重从软件开发角度来阐述 UML 语言的应用，在进行面向对象软件开发建模时需要按五个步骤来进行，每步中都需要与 UML 进行紧密结合，这五步分别是：需求分析、分析、设计、构造和测试。

- **需求分析** UML 的用例图可以表示用户的需求。通过用例建模，可以对外部的角色以及它们所需要的系统功能建模。角色和用例是用它们之间的关系、通信建模的。每个用例指定了用户的需求：用户要求系统做什么。
- **分析** 分析阶段主要考虑所要解决的问题，可以用 UML 的逻辑视图和动态视图来描述。在该阶段只为问题域类建模，不定义软件系统解决方案的细节，如用户接口的类、数据库等。
- **设计** 在设计阶段，把分析阶段的成果扩展成技术解决方案。加入新的类来提供技术基础结构、用户接口、数据库等。设计阶段结果是构造阶段的详细规格说明。
- **构造** 在该阶段中把设计阶段的类转移成某种面向对象程序设计语言的代码。在对 UML 表示的分析和设计模型进行转换时，最好不要直接把模型转化成代码。因为在早期阶段，模型是理解系统并对系统进行结构化的手段。
- **测试** 对系统测试通常分为单元测试、集成测试、系统测试和接受测试几个不同的级别。单元测试是对一个类或一组类进行测试，通常由程序员进行；集成测试通常测试集成组件和类，看它们之间是否能恰当地协作；系统测试验证系统是否具有用户所要求的所有功能；接受测试验证系统是否满足所有的需求，通常由用户完成。不同的测试小组可以使用不同的 UML 图作为工作基础：单元测试使用类图和类的规格说明；集成测试典型地使用组件图和协作图；系统测试则使用用例图来确定系统行为是否符合图中的定义。

## 1.9 思考与练习

**简答题**

1. 简要介绍面向对象开发。
2. 简要说明面向对象开发的两个优点。
3. 简述 OO 开发中的三层设计概念。
4. 简要介绍 UML 的四层体系结构。
5. 简要说明 UML 中视图和图的关系。
6. 简单介绍 UML 中的视图以及它们之间的关系。
7. 简单说明 UML2.0 提供了多少种模型图，分别是什么。
8. 概括说明什么是模型元素。
9. 概括介绍 UML 通用机制。
10. 简述软件开发中的五个步骤。
11. 简述系统模型的作用。

# 第2章 用 例 图

人们在进行软件开发时，无论是采用面向对象方法还是传统方法，首先要做的就是了解需求。由于用例图是从用户角度来描述系统功能的，所以在进行需求分析时，使用用例图可以更好地描述系统应具备的功能。用例图由开发人员与用户经过多次商讨而共同完成，软件建模的其他部分都是从用例图开始的。这些图以每一个参与系统开发的人员都可以理解的方式列举系统的业务需求。

本章将首先介绍系统、参与者和用例等一些基本概念及表示方法，然后再讨论泛化用例与参与者，以及用例之间的关系。最后介绍如何对用例进行描述以及如何绘制用例图。

**本章学习要点：**

➢ 用例图的组成
➢ 理解泛化
➢ 理解用例之间的关系
➢ 对用例进行描述
➢ 绘制用例图

## 2.1 用例图的构成

如前所述，用例图用于定义系统的功能需求，它描述了系统的参与者与系统提供的用例之间的连接关系。这里的参与者可以是人，也可以是另一个系统。用例图仅从参与者使用系统的角度描述系统中的信息。图 2-1 描述了一个学生成绩管理系统的用例图，它是一个实际系统简化后的示例。

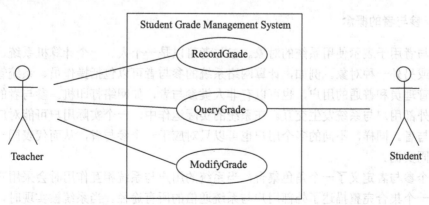

图 2-1　学生成绩管理系统

就用例图而言，它并没有太多的内容。它只是由很少的标记符组成。一般情况下，用例图由以下四个基本组成部分组成：

- 用例；
- 参与者；
- 系统；
- 关系。

### 2.1.1 系统

系统是用例图的一个重要组成部分。系统是用于执行某一项功能的，它不单指一个软件系统，但就本书的目的而言，我们感兴趣的是计算机软件，系统是为用户执行某类功能的一个或多个软件构件。系统的边界用来说明用例图应用的范围。例如，一台自动售货机应提供售货、供货、提取销售款等功能，这些功能在自动售货机之内的区域起作用，自动售货机之外的情况则不考虑。准确定义系统的边界并不总是很容易的，因为有些情况下，严格地划分哪些任务是由系统完成，而哪些是由人工或其他系统完成是很困难的。另外，系统最初的规模应有多大也应该考虑。一般的做法是，先识别出系统的基本功能，然后以此为基础定义一个稳定的、精确定义的系统架构，以后再不断地扩充系统功能，逐步完善系统。这样做可以避免由于系统太大，需求分析不易明确，从而导致浪费大量的开发时间。

系统在用例图中用一个长方框表示，系统的名称被写在方框上面或方框内。方框内包含了该系统中用符号标识的用例。如图 2-1 所示的学生成绩管理系统，该系统的方框内包含了三个用例（RecordGrade、QueryGrage 和 ModifyGrade）。

### 2.1.2 参与者

参与者是系统外的一个实体，参与者通过向系统输入或者系统要求参与者提供某种信息来进行交互。在确定系统的用例时，首要问题就是识别参与者。

1. 参与者的概念

参与者用于表示使用系统的对象。参与者可以是一个人、一个计算机系统、另一个子系统或另外一种对象。例如，计算网络系统的参与者可以包括操作员、系统管理员、数据库管理员和普通的用户，也可以有非人类参与者，如网络打印机。参与者的特征是其作为外部用户与系统发生交互。在系统的实际运作中，一个实际用户可能对应系统的多个参与者。同样，不同的多个用户也可以只对应于一个参与者，从而代表同一个参与者的不同实例。

每个参与者定义了一个角色集合，当系统的用户与系统相互作用时会采用它们。参与者的一个集合完整描述了外部用户与系统通信的所有途径。当系统被实现时，参与者也被物理对象实现。物理对象如果可以满足多个参与者的角色，那么它就可以实现多个参与者。例如，一个人可以既是商店的售货员又是顾客。这些参与者不是本质上相关的，但是它们可以由一个人来实现。当系统的设计被实施时，系统内的多个参与者被设计成类实现。

在用例图中，参与者由固定的图形表示，并在参与者下面列出参与者的角色名。当为用例图中参与者命名时，给作为系统用户的参与者提供一个最能描述其功能的合适名称是非常重要的。当为参与者命名时要避免为代表人的参与者起一个实际的人名，而应该以其使用系统时的角色为参与者命名。例如图 2-2 表示的是参与者。老师表示使用系统时，所有以老师身份使用系统的人，而并不单指某个人。

参与者与系统的交互作用量化为用例，用例是设计系统和它的参与者连贯的功能块，用来完成对参与者有意义的事情。一个用例可以被一个或多个参与者使用，同样，一个参与者也可以与一个或多个用例交互。最终，参与者由用例和参与者在不同用例中所担任的角色决定。没有参加任何用例的参与者是无意义的。

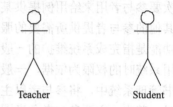

图 2-2　参与者示例

用例模型刻划了一个实体（如系统、子系统或类）与外部实体相互作用时产生的行为的特征。外部实体是实体的参与者。对于一个系统，参与者可以既由人类用户实现又由其他系统实现。对于一个子系统或类，外部元素可以是整个系统的参与者，或者参与者可以是系统内的其他元素，如其他子系统或类。

在建模初期，参与者和用例交互，但是随着项目的进展，用例被类和组件实现，这时参与者也发生了变化。参与者不再是用户扮演的角色，而变成了用户接口。例如，系统分析阶段的用例图中，图书管理员与借出书目用例交互，以借出某本图书。在设计阶段，该参与者就变成了两个元素，即图书管理员这个角色和图书管理员所使用的接口，用例在这时就变成了许多对象，负责处理与用户接口以及系统的其他部分交互。

### 2．识别参与者

参与者总是处理正在建模的系统的外部，它们不是系统的组成部分。回答以下几个问题，可以帮助建模人员发现系统的参与者：

❑ 系统的主要客户是谁？
❑ 谁借助于系统完成日常工作？
❑ 谁来维护管理系统，保证系统正常运行？
❑ 系统控制的硬件设置有哪些？
❑ 系统需要与哪些其他系统进行交互？
❑ 在预定的时刻，是否有事件自动发生？
❑ 系统从何处获取信息？

在寻找系统用户时，建模人员不应把目光只停留在使用计算机的人员身上，而应注意直接或间接地与系统交互或从系统中获取信息的任何人和任何事。在完成参与者的识别后，建模人员就可以从参与者的角度考虑参与者需要系统完成什么功能，从而建立参与者所需要的用例。

一个用例通常要与多个参与者发生交互。其中，不同的参与者所充当的角色是不同的；有些参与者接收用例所提供的数据，有些参与者则为用例提供某种服务，而另一些参与者要完成系统的管理。这就需要将参与者分类，以保证把系统中所有用例都表示出来。

参与者通常可以被分为主要参与者与次要参与者两类。其中，主要参与者是使用系统较频繁、业务量较大的用户。系统建模人员在识别用例时应该首先识别主要参与者。次要参与者用来给用例提供某些服务。次要参与者与用例进行交互的主要目的是为了给其他的参与者提供所需要的服务。也就是说，次要参与者要使用系统的次要功能。次要功能是指完成系统维护的一般功能。区分主要参与者与次要参与者不应该以参与者在使用系统时的权限为依据，一般情况下，应该以使用系统时的业务量为依据。例如，在图书管理系统中，将参与者以主要与次要区分，可以将参与者分成图书管理员和系统管理员。其中，主要参与者负责图书的日常借阅任务，而次要管理者则完成对系统的维护。

除了对参与者进行主次区分外，还可以存在许多其他分类方法。例如，当参与者使用系统时，他们可能会承担着不同的"职责"，建模人员可以利用这些职责来定义参与者与系统之间的交互，以及参与者在各种交互中所充当的角色。参与者在系统中的角色主要包括：

- 系统的启动者。
- 系统的服务者。
- 系统服务的接收者。

参与者在系统中所扮演的第一种角色是系统的启动者。启动者是系统的外部实体，他们是为了完成某项事务而启动系统的。一个启动者可以请求某种服务或者触发一个事件。例如，一个使用自动提款机提款的用户就是该系统的一个启动者。

参与者所能承担的第二种角色就是系统服务者，服务者也是系统的外部实体，他们响应系统的请求，为系统提供某种服务。例如，在自动提款机的提款事件中，自动提款机系统需要银行的内部系统提供用户的存款信息。这个银行内部系统就是一个为系统提供服务的参与者。

系统服务的接收者的主要职责是接收来自系统的信息。例如，使用自动提款机的用户就是自动提款机系统服务的接收者。从这个示例可以看出，一个人可以在系统中扮演不同的参与者。

在完成参与者的识别工作后，建模人员就可以从参与者的角度出发，考虑参与者需要系统完成什么样的功能，从而建立参与者所需要的用例。

### 2.1.3 用例

用例是一组连续的操作，当用户使用系统来完成某个过程时出现，它是外部可见的系统功能单元。通过将这些不同的功能单元进行组合，就构成了对系统总体需求的描述。

#### 1. 用例的概念

用例是用户期望系统具备的功能，它定义了系统的行为特征，如果没有这些特征，系统就不能被成功地使用。例如，程序开发人员使用开发系统来开发软件，则开发系统应具备编译功能以满足程序开发人员的需求。

用例的目标是要定义系统（包括一个子系统或整个系统）的一个行为，但并不显示系统的内部结构。每个用例说明一个系统提供给它的使用者的一种服务，即一种对外部可见的使用系统的特定方式。它以用户的观点描述用户和系统间交互的完整顺序，以及由系统执行的响应。这里的交互只包括系统与参与者之间的通信，而其内部行为和实现是隐藏的。一个系统的全部用例分割和覆盖它的行为，每个用例代表一部分量化了的、有深刻意义的和对用户可用的功能性。注意这里的用户包括人、计算机和其他对象。

命名用例与命名参与者同样重要。用例名可以是带有数字、字母和除保留符号——冒号以外的任何标点符号的任意字符串。一般情况下，命名一个用例时要尽量使用动词加可以描述系统功能的名词。例如，提取货款、验证身份等用例，其侧重点是目标，而不是处理过程。在 UML 中，用例图用一个椭圆来表示，用例的名称可以写在椭圆的内部，也可以写在椭圆的外部。但通常情况下是将其名称写在椭圆内部。图 2-3 是用例在 UML 中的标记符号。

图 2-3　用例示例

需要注意，一定不要在一个用例图中使用两种命名方法，即将用例名写在椭圆之外和椭圆之内。因为这很容易会让模型的读者产生混淆。

一个系统完整的用例描述了该系统的所有行为，这可能导致用例图中的用例非常庞大。为了组织建模信息，UML 提供了包的概念，它的功能和目录相似。为了便于使用，可以把一些相关的用例放在一个包中。这样包就变成了包括相关功能的系统的子集。可以通过在用例前面加上包名和两个冒号来确定该用例是属于哪个包的，如图 2-4 所示。关于包的内容将在随后的章节进行讨论。

图 2-4　打包的用例

> **注意**
> 用例只会指出系统应该做什么，即系统的需求，而不是确切地说明系统不必做什么，即系统的非功能需求。

### 2．识别用例

实际上，从确定系统参与者时，就已经开始了对用例的识别。对于已经识别的参与者，通过考虑每个参与者是如何使用系统的，以及系统对事件的响应来识别用例。使用这种策略的过程可能会发现新的参与者，这对完善整个系统的模型是有很大帮助的。用例模型的建立是一个迭代过程。

在识别用例的过程中，通过询问下列问题就可以发现用例：

- ❏ 参与者需要从系统中获取哪种功能？即参与者要系统"做什么"？
- ❏ 参与者是否需要读取、产生、删除、修改或存储系统中的某种信息？
- ❏ 系统的状态改变时，是否通知参与者？
- ❏ 是否存在影响系统的外部事件？
- ❏ 系统需要什么样的输入/输出信息？

### 2.1.4 关系

用例与参与者之间的连线称为关系，关系也称为关联或通信关联。它表示参与者与用例之间的通信。这种通信是双向的，即参与者可以与用例通信，用例也可以与参与者通信。图2-5表示了一个用例图中的关系。

这个简单的示例只显示了参与者与用例之间的一条通信关联。除此之外，参与者可以与任意多个用例关联，同样用例也可以与多个参与者关联，理论上并没有限制。图2-6演示了一个图书管理系统的简单用例图。

图2-5 关系示例

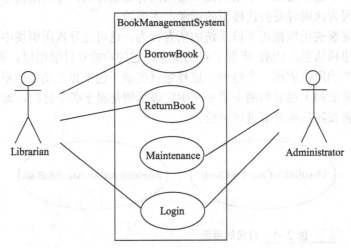

图2-6 图书管理系统中的关系

如图2-6所示，该系统中有两个参与者：图书管理员和系统管理员。图书管理员先进行登录，然后即可执行借出图书和返还图书操作。系统管理员也必须先进行登录，然后才可进行对系统的维护操作。

当开始创建参与者与用例之间的关系时，就体现出了为一个参与者命名一个有意义的名称的重要性。有时，以一个人的工作头衔命名参与者并不合适，更准确的解决方法是根据在系统中扮演的角色来命名参与者。

需要注意，当有多个参与者与用例之间有同一关系时，就应该重新考虑为用户选择的在系统中扮演的角色的名称。考虑使名称更为广泛化，以一个参与者取代重复的参与者。图 2-7 描述了选择不正当的参与者名称的示例。

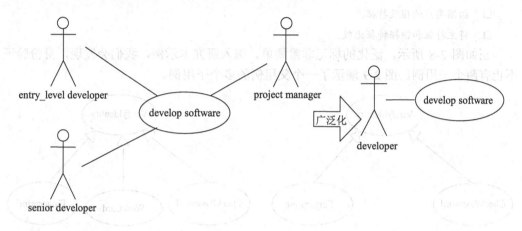

图 2-7　正确命名参与者

在图 2-7 中不应该将高级程序员、程序员和项目经理作为单独的参与者列出来，而是应该简单地创建一个名为 developer 的参与者，因为他们都是使用系统来开发软件的。

## 2.2 泛化

泛化是一种表示 UML 中项目的继承关系的技术。泛化可以应用于参与者和用例中来表示其子项从父项继承的功能，而且泛化还表示了父项的每个子项都有略微不同的功能或目的，以确保自己的唯一性。

### 2.2.1 泛化用例

相对于参与者而言，用例泛化更易理解。用例泛化是指一个用例（一般为子用例）和另一个用例（父用例）之间的关系，其中的父用例描述了子用例与其他用例共享的特性，而这些用例是有着同一父用例的。

泛化将特化用例和一般的用例联系起来。即子用例是父用例的特化，子用例除具有父用例的特性外，还可以有自己的另外特性。父用例可以被特化成一个或多个子用例，然后用这些子用例来代表父用例的更多明确的形式。图 2-7 演示一个泛化身份验证用例。

因为父用例 VerifyIdentity 是抽象的，它并不提供具体的身份验证方法，所以一个具体的子用例必须提供具体的功能。

子用例"口令验证"提供的身份验证方法为：

❑ 从主数据库获得密码。

❑ 请求使用密码。

❑ 用户提供密码。

❑ 在用户登录时检查密码。

子用例"指纹验证"提供的身份验证方法为:
❑ 得到来自主数据库的指纹特征。
❑ 扫描用户的指纹特征。
❑ 将主特征和扫描特征比较。

正如图 2-8 所示,泛化的标记非常简单。深入研究本示例,我们会发现,身份验证不止有两个子用例。图 2-9 演示了一个父用例的多个子用例。

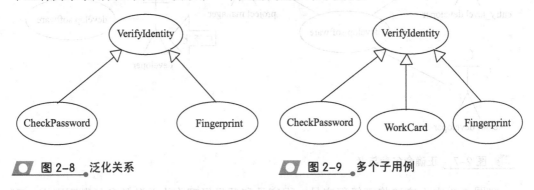

图 2-8 泛化关系　　　　　　　　　图 2-9 多个子用例

泛化甚至可以分层,父用例的子用例也可以有自己的子用例。如图 2-10 所示。

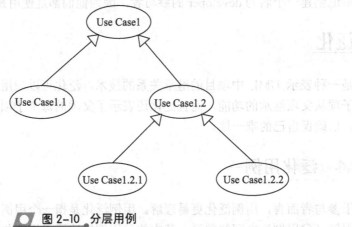

图 2-10 分层用例

如果已经泛化一个用例,并且参与者使用了已泛化用例,那个参与者就不应该是使用已经泛化用例的父用例的参与者。在图 2-11 演示的分层用例中,这意味着如果一个参与者使用了 Use Case1.2.2,那么该参与者就不应该再使用用例 1.2 或用例 1。如图 2-11 所示。

在前面示例中,如果参与者使用用例 1.2.2 和用例 1.2,那么这意味着什么呢?用一个示例来解释这一点或许更好理解。本示例使用与前面相同结构的用例来说明。如图 2-11 所示,假设在一个图书馆的图书管理系统中,对系统的管理包括:借书、还书操作和系统维护,而对系统维护包括:图书维护和借阅者信息维护。

从图 2-12 可以看出,这样将会导致参与者使用用例的重复。因为父用例系统维护是子用例图书维护的泛化,父用例系统维护已经包含了子用例图书信息维护,即对图书信息维护用例是对系统维护的一方面。

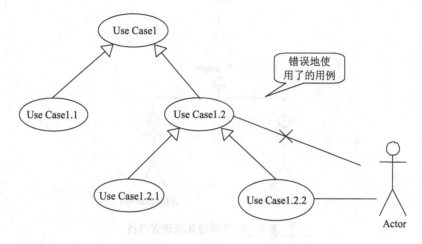

图 2-11 参与者使用了错误的用例

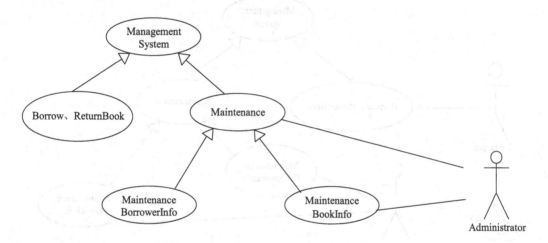

图 2-12 使用重复的用例

### 2.2.2 泛化参与者

与用例一样，也可以对参与者进行泛化。泛化后的参与者也在系统中扮演较为具体的角色。如图 2-13 所示，假设图书管理系统中，管理员分为对系统进行维护的管理员和完成借书、还书等日常操作的图书管理员。参与者 Manager 描述了参与者 Librarian 和 Administrator 所扮演的一般角色。如果不考虑与系统交互时的职责，可以使用一般角色的参与者 Manager。如果强调管理员的职责，那么用例须使用精确的参与者。即子类 Librarian 和 Administrator。

除此之外，还可以将泛化后的用例与泛化后的参与者相联系起来，如图 2-14 所示的泛化的用例与泛化的参与者相关联。

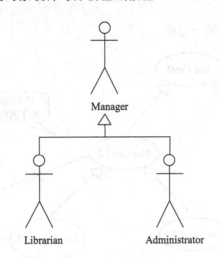

图 2-13 使用泛化精确管理员

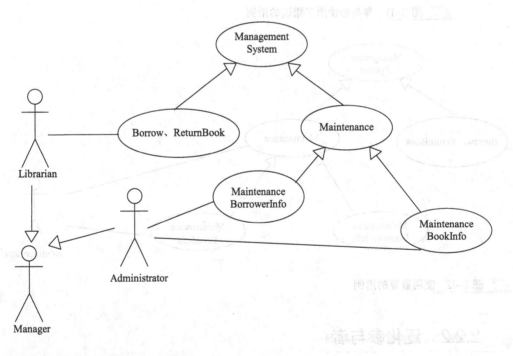

图 2-14 关联泛化参与者与用例

## 2.3 描述用例

用例图描述了参与者和系统特征之间的关系,但是它缺乏描述系统行为的细节。所以一般情况下,还会以书面文档的形式对用例进行描述,每个用例应具有一个用例描述。在 UML 中对用例的描述并没有硬性规定,但一般情况下用例描述应包括以下几个方面:

❑ 名称

名称无疑应该表明用户的意图或用例的用途,如上面示例中的"借阅图书"、"归还图书"。

- 标识符[可选]

唯一标识一个用例,如"UC200601"。这样就可在项目的其他元素(如类模型)中用它来引用这个用例。

- 参与者[可选]

与此用例相关的参与者列表。尽管这则信息包含在用例本身当中,但在没有用例图时,它有助于增加对该用例的理解。

- 状态[可选]

指示用例的状态,通常为以下几种之一:进行中、等待审查、通过审查或未通过审查。

- 频率

参与者使用此用例的频率。

- 前置条件

一个条件列表。前置条件描述了执行用例之前系统必须满足的条件。这些条件必须在使用用例之前得到满足。前置条件在使用之前,已经由用例进行过测试。如果条件不满足,则用例不会被执行。

前置条件非常类似于编程中的调用函数或过程,函数或过程在开始部分对传递的参数进行检测。如果传递的参数无法通过合法检查,那么调用的请求将会被拒绝。同样这也适用于用例。例如,当学生借阅图书时,借出图书用例需要获取学生借书证信息,但如果学生使用了一个已经被注销的借书证,那么用例就不应该更新借阅关系;另外,如果学生归还了从系统中已经删除的一本图书,那么用例就不能让还书操作完成。

借阅图书用例的前置条件可以写成下面的形式:

前置条件:学生出示的借书证必须是合法的借书证。

- 后置条件

后置条件将在用例成功完成以后得到满足,它提供了系统的部分描述。即在前置条件满足后,用例做了什么?以及用例结束时,系统处于什么状态?我们并不知道用例终止后处于什么状态。因此必须确保在用例结束时,系统处于一个稳定的状态。例如,当借阅图书成功后,用例应该提供该学生的所有借阅信息。

借阅图书用例的后置条件可以写成下面的形式:

后置条件:借书成功,则返回该学生借阅信息。借书失败,则返回失败的原因。

- 假设[可选]

为了让一个用例正常地运行,系统必须满足一定的条件,在没有满足这些条件之前,系统不会调用该用例。假设描述的是系统在使用用例之前必须满足的状态,这些条件并没有经过用例的检测,用例只是假设它们为真。例如,身份验证机制,后继的每个用例都假设用户是在通过身份验证以后访问用例的。应该在一定的时候检验这些假设,或者将它们添加到操作的基本流程或可选流程中。

下面是借阅图书用例的假设条件:

假设:图书管理员已经成功登录到系统。

❑ 基本操作流程

参与者在用例中所遵循的主逻辑路径。因为它描述了当各项工作都正常进行时用例的工作方式,所以通常称其为适当路径或主路径。操作流程描述了用户和执行用例之间交互的每一步。描述操作流程是一项将个别用例进行合适的细化任务。通过这种做法,常常可以发现自己原始的用例图遗漏了一些内容。

借出图书用例的基本操作流程如下:
① 管理员输入借书证信息。
② 系统要确保借书证信息的有效性。
③ 检查是否有超期的借阅信息。
④ 管理员输入要借阅的图书信息。
⑤ 系统将学生的借阅信息添加到数据库中。
⑥ 系统显示该学生的所有借阅信息。

❑ 可选操作流程

可选操作流程包括用例中很少使用的逻辑路径,那些在变更工作方式、出现异常或发生错误的情况下所遵循的路径。例如,借出图书用例的可选操作流程包括:输入的借书证信息不存在,该借书证已经被注销或有超期的借阅信息等异常情况下,系统采取的应急措施。

❑ 修改历史记录[可选]

修改历史记录是关于用例的修改时间、修改原因和修改人的详细信息。

表2-1是一个对用例"归还图书"的描述。

表2-1 归还图书用例的描述

| 用例名称 | 归还图书 |
| --- | --- |
| 标识符 | UC0002 |
| 用例描述 | 图书管理员收到要归还的图书,进行还书操作 |
| 参与者 | 图书管理员 |
| 状态 | 通过审查 |
| 前置条件 | 图书管理员登录进入系统 |
| 后置条件 | 在库图书数目增加 |
| 基本操作流程 | ① 系统管理员输入图书信息<br>② 系统检索与该图书相关的借阅者信息<br>③ 系统检索该借阅者是否有超期的借阅信息<br>④ 删除与该图书相关的借阅信息 |
| 可选操作流程 | 该借阅者有超期的借阅信息,进行超期处理;输入的图书信息不存在,图书管理员进行确认 |
| 假设 | 图书管理员已经成功地登录到系统 |
| 修改历史记录 | 刘丽,定义基本操作流程,2006年10月20日<br>张鹏,定义可选操作流程,2006年10月22日 |

表2-1所示的格式和内容只是一个示例,开发人员可以根据自己的情况定义。但是要记住,用例描述及它们所包含的信息,不仅是附属于用例图的额外信息。事实上,用例描述让用例变得完整,没有用例描述的用例没什么意义。

## 用例图

随着更多的用例细节被写到用例描述中，往往还会发现用例图中遗漏的某些功能。在模型的各个方面也会出现同样的问题：加入的细节越多，越可能必须回头更正以前所做的事。这是一个反复系统开发的内涵。进一步精炼系统模型是件好事，开发工作的每一次反复，都可以使系统的模型更好、更准确。

## 2.4 用例之间的关系

用例描述系统满足需求的方式。当细化描述用例操作步骤时，就可以发现有些用例以几种不同的模式或特例在运行，而有些用例在整个执行期间会出现多重流程。如果将用例中重要的可选性操作流程从用例中分隔出来，以形成一个新的用例，这对整个系统的好处是显而易见的。当分离可重复使用的用例后，用例之间就存在着某种特殊关系。包含和扩展是两个用例紧密相关时，关联用例的两种方法。包含关系用于表示用例为执行其功能时需要从其他用例引入功能。类似地，扩展关系则表示用例的功能可以通过其他用例的功能得到扩充。

### 2.4.1 包含关系

在对系统进行分析时，通常会发现有些功能在不同的环境下都可以被使用。在编写代码时，我们希望编写可重用的构件，这些构件包括诸如可以从其他代码中调用或参考的类库、子过程以及函数。在用例图中 UML 支持同样的做法。用例之间的包含关系在 UML 中的标记符如图 2-15 所示。注意图中虚线箭头指向被包含用例。

包含关系和对象之间的调用关系比较相像，它描述的是一个用例需要某种类型的功能，而该功能被另外一个用例定义，那么在用例的执行过程中，就可以调用已经定义好的用例。被包含的用例由两种方法确定：一种是被包含的用例事前已经存在，它们是因为某个目的而定义，在系统的开发过程中，恰好需要同样的功能，这样就不需要在系统中重新定义用例，直接将其包含到新的用例中就可以了；另外一种确定被包含用例的方法是从已经存在的几个用例中提取实现相同功能的操作步骤，以形成新的用例。被包含用例称为提供者用例，包含用例称为客户用例，提供者用例提供功能给客户使用。为了更好地理解包含关系是如何起作用的，下面列出了"图书管理系统"的系统用例模型的一部分，如图 2-16 所示。

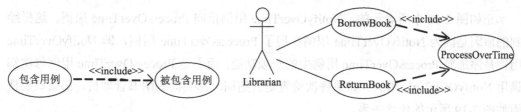

图 2-15 包含关系标记符　　　　图 2-16 图书管理系统中的包含关系

在这个示例中，BorrowBook 表示为借书用例，ReturnBook 表示为还书用例，而 ProcessOverTime 为超期处理用例。这样当图书管理员执行借书操作和还书操作用例时，由于这两个用例都需要进行是否超期的检查,因此,可以将超期处理从这两个用例中提取出来,形成一个公用的新用例。为了使用包含关系,用例必须遵循以下两个约束条件:

❑ 客户用例只依赖于提供者用例的返回结果,不必了解提供者用例的内部结构。
❑ 客户用例总会要求提供者用例执行,对提供者用例的调用是无条件的。

在为系统建立模型时,使用包含关系是十分明智的。因为它有助于在将来实现系统时,确定哪里可以重用某些功能,在编写代码时就可实现代码的重用,从而从长远意义上缩短系统的开发周期。

### 2.4.2 扩展关系

扩展关系是一种依赖关系,它指定了一个用例可以增强另一个用例的功能。扩展关系与包含关系一样,只是将单词 include 替换成了表示扩展关系的单词 extend。扩展关系如图 2-17 所示。

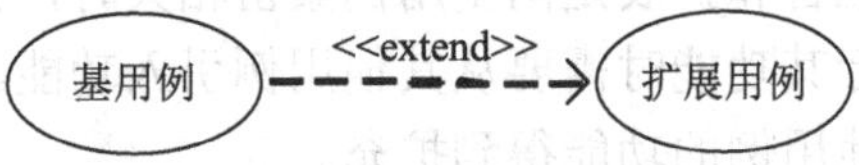

从如图 2-17 所示的扩展关系可以看出,扩展

图 2-17 扩展关系标识符

关系的虚线箭头是指向基用例的(被扩展用例),箭头的尾部则处在扩展用例上。下面的示例将演示在图书管理系统中如何使用扩展关系:超期处理用例由通知超期用例进行扩展,如图 2-18 所示。在本示例中,基用例是 ProcessOverTime,扩展用例是 NotifyOverTime。如果借阅者按时归还图书,那么就不会执行 NotifyOverTime 用例。而当归还图书时超过了规定的时间,则 ProcessOverTime 用例就会调用 NotifyOverTime 用例提醒管理员对此进行处理。

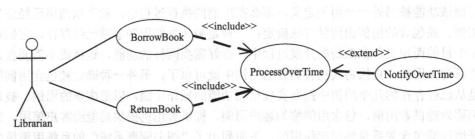

图 2-18 用例间扩展关系示例

正如图 2-18 中所表示的,NotifyOverTime 用例指向 ProcessOverTime 用例。这样绘制的原因是因为 NotifyOverTime 用例扩展了 ProcessOverTime 用例,即 NotifyOverTime 用例是添加到 ProcessOverTime 用例中的一项功能,而不是 ProcessOverTime 用例每次都调用 NotifyOverTime 用例。如果每次检查是否超期时都要提醒图书管理员,那么就要使用如图 2-19 所示的包含关系。

在理解了什么是扩展用例,以及使用它的原因后,那么如何知道图书管理员何时被提醒呢?毕竟这只在所借阅的图书超期时才被提醒,而且不是随时随机提醒的。本示例设定为当某学生所借阅的图书中有超期借阅时,图书管理员才会被提醒。为此,UML 提供了扩展点来解决该问题。扩展点的定义为：基用例中的一个或多个位置，在该位置会衡量某个条件以决定是否启用扩展用例。图 2-20 为一个扩展点的标记符。

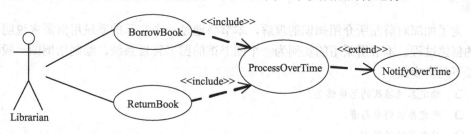

图 2-19 提示是否超期

如图 2-20 所示，一个水平线分隔了基用例，而基用例的用例名移到了椭圆的上半部分。椭圆的下半部分则列出了启用扩展用例的条件。图 2-21 使用包含扩展点标记符的基用例来表明如果借阅者有超期的借阅信息，那么基用例则启用扩展用例通知图书管理员。

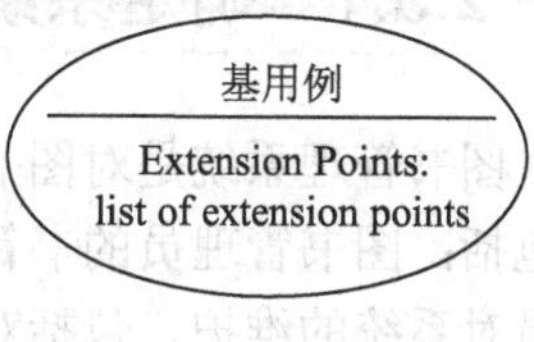

正如图 2-21 所示，扩展点中有一个判断条件，以决定扩展用例是否会被使用，在包含关系中没有这样的条件。扩展点定义了启用扩展用例的条件，一旦该条件满足，则扩展用例将被使用。例如，当某学生的借阅信息中有超期的借阅信息时，则基用例 ProcessOverTime 会使用 NotifyOverTime 用例，以通知图书管理员该学生有图书超期未还。当执行完扩展用例 NotifyOverTime 后，基用例将继续执行。

图 2-20 扩展点标记符

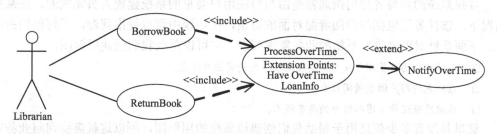

图 2-21 扩展点的应用

扩展点的表示符号可以按照下面的格式添加到椭圆中，即：

<extension point>::=<name>[:explanation]

其中，name 指定扩展点的名称，因为一个基用例可以有多个扩展用例。扩展点的名称描述了用例中的某个逻辑位置。因为用例描述的是功能和行为，所以该位置通常是对象在执行过程中某时间的状态。explanation 为对扩展点的解释，它为一个可选项。该项可以是任何形式的文本，只要把问题交待清楚即可。需要注意，在绘制扩展点时，并不是所有的 UML 建模工具都支持上述命名方法。

除在基用例上使用扩展点控制什么时候进行扩展外，扩展用例自身也可以包含条件。扩展用例上的条件是作为约束使用的，在扩展点成立的时候，如果该约束表达式也得到了满足，则扩展用例才执行，否则不会执行。

## 2.5 用例建模

为了加深对前面所介绍知识的理解,本节将通过一个实际的系统用例图来说明用例图的创建过程。本节所采用的实例为一个图书馆的图书管理系统。绘制用例图一般要经过以下几个步骤:

- 确定系统涉及的总体信息。
- 确定系统的参与者。
- 确定系统的用例。
- 构造用例模型。

### 2.5.1 确定系统涉及的总体信息

图书管理系统是对图书馆中的藏书以及借阅者进行统一管理的系统。系统的主要事务包括:图书管理员的书籍借出处理、书籍归还处理和查看借阅者的借阅信息;系统管理员对系统的维护,包括对管理员的维护、书籍的维护、借阅者信息的维护等。在确定了系统的总体信息后就可以分析系统的参与者,并确定系统用例。

### 2.5.2 确定系统的参与者

寻找系统的参与者与用例通常是由与潜在用户会见的系统建模人员完成的。在某些情况下,该任务还包括与借阅者面对面的访谈,在访谈中可以提出问题,了解他们的需求。下面是针对图书管理系统的业务需求列表,它可以帮助我们创建用例图。

- 系统可供图书管理员使用来完成记录学生借阅图书信息。
- 系统允许用户浏览借阅信息。
- 系统准确记录了图书馆中的所有藏书。

这里并没有多少信息用于帮助我们创建该系统的用例图,所以这就需要询问业务需求的提出者以获取更多的信息。经过详细的访谈后,我们就可以得到一个修改过的新的业务需求列表:

- 系统可供图书管理员完成学生借书和还书请求。
- 系统需要控制学生借书的期限,如果超期未还,则系统应生成一个超期罚款信息。
- 系统的维护工作需要由系统管理员负责。
- 系统需要允许图书管理员查询某学生的借阅信息。

这里我们了解到学生并不直接参与系统的交互,学生只是找到要借的图书,然后向图书管理员出示所借阅的图书和借书证。根据对图书管理系统的需求分析,可以确定如下几点:

① 借阅者不与系统交互,他只是向图书管理员发出借书、还书和续借请求。因此他不是该系统的参与者。

② 对于图书管理系统来说,借阅者发出借书、还书请求后,最终需要图书管理员与

系统交互；并且图书管理员还可以查看某借阅者的借阅信息。

③ 对于一个系统来说，对系统进行维护是必不可少的。在图书管理系统中，对系统的维护主要包括：维护借阅者信息、维护图书管理员信息、维护图书信息等。

由以上分析可得出，系统的参与者主要有两类：图书管理员和系统管理员。需要注意，实际上一个人可以分别完成图书管理员和系统管理员这两种角色。

### 2.5.3 确定用例与构造用例模型

在识别出系统的参与者后，我们必须确定参与者所使用的用例，以使系统正常运行。用例是参与者与系统交互过程中需要系统完成的任务。识别用例最好的方法是从参与者的角度开始分析，这一过程可通过提出"要系统做什么？"这样的问题来完成。由于系统中存在两种类型的参与者，下面分别从这两种类型的参与者角度出发，列出图书管理系统的基本用例包括以下内容。

图书管理员所涉及到的系统用例包括以下内容：
- 借阅图书。
- 归还图书。
- 查看借阅信息。

系统管理员所涉及到的系统用例包括以下内容：
- 维护借阅者信息。
- 查看借阅信息。
- 维护图书馆信息。
- 维护图书管理员信息。

在找出系统的基本用例之后，还需要对拥有的每一个用例进行细化描述，以便于完全理解创建系统时所涉及到的任务，发现因参与者疏忽而未意识到的用例。对用例进行细化描述需要经过与适当的人进行一次或多次细谈后，才可以细化每一个用例。下面是对借阅图书用例的细化描述列表：

① 图书管理员输入借书证信息。
② 系统确保该学生的借书证的有效性。
③ 系统计算所借阅的图书数量是否超过了规定的数量。
④ 检查该学生是否有超期的借阅信息。
⑤ 图书管理员输入学生所借阅的图书信息。
⑥ 生成新的借阅信息并保存。
⑦ 系统显示该学生的所有借阅信息，以提示图书管理员借阅成功。

下面列出归还图书用例的细化描述：

① 图书管理员输入图书信息。
② 系统检验图书的有效性。
③ 系统将根据该图书的信息查找借阅信息。

④ 系统根据借阅信息获取借阅者信息。
⑤ 查找借阅者是否有超期的借阅信息。
⑥ 删除与该图书对应的借阅信息。
⑦ 保存更新后的借阅信息。
⑧ 系统显示该学生还书后所剩余的所有借阅信息。

随着对用例的不断细化，我们可以发现某些用例在系统中是公用的，而为了日后开发需要，我们需要分解该用例。即将该用例中的公用部分提取出来，以便其他用例调用。如显示现在的借阅信息，在借阅图书用例和归还图书用例中都使用到了显示现存借阅信息用例和检察借阅者是否有超期的借阅信息用例。

对于浏览借阅信息用例而言，在找到某学生的借阅信息后，就应该将这些信息全部显示出来。因此，它也使用到了显示借阅信息用例。除此之外，当管理员使用系统时还必须先进行登录，为此还需要添加一个登录用例。

在从图书管理员角度对已经存在的用例和新发现的用例进行细化描述后，我们应该有一个用例的详细描述。如下所示：

❑ 借阅图书。
❑ 归还图书。
❑ 查询借阅者信息。
❑ 显示借阅信息。
❑ 超期处理。

在对这些用例进行分析后，即可绘制出相应的用例图。图 2-22 列出了图书管理员用例图。

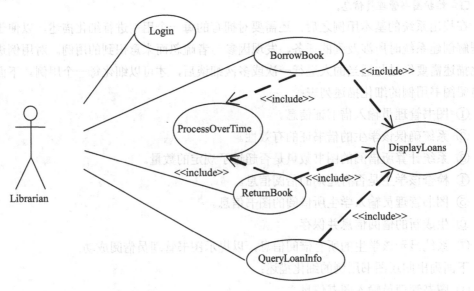

图 2-22 图书管理员用例图

从图中可看出，归还图书、查询借阅信息、归还图书用例都包含了显示借阅信息用例；借阅图书、归还图书用例则包含了超期处理用例。

　　同样，从系统管理员角度对用例进行细化描述后可以发现，维护管理员信息是对添加管理员、浏览管理员信息和删除管理员信息的泛化，而维护图书信息是对增加图书和更新图书信息用例的泛化。添加新图书时可能会发现：在图书馆中，一个流行的图书名可能会包含多本，因此系统必须有一个标题来标识同名的每一本书，标题可以由书名和书的作者组成。这就需要在系统中添加一个对标题的管理用例。下面列出了对原用例进行泛化处理后的详细用例：

- 添加管理员信息。
- 删除管理员信息。
- 添加图书。
- 删除图书。
- 添加标题。
- 删除标题。
- 添加借阅者信息。
- 删除借阅者信息。
- 登录。

　　图 2-23 列出了与系统管理员相关的用例图。构造用例模型是一个迭代的过程，不必一次就列出完整的用例模型图。

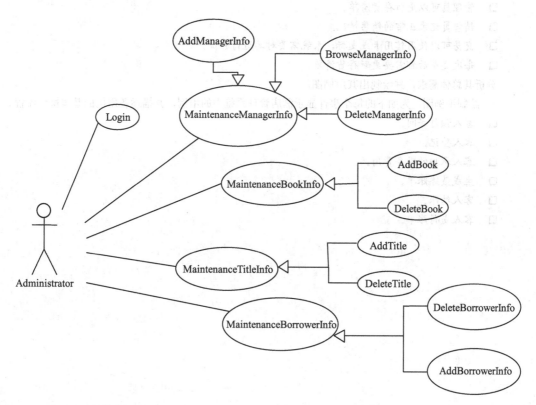

图 2-23　系统管理员用例图

## 2.6 思考与练习

**一、简答题**

1. 用例与用例图有哪些区别？
2. 用例图说明了什么？它出现在 Unified Process 的哪一阶段？
3. 用例图的 4 个主要组成部分是什么？
4. 参与者表示什么？
5. 用例表示什么？
6. 什么是参与者？如何确定参与者？
7. 泛化描述了什么？
8. 解释和比较用例图中的<<extend>>和<<include>>两种关系。

**二、分析题**

1. 一台自动售货机能提供 6 种不同的饮料，售货机上有 6 个不同的按钮，分别对应这 6 种不同的饮料，顾客通过这些按钮选择不同的饮料。售货机有一个硬币槽和找零槽，分别用来收钱和找钱。现在为这个系统设计一个用例图。

2. 现有一个产品销售系统，其总体需求如下：
   - 系统允许管理员生成存货清单报告。
   - 管理员可以更新存货清单。
   - 销售员记录正常的销售情况。
   - 交易可以使用信用卡或支标，系统需要对其进行验证。
   - 每次交易后都需要更新存货清单。

   分析其总体需求，并绘制出其用例图。

3. 绘制用例图，为如下的每个事件显示酒店管理系统中的用例，并描述各用例的基本操作流程。
   - 客人预订房间。
   - 客人登记。
   - 客人承担的服务费用。
   - 生成最终账单。
   - 客人结账。
   - 客人支付账单。

# 第 3 章 类图、对象图和包图

使用面向对象的思想描述系统，能够把复杂的系统简单化、直观化，这有利于用面向对象的程序设计语言实现系统，并有利于未来对系统的维护。构成面向对象模型的基本元素有类、对象和类与类之间的关系等。类图和对象图合称为结构模型视图或者静态视图，用于描述系统的结构或静态特征。其中，类图用来描述系统中的类以及类与类之间的静态关系等；对象用来描述特定时刻实际存在的若干对象以及它们之间的关系。一个系统的模型中可以包含多个对象图，每个对象图描述了系统在某个特定时刻的状态。

人们为了控制现实系统的复杂性，通常会将系统分成较小的单元，以便一次只处理有限的信息。UML 提供了包这一机制，使用它可以把系统划分成较小的便于处理的单元。

本章主要介绍类、类图、对象、对象图、类与类之间的关系以及包图等内容，并且还将创建图书管理系统的类图。

**本章学习要点：**
- 理解类图的基本概念
- 为系统建模类
- 建模类之间的关联关系
- 理解并建模泛化关系
- 了解依赖关系和实现关系
- 了解对象图和包图的概念
- 构造类图

## 3.1 类图

构建面向对象模型的基础是类、对象以及它们之间的关系。可以在不同类型的系统（例如，商务软件、嵌入式系统、分布式系统等）中应用面向对象技术，在不同的系统中描述的类可以是各种各样的。例如，在某个商务信息系统中，包含的类可以是顾客、协议书、发票、债务等；在某个工程技术系统中，包含的类可以有传感器、显示器、I/O 卡、发动机等。

在面向对象的处理中，类图处于核心地位，它提供了用于定义和使用对象的主要规则，同时，类图是正向工程（将模型转化为代码）的主要资源，是逆向工程（将代码转化为模型）的生成物。因此，类图是任何面向对象系统的核心，类图随之也成了最常用的 UML 图。

### 3.1.1 概述

类图是描述类、接口以及它们之间关系的图，它显示了系统中各个类的静态结构，是一种静态模型。类图根据系统中的类以及各个类的关系描述系统的静态视图。可以用某种面向对象的语言实现类图中的类。

类图是面向对象系统建模中最常用和最基本的图之一，其他许多图，如状态图、协作图、组件图和配置图等都是在类图的基础上进一步描述了系统其他方面的特性。类图可以包含类、接口、依赖关系、泛化关系、关联关系和实现关系等模型元素。在类图中也可以包含注释、约束、包或子系统。

类图用于对系统的静态视图（它用于描述系统的功能需求）建模，通常以如下所示的某种方式使用类图：

- ❑ **对系统的词汇建模**　在进行系统建模时，通常首先构造系统的基本词汇，以描述系统的边界。在对词汇进行建模时通常需要判断哪些抽象是系统的一部分，哪些抽象位于系统边界之外。
- ❑ **对协作建模**　协作是一些协同工作的类、接口和其他元素的共同体，其中元素协作时的功能强于它们单独工作时的功能之和。系统分析员可以用类图描述图形化系统中的类及它们之间的关系。
- ❑ **对数据库模式建模**　在很多情况下，都需要在关系数据库中存储永久信息，这时，可以使用类图对数据库模式进行建模。

图 3-1 是一个类图示例，举此例的目的在于使读者对类图有一个直观浅显的了解，并起到一个引导作用，下面要介绍的内容将会逐步澄清你在看到这幅图时遇到的疑惑。

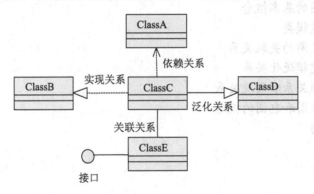

图 3-1　类图示例

通过分析用例和问题域，可以建立系统中的类，然后再把逻辑上相关的类封装成包，这样就可以直观清晰地展现出系统的层次关系。

### 3.1.2　类及类的表示

类是构成类图的基础，也是面向对象系统组织结构的核心。要使用类图，需要了解类和对象之间的区别。类是对资源的定义，它所包含的信息主要用来描述某种类型实体的特征以及对该类型实体的使用方法。对象是具体的实体，它遵守类制定的规则。从软件的角度看，程序通常包含的是类的集合以及类所定义的行为，而实际创建信息和管理信息的是遵守类的规则的对象。

类定义了一组具有状态和行为的对象，这些对象具有相同的属性、操作、关系和语

## 类图、对象图和包图

义。其中，属性和关联用来描述状态。属性通常用没有身份的数据值表示，如数字和字符串。关联则用有身份的对象之间的关系来表示。行为由操作来描述，方法是操作的实现。

为了支持对身份、属性和操作的定义，UML 规范采用一个具有 3 个预定义分栏的图标表示类，分栏中包含的信息有：名称、属性和操作，它们对应着类的基本元素，如图 3-2 所示。

当将类绘制在类图中时，名称分栏是必须出现的分栏，而属性分栏和操作分栏则可以出现或不出现。图 3-2 显示了所有的分栏，另外 3 种形式如图 3-3 所示。

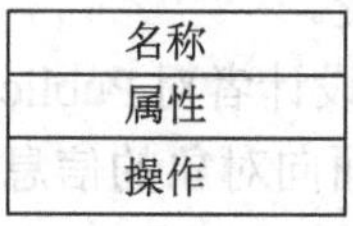

图 3-2　类的 3 种预定义的分栏 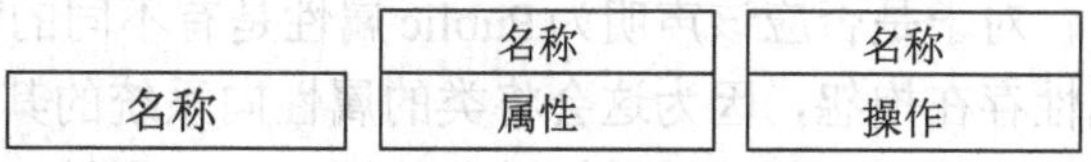　　图 3-3　表示类的几种形式

当隐藏某个分栏时，并非表明某个分栏不存在；只显示当前需要注意的分栏可以使图形更加直观清晰。

类在它的包含者（可以是包或者另一个类）内必须有唯一的名称。类对它的包含者来说是可见的，可见性规定了类能够怎样被位于可见者之外的类所使用。类的多重性说明了类可以具有多少个实例，通常情况下，可以有 0 个或多个；关于类的多重性的概念，在本章后面会详细介绍。

下面将详细介绍类的名称、属性和操作在类图中的具体表示方法和含义。

### 1. 名称

类名采用黑体字书写在名称分栏的中部。给类命名时最好能够反映类所代表的问题域中的概念，并且要清楚准确，不能含糊不清；类名通常表示为一个名词，既不带前缀，也不带后缀。类名可分为简单名称和路径名称。简单名称只有类名没有前缀；路径名称中可以包含由类所在包的名称表示的前缀，如图 3-4 所示。

其中，Employee 是类的名称，Person 是 Employee 类所在包的名称。

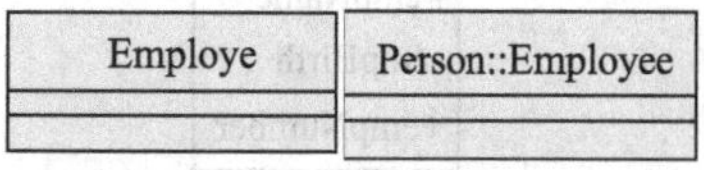

图 3-4　类的简单名称和路径名称

### 2. 属性

类的属性，也称为特性，描述了类在软件系统中代表的事物（即对象）所具备的特性，这些特性是该类的所有对象所共有的。对象可能有很多属性，在系统建模时，只抽取那些对系统有用的特性作为类的属性，通过这些属性可以识别该类的对象。例如，可将姓名、出生年月、所在部门、职称等特性作为类 Employee 的属性。从系统处理的角度来看，在事物的特性中，只有其值能被改变的那些才可以作为类的属性。一个类可以有 0 个或多个属性。在 UML 中，描述类属性的语法格式如下所示：

[可见性] 属性名 [:类型] [=初始值] [{属性字符串}]

在定义属性时，除了属性名之外，其他内容都是可有可无的，可以根据需要选用上面列出的某些项。下面对以上格式中的各项进行解释。

位于属性名前面的是可见性。可见性用于指定它所描述的属性能否被其他类访问，以及能以何种方式访问。最常用的可见性类型有 3 种，分别为：公有（Public）、私有（Private）和被保护（Protected）类型。

被声明为 Public 的属性和操作可以在它所在类的外部被查看、使用和更新。在类里被声明为 Public 的属性和操作共同构成了类的公共接口。类的公共接口由可以被其他类访问及使用的属性和操作组成，这表示为公共接口是该类与其他类的联系的部分。类的公共接口应尽可能减少变化，以防止任何使用该类的地方有不必要的改变。

对于是否应该声明为 Public 属性是有不同的观点的。许多面向对象的设计者对 Public 属性存在抱怨，因为这会将类的属性向系统的其余部分公开，就违反了面向对象的信息隐蔽的原则。因此，最好避免使用 Public 属性。

被声明为 Protected 的属性和操作可以被类的其他方法访问，也可以被任何相应继承类所声明的方法访问，但是非继承的类无法访问 Protected 属性和操作。即使用 Protected 声明的属性和操作只可以被该类和该类的子类使用，而其他类无法使用。

Private 可见性是限制最为严格的可见性类型，只有包含 Private 元素的类本身才能使用 Private 属性中的数据，或者调用 Private 操作。

除了以上 3 种类型的可见性之外，其他类型的可见性可由程序设计语言进行定义。需要注意的是，公有和私有可见性一般在表达类图时是必需的。在 UML 中，Public 类型用符号"+"表示，Private 类型用符号"–"表示，Protected 类型用符号"#"表示。如果在属性的左边没有标识任何符号，表明该属性的可见性尚未定义，而并非取了默认的可见性，在 UML 中并未规定默认的可见性。这几种符号在类中的表示如图 3-5、图 3-6 所示。

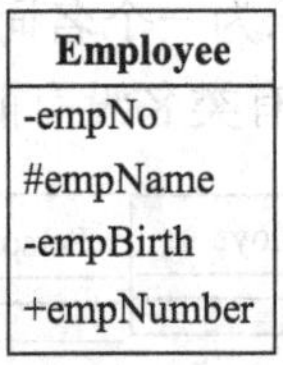

| Employee |
|---|
| -empNo |
| #empName |
| -empBirth |
| +empNumber |

图 3-5　可见性的表示

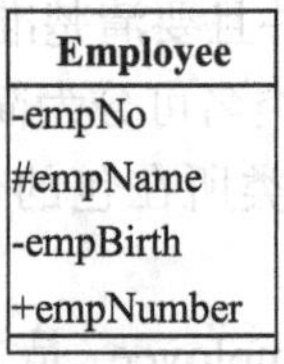

| Employee |
|---|
| -empNo |
| #empName |
| -empBirth |
| +empNumber |

图 3-6　类变量的表示

在上两图中，属性 empNo、empBirth 是类 Employee 的私有属性，empNumber 是公有属性，empName 是被保护的属性，这些属性的可见性是由它们的名字左边的符号指定的。

在可见性的右边是属性名。类的属性是类定义的一部分，每个属性都应有唯一的属性名，以标识该属性并以此区别其他属性。属性名通常由描述所属类的特性的名词或名词短语表示。按照约定，属性名用小写字母表示，当属性名需要使用多个单词时，要将这几个单词合并起来，并且从第二个单词起，每个单词的首字母都应是大写形式。

对于每个属性，都应为其指定所属的数据类型。常用的数据类型有整型、实型、布尔型、枚举型等，这些类型在不同的编程语言中可能有不同的定义；可以在 UML 中使用目标语言中的类型表达式，这在软件开发的实施阶段是非常有用的。除此之外，属性的数据类型还可以使用系统中的其他类或者用户自定义的数据类型。在定义了类的属性之后，类的所有对象的状态由其属性的特定值所决定。

可以为属性设置初始值。设置初始值可以防止因漏掉某些取值而破坏系统的完整性，并为用户提供易用性。为 Employee 类的有关属性指定了数据类型和初始值后的图形化表示如图 3-7 所示。

如图 3-7 所示，属性和数据类型之间要用冒号分隔，数据类型与初始值之间用等号分隔，该图是使用 Microsoft Visio 画的，所以冒号和等号都是该软件自动添加的（本章中的其他模型图还有使用 Rational Rose 画的，这两种工具在使用时各有优缺点，读者可以根据不同的情况进行选用）。

描述类属性的语法格式中的最后一项是属性字符串。属性字符串用来指定关于属性的其他信息，例如，某个属性应该是永久的。可以把希望添加到属性的定义中但又找不到合适地方的规则放在属性字符串中。

除此之外，还有一种类型的属性，它能被所属类的所有对象共享，这就是类的作用域属性，或者叫做类变量（例如，Java 类中的静态变量）。这类属性在类图中表示时要在属性名的下面加一条下划线。例如，将类 Employee 中的 empNumber 属性更改为类变量，可用图 3-6 中的形式表示。这时，对属于 Employee 类的所有对象来说，empNumber 的值都是一样的。

有时候属性代表一个以上的对象。事实上，属性能代表其类型的任意数目的对象。在程序设计时这样的属性用一个数组来实现。这体现了面向对象中对象之间关联的多重性，多重性允许用户指定属性实际上代表一组对象集合，而且能够应用于内置属性及关联属性。如图 3-8 所示，由于一个学生可以借阅多本图书，所以一个 Student 类对应了多个 Book 类。

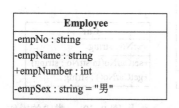

图 3-7　属性的数据类型和初始值

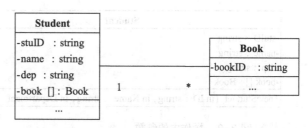

图 3-8　属性对应的多重性

事实上当为类定义属性时，总是要使用类作为属性的数据类型。例如，属性 stuID 其实质上是一个字符串对象。

3．操作

属性仅仅描述了要处理的数据，而操作则描述了处理数据的具体方法。类的操作是对其所属对象的行为的抽象，相当于一个服务的实现，且该服务可以由类的任何对象请求以影响其行为。属性是描述对象特征的值，操作用于操纵属性或执行其他动作。操作可以看作是类的接口，通过该接口可以实现内、外信息的交互，操作的具体实现称为方法。

某类的操作只能作用于该类的对象。一个类可以有 0 个或多个操作。操作由返回值类型、名称和参数表进行描述。在 UML 中，用于描述操作的语法形式为：

[可见性] 操作名 [(参数表)] [:返回类型] [{属性字符串}]

下面对该形式进行解释。类中操作的可见性包括公有（Public）、私有（Private）、受保护（Protected）和包内公有（Package）几种类型，在模型图中，它们可分别用 "+"、"-"、"#" 和 "~" 来表示。如果某一对象能够访问操作所在的包，那么该对象就可以调用可见性为公有的操作；可见性为私有的操作只能被其所在类的对象访问；子类的对象可以调用父类中可见性为公有的操作；可见性为包内公有的操作可以被其所在包的对象访问。

在为系统建模时，操作名通常使用能够描述类的行为的动词或者动词短语，操作名的第一个字母通常使用小写形式，当操作名包含多个单词时，要合并起来，从第二个单词起，所有单词的首字母都是大写形式。

参数用来指定提供给操作以完成工作的信息。操作可以有参数，也可以没有参数。当参数表中包含多个参数时，各参数之间要用逗号分隔开。例如，在 Student 类中，newStudnet 操作将创建一个 Student 对象，当创建该对象时需要知道学生学号、学生姓名和所属院系等信息。如图 3-9 所示。

当参数具有默认值时，如果操作的调用者没有为该参数提供相应的值，那么该参数将自动具有指定的默认值。

操作除了具有名称与参数外，还可以有返回类型。返回类型被指定在操作名称尾端的冒号之后，它指定了该操作传回的对象类型，如图 3-10 所示。虽然没有返回值时可以不注明返回值的类型，但是在具体的编程语言中，可能需要添加关键字 void 来表示无返回值。

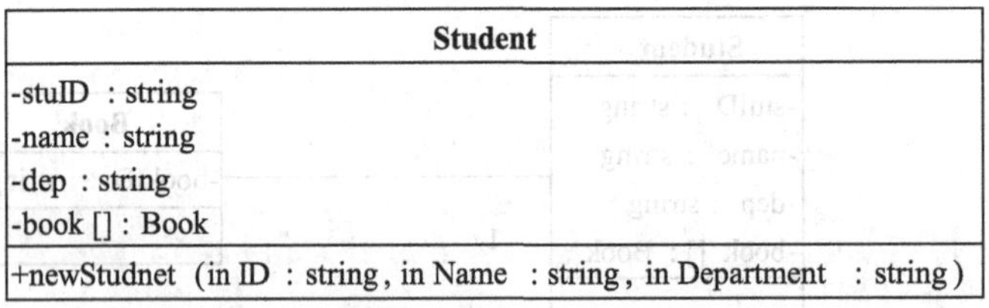

| Student |
|---|
| -stuID : string |
| -name : string |
| -dep : string |
| -book [] : Book |
| +newStudnet (in ID : string, in Name : string, in Department : string) |

| Car |
|---|
| -carNo : string |
| +setCarNo(in strNo : string) |
| +getCarNo() : string |

图 3-9　操作中的参数 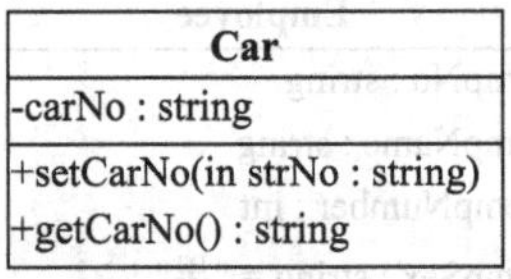　　　　　　　　　图 3-10　类中的操作

如图 3-10 所示，除了可以提供每一个参数名及其数据类型外，还可以指定参数子句 in、out 或者 inout。in 是默认的参数子句。通过值传递的参数使用 in 参数子句，或者不使用任何参数子句。通过值传递参数意味着把数据的副本发送到操作，因而，操作不会改变值的主备份。如果希望修改传递到操作的参数值的主备份，需要使用 inout 类型的参数子句标记参数，这意味着值通过引用传递，操作中任何对参数值的修改也就是对变量主备份的修改。除此之外，还有一种 out 参数子句，使用该参数子句时，值不是被传递给操作，而是由操作把值返回给参数。

当需要在操作的定义中添加一些预定义元素之外的信息时，可以将它们作为属性字符串。

### 4. 职责

可以在类标记中操作分栏的下面另加一个分栏，用于说明类的职责。所谓的职责是指类或其他元素的契约或者义务。在创建一个类时，声明该类的所有对象具有相同的状态和相同的行为，这些属性和操作正是要完成类的职责。描述类的职责可以使用一个短语、一个句子或者若干句子。

### 5. 约束

在类的标记中说明类的职责是消除二义性的一种非形式化的方法，而使用约束则是一种形式化的方法。约束指定了类应该满足的一个或者多个规则。约束在 UML 规范中是用由花括号括起来的文本表示的。

除此之外，还可以在类图中使用注释，以便为类添加更多的说明信息，注释可以包含文本和图形。如图 3-11 所示。

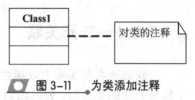

图 3-11　为类添加注释

## 3.1.3　定义类

由于类是构成类图的基础，所以，在构造类图之前，首先要定义类，也就是将系统要处理的数据抽象为类的属性，将处理数据的方法抽象为类的操作。要准确地定义类，需要对问题域有透彻准确的理解。在定义类时，通常应当使用问题域中的概念，并且，类的名字要用类实际代表的事物进行命名。

通过自我提问和回答下列问题，将有助于在建模时准确地定义类：

- 在要解决的问题中有没有必须存储或处理的数据，如果有，那么这些数据可能就需要抽象为类，这里的数据可以是系统中出现的概念、事件或者仅在某一时刻出现的事务。
- 有没有外部系统，如果有，可以将外部系统抽象为类，该类可以是本系统所包含的类，也可以是能与本系统进行交互的类。
- 有没有模板、类库或者组件等，如果有，这些可以作为类。
- 系统中有什么角色，这些角色可以抽象为类，例如，用户、客户等。
- 系统中有没有被控制的设备，如果有，那么在系统中应该有与这些设备对应的类，以便能够通过这些类控制相应的设备。

通过自我提问和回答以上列出的问题有助于在建模时发现需要定义的类；但定义类的基本依据仍然是系统的需求规格说明，应当认真分析系统的需求规格说明，进而确定需要为系统定义哪些类。

## 3.2　关联关系

在使用面向对象的思想和方法开发的系统中，使用类来描述应用程序所需资源的类型、目的和它们所提供的特征（例如属性和操作）。除了需要使用类定义软件所需的资源之外，在建模过程中还需要描述资源之间的交互情况，以解释对象之间是如何进行通信的。为了进行通信，对象之间也需要定义通信手段，在 UML 规范中，对象之间的通信手段就称为关系。

类图中的关联定义了对象之间的关系准则，在应用程序创建和使用关系时，关联提供了维护关系完整性的规则。软件中也会出现一个对象是其他一些对象的集合的情况，这种集合类型的关联被称为聚合，它用于模拟对象之间的复杂关系。在 UML 中，还存在一种更严格的集合关联，即组合；在组合关系中，集合一方的生命周期完全取决于另一方的存在。类关系的强弱基于该关系所涉及的各类间彼此的依赖程度。彼此相互依赖较强的两个类称为紧密耦合。在这种情况下，一个类的改变极可能影响到另一个类。紧密耦合通常是一个坏事。

### 3.2.1 二元关联

关联意味着类实际上以属性的形式包含对其他类的一个或多个对象的引用。在确定了参与关联的类之后，就可以对关联进行建模了。本章首先讨论只有两个类参与的关联，即二元关联，稍后将会介绍多于两个类参与的关联，即 n 元关联。在类图中，二元关联定义了两个类的对象之间的关系准则，关联定义了什么是允许的，什么是不允许的。如果两个类在类图中具有关联关系，那么在对象图中，这两个类的相应对象所具有的关系被称为链。关联描述的是规则，而链描述的是事实。

图 3-12 演示了类 Person 和类 Car 之间的关联关系。类 Person 定义了人对象及其功能，类 Car 则定义了小汽车对象及其功能，两者之间的关联是一种单一类型的关系，存在于两者的对象之间，解释了这些对象需要通信的原因。

如图 3-13 所示，一个完整的关联定义包含了 3 个部分：表示类之间关联关系的直线和两个关联端点。其中，直线以及关联名称定义了该关系的标志和目的，关联端点定义了参与关联的对象所应遵循的规则。在 UML 规范中，关联端点是一个元类，它拥有自己的属性，例如，多重性、约束、角色等。

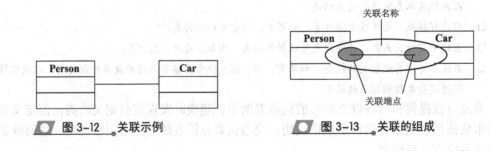

图 3-12 关联示例　　　　图 3-13 关联的组成

#### 1. 关联的名称

关联的名称表达了关联的内容，含义确切的名称使人更容易理解，如果名称含糊不清，就容易引起误解和争论，导致建模开销的增加和建模效率的降低。一般情况下，使用一个动词或者动词短语命名关联关系。图 3-14 显示的是同一关联的两个不同的名称，即"holds"和"is holded by"。

在命名关联关系时存在如下假定：如果要从相反的方向理解该关联，只需将关联名称的意义反过来理解。例如，图 3-14 中的关联可以理解为"Person 对象拥有 Car 对象"，如果从相反的方向理解也是可以的，即"Car 对象被 Person 对象拥有"。因而，对于图 3-14 中的关联，只需建立其中一个模型即可。

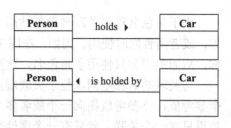

图 3-14  关联的名称

在图 3-14 中，使用了方向指示符，就是那两个黑三角。通常情况下，人们喜欢从左到右地阅读，所以，当希望读者从右向左阅读时，应使用某种方法告诉读者，这时，就可以使用方向指示符。可以将方向指示符放在关联名称的某一侧，以向读者说明应如何理解关联名称。在图 3-14 中，两个关联名称都使用方向指示符，其实第一个不必使用，因为该名称的阅读顺序符合人们的阅读习惯；只有在阅读顺序不符合人们的阅读习惯时，才有必要使用方向指示符。对关联进行命名是为了清晰而简洁地说明对象间关系的目的，关系的目的用于指导对对象之间的通信方式进行定义，同时决定每个对象在通信中所扮演的角色。

### 2．关联的端点

为了定义对象在关联中所扮演的角色，UML 将关联中的每个端点都作为具有相应规则的独立实体。因而，在"holds"关联中，Person 对象的参与跟 Car 对象的参与是不同的。

每个关联端点都包含了如下的内容：端点上的对象在关联中扮演什么角色，有多少对象可以参与关联，对象之间是否按一定的顺序进行排列，是否可以用对象的一些特征对该对象进行访问，以及一个端点的对象是否可以访问另一个端点的对象等。

关联端点可以包含诸如角色、多重性、定序、约束、限定符、导航性、可变性等特征中的部分或者全部。下面将讨论这些特征。

### 3．关联中的角色

任何关联关系中都涉及到与此关联有关的角色，也就是与此关联相连的类的对象所扮演的角色。在图 3-15 中，人在"欣赏"这一关联关系中扮演的是观众这一角色；演出是演员表演的结果，因而 Performance 对象所扮演的角色就是演员。

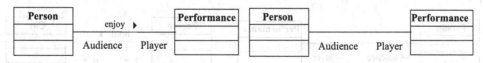

图 3-15  关联中的角色

与关联名称相比，角色名称从另外一个角度描述了不同类型的对象是如何参与关联的。关联中的角色通常用字符串命名。在类图中，角色名通常放在与此角色有关的关联关系（代表关联关系的直线）的末端，并且紧挨着使用该角色的类。角色名不是类的组成部分，一个类可以在不同的关联中扮演不同的角色。

由于角色名称和关联名称都被用来描述关系的目的，所以角色名称可以代替关联名称，或者两者同时使用。例如，在图 3-15 中，前面的模型同时使用了关联名称和角色名称，后面的模型只使用了角色名，这两种表示关联的方法都是可行的。

与关联的名称不同，位于关联端点的角色名可以生成代码。每个对象都需要保存一个参考值，该参考值指向一个或者多个关联的对象。在对象中，参考值是一个属性值，如果只有一个关联，就只有一个属性来保存参考值。在生成的代码中，属性使用参考对象的角色名命名。

### 4．可见性

也可以使用可见性符号修饰角色名称，以说明该角色名称可以被谁访问，如图 3-16 所示。

在 3.1 节中，曾经介绍过可见性的概念，此处可见性的含义与前述相同。在图 3-16 中，类 Performance 有一个参考值指向角色名称"-Audience"，该角色名称前面的"-"表示 private 可见性，这说明类 Performance 包含一个可见性为 private 的属性，它保存了一个参考值，指向 Person 对象。由于该属性的可见性为 private，所以，要想访问它，需要使用一个可见性不是 private 的操作。但是，在 UML 2.0 中，关联端点中已不再使用可见性的概念。

### 5．多重性

关联的多重性指的是有多少对象可以参与关联。多重性可用来表达一个取值范围、特定值、无限定的范围或者一组离散值。在 UML 中，多重性是用由数字标识的范围来表示的，例如，0..9，它所表示的范围的下限为 0，上限为 9，下限和上限用两个圆点进行分隔，该范围表示所描述实体可能发生的次数是 0 到 9 中的某一个值。也可以用符号"*"来表示一个没有上限或者说上限为无穷大的范围。例如，范围 0..* 表示所有的非负整数。下限和上限都相同的范围可以简写为一个数字。例如，范围 2..2 可以用数字 2 来代替。除此之外，多重性还可以用另外一种形式来表示，即用一个由范围和单个数字组成的列表来表示，列表中的元素通常以升序形式排列。例如，有一个实体是可选的，但如果发生的话就必须至少发生两次以上，那么在建模时就可以用多重性 0,3..* 来表示。

赋给一个关联端点的多重性表示在该端点可以有多个对象与另一个端点的一个对象关联。例如，图 3-17 中所示的关联具有多重性，它表示一个人可以拥有 0 辆或者多辆小汽车。

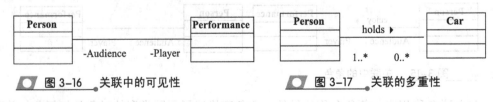

图 3-16　关联中的可见性　　　　图 3-17　关联的多重性

### 6．定序

在关联中使用多重性时，意味着可能有多个对象参与关联，当有多个对象时，还可以使用定序约束。定序就是指将一组对象按一定的顺序排列。在 UML 规范中，布尔标记值 ordered 用于说明是否要对对象进行排序。要指出参与关联的一组对象需要按一定的顺序排列，只需将关键字{ordered}置于关联端点处就可以了。在图 3-18 中，一个 Person 对象可以拥有多个 Car 对象，这些 Car 对象被要求按照一定的顺序进行排列。如果对象不需要按照一定的顺序进行排列，那就可以省略关键字{ordered}。

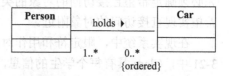

图 3-18　关联端点的定序约束

前已述及，在系统实现时关联被定义为保存了参考值的属性，该参考值指向一组参与关联的对象。在为对象规定了定序约束之后，对象必须按照一定的顺序排列，于是，在实现关联标准时就必须考虑关联的标准，以及如何在保持正确顺序的前提下向队列中添加对象或者从队列中删除对象。

### 7. 约束

UML 定义了 3 种扩展机制，即标记值、原型和约束。其中，约束定义了附加于模型元素之上的限制条件，保证了模型元素在系统生命周期中的完整性。约束的格式实际上是一个文本字符串（使用特定的语言表达），几乎可以被附加到模型中的任何元素上。约束使用的语言可以是 OCL、某种编程语言甚至也可以是自然语言，如英文、中文等。

在关联端点上，约束可以被附加到{ordered}特性字符串里，例如，在图 3-19 中，ordered 的后面添加了一个约束，它限定与 Person 对象关联的一个 Car 对象的价格不能超过$100 000。

约束规定了实现关联端点时必须遵守的一些规则。如前所述，关联是使用包含参考对象的属性来表现的，在系统实现时，需要编写一些方法以创建或者改变参考值，关联端点的约束就是在这些方法中实现的。

关联端点上的约束还可以用于限定哪些对象可以参与关联。例如，某国为了保护本国的汽车制造业，规定本国公民只能购买国产的小汽车，而不能购买市场上的非国产小汽车，这时，可以在模型中使用约束，用布尔值 homemade 来表示。如图 3-20 所示。

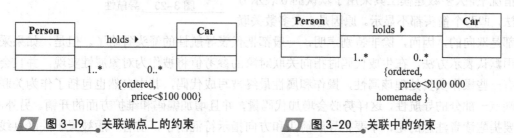

图 3-19　关联端点上的约束　　　　图 3-20　关联中的约束

约束条件的作用对象是靠近它的关联端点的类，在模型中使用约束时，要使约束条件靠近它所作用的类。在不熟悉 OCL 之前，可以使用自然语言表示约束。

### 8. 限定符

当需要使用某些信息作为关键字来识别对象集合中的一个对象时，可以使用限定符。限定符定义了被参考对象的一个属性，并使用该属性作为直接访问被参考对象的关键字。使用限定符的关联被称为受限关联。

限定符提供了一种切实可行的实现直接访问对象的方法。要建立限定符的模型，首先必须确定希望直接访问的对象的类型，以及提供被访问的对象的类型，限定符被放在希望实现直接访问的对象附近。

在现实系统中，限定符和用作对象标识的属性之间通常是密切联系的。例如，在图 3-21 中，Class 具有每个学生的信息，每个学生都有唯一的标识。

但是，类图 3-21 并没有清楚地指出每个学生的编号是否是唯一的。为了能够在类图中描述这一约束，建模者通常将用作标识的属性 stuID 作为类 Class 的一个限定符，如图 3-22 所示。对于识别对象身份这类问题来说，没有必要在数据模型中引入一个充当标识的属性，而应该用限定符来描述对象的标识。

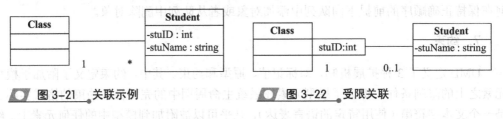

图 3-21　关联示例　　　　　　图 3-22　受限关联

### 9. 导航性

导航性描述的是一个对象通过链进行导航访问另一个对象，也就是说，对一个关联端点设置导航属性意味着本端的对象可以被另一端的对象访问。导航性使用置于关联端点的箭头表示。如果存在箭头，就表示该关联端点是可导航的，反之则不成立。在图 3-23 中，"holds" 关联靠近类 Car 的端点的导航性被设置为真，UML 使用一个指向 Car 的箭头表示，这意味着另一端的 Person 对象可以访问 Car 对象。

所以，如果两个关联端点都是可导航的，就应该在关联的两个端点处都放置箭头，但在这种情况下，大多数建模工具采用了默认的 0 表示方法，即两个箭头都不显示。原因是：大多数关联

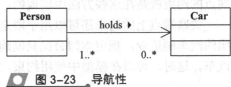

图 3-23　导航性

都是双向的，因而，除非特别声明，一般都把代表导航性的箭头省略了。但是，如果采用默认表示方法，在生成代码时指向关联对象的参考值将被作为对象属性实现，并且会有一些操作负责处理该属性，操作和属性最终被写成代码，其中自然也包括了作为关联端点一部分的导航性，这样势必会增加代码量，并且增加编码和维护方面的开销。另外，要提醒读者注意的是，不要把导航箭头和方向指示符混淆了，前者一般被置于关联直线的尾部，而方向指示符则置于关联名称的左侧或者右侧。

### 10. 可变性

可变性允许建模者对属于某个关联的链进行操作，默认情况是允许任何形式的编辑，例如，添加、删除等。在 UML 中，可变性的默认值可以不在模型中表现出来。但是，如果需要对可变性做些限定，则需要将可变性的取值放在特性字符串中，和定序以及约束放在一起。在预定义的可变性选项中，{frozen} 表示链一旦被建立，就不能移动或者改

变，如果应用程序只允许创建新链而不允许删除链，则可以使用{addOnly}选项。

如图 3-24 所示的是类 Contract 和类 Company 之间的关联模型。它表示某大学和某建筑公司签订合同，由建筑公司负责建造该大学的图书馆，合同是两者之间的法定关系，为了避免意想不到的错误删除，在该关联的 Contract 端点上设置了{frozen}特性。

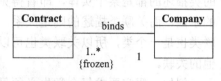

图 3-24 可变性

### 3.2.2 关联类

有时关联本身会引进新类。当想要显示一个类涉及到两个类的复杂情况中，关联类就显得特别重要。关联类就是与一个关联关系相连的类。关联类并不位于表示关联关系的直线两端，而是对应一个实际的关联，用关联类表示该关联的附加信息。关联中的每个连接与关联类中的一个对象相对应。

虽然类的属性描述了类实例所具有的特性，但有时却需要将对象的有关信息和对象之间的链接放在一起而不是放在不同的类中。例如，对如图 3-25 所示的 Student 和 Course 之间的 Elect 关联而言，如果需要记录学生所选课程的成绩，使用如图 3-25 所示的类图就不容易表示。

如果只是在学生类中添加一个 score 属性是不够的，因为这不能记录现实当中学生选修课程的情况，一方面一个学生可能选修多门课程，另一方面每门课程可能会被多名学生选修。由此看来，并不是所有信息都能够很容易地用类中的属性来描述，这就需要将数据和两个对象之间的链接放在一起。对于前面列出的选课关联来说，课程的得分并不是学生本来就有的，只有在学生选修了某门课程之后，该学生才会有所选课程的得分，也就是说，课程的得分使得学生和课程关联起来。

关联类是一种将数据值和链接关联在一起的手段。在 UML 中，关联类是一种模型元素，它同时具有关联和类的特性。关联类可以像关联那样将两个类连接在一起，并且可以像类一样具有属性，关联类的属性用来存储相应关联的信息。

如图 3-26 所示的关联类用来存储学生选修的某一门课程的成绩，该关联类代替了图 3-25 中的 "Elect" 关联关系。关联类的名字可以写在关联的旁边，也可以放在类标志的名称分栏当中，关联类的标志要用一条虚线与它所代表的关联连接起来。

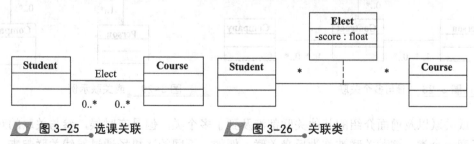

图 3-25 选课关联    图 3-26 关联类

使用关联类可以增加模型的灵活性，并能够增强系统的易维护性，因此，应该在模型中尽量使用关联类。

关联类和其他的类非常相似，两者之间的区别就在于对它们的使用需求不同。一般的类描述的都是某个实体，即看得见摸得着的东西，而关联类描述的则是关系。由于关联类也是一个类，所以关联类也可以参与其他的关联。

例如，假定要求每个学生必须显式地登记所选的课程，那么每个登记项中应包含所选课程的得分及其授课学期。可以认为班级是由若干名选修同一课程的学生组成的，将班级定义为登记项的集合，即班级是由特定学期选修相同课程的学生组成的。如图 3-27 所示，通过一个用来识别对应于特定类的登记项的关联可以描述这种情况。

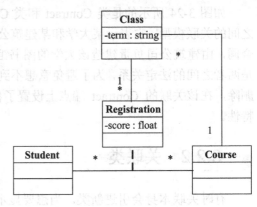

图 3-27　参与关联的关联类

### 3.2.3　或关联与反身关联

前已述及，一个类可以参与多个关联关系，但是当两个关联不能同时并存时，应该怎样表示呢？

图 3-28 是保险业务的类图。个人可以同保险公司签订保险合同，其他公司也可以同保险公司签订保险合同，但是个人持有的合同不同于一般公司持有的合同，也就是说，个人与保险合同的关联关系不能跟公司与保险合同的关联关系同时发生。UML 提供了或关联来建模这样的关联关系。

或关联是指对多个关联附加约束条件，使类中的对象一次只能参与一个关联关系。或关联的表示方法如图 3-29 所示，当两个关联不能同时发生时，用一条虚线连接这两个关联，并且虚线的中间带有{OR}关键字。

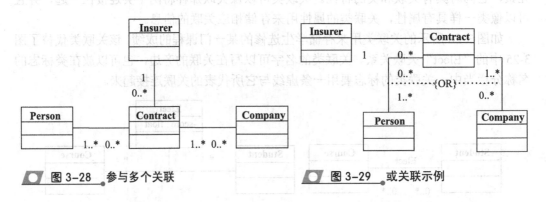

图 3-28　参与多个关联　　　　　图 3-29　或关联示例

或关联以及前面介绍的其他关联都涉及到了多个类，但是有时候，参与关联的对象属于同一个类，这种关联被称为反身关联。例如，不同的飞机场通过航线关联起来，用 Airport 类表示机场，那么 Airport 对象之间的关联关系就只涉及到了一个类。

当关联关系存在于两个不同的类之间时，关联直线从其中的一个类连接到另一个类，而如果参与关联的对象属于同一个类，那么关联直线的起点和终点都是该类。如图 3-30 所示。

在图 3-30 中，该关联只涉及了一个类 Airport。反身关联通常要使用角色名称。在二元关联中，描述一个关联时需要使用类的名称，但在反身关联中，只使用类名表达关联的意义可能比较模糊，而使用角色名则会更清晰一些。

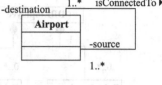

图 3-30　反身关联

### 3.2.4　聚合

聚合（Aggregation）关系是在关联之上进一步的紧密耦合，用来表明一个类实际上拥有但可能共享另一个类的对象。在聚合关系中，其中一个类是整体，它由一个或者多个部分类组成，当整体类不存在时，部分类仍能存在，但是当它们聚集在一起时，就用于组成相应的整体类。表示聚集关系时，要在关联实线的连接整体类那一端添加一个菱形。如图 3-31 所示。

如图 3-31 所示，CPU 类和 Monitor 类与 Computer 类之间的关系远比关联关系更强。CPU 类和 Monitor 类都可以单独存在，但是当它们组成 Computer 类时，它们就变为整个计算机的组成部分。

由于聚合关联的部分类可以独立存在，这意味着当整体类销毁时，部分类仍可以存在。如果部分类被销毁，整体类也将能够继续存在。

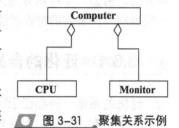

图 3-31　聚集关系示例

### 3.2.5　组成

在类的众多关系中，再加强一步的耦合是组合关系。它与聚合关系的异同之处在于组成的关联中，整体类同样都是由部分类组成，但是部分类需要整体类才能存在，当整体类被销毁时，部分类将同时被销毁。这正是组合所表达的内涵：为组成类的内在部分建模。表示组成关系的符号与聚集关系类似，但是端末的菱形是实心的。如图 3-32 所示。

如图 3-32 所示，代表数据库的整体类 DBEmployee 由表 TableEmployee 和表 TableSalory 组成，这些关联使用组成关系表示，因为如果数据库不存在了，数据库中的表也就不存在了。

组成关联还可以嵌套，如图 3-33 所示。

如图 3-33 所示，图中添加了 Record 类，让其作为 TableEmployee 的部分类，该图说明表 TableEmployee 中有 0 个或者 0 个以上的记录。该图也表达了记录不能离开表单独存在这一客观情况。

图 3-32 组成关系示例

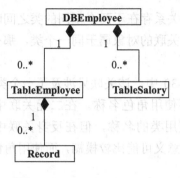
图 3-33 组成关联的嵌套

## 3.3 泛化关系

泛化和继承用于描述一个类是另一个类的类型。应用程序中通常会包含大量紧密相关的类，如果一个类 A 的所有属性和操作能被另一个类 B 所继承，则类 B 不仅可以包含自己独有的属性和操作，而且可以包含类 B 中的属性和操作，这种机制就是泛化。在解决复杂问题时，通常需要将具有共同特性的元素抽象成类别，并通过增加其内容而进一步分类。例如，车可以分为火车、汽车、摩托车等。泛化（Generalization）关系描述了一般事物与该事物的特殊种类之间的关系。

### 3.3.1 泛化的含义和用途

泛化关系是一种存在于一般元素和特殊元素之间的分类关系。这里的特殊元素不仅包含一般元素的特征，而且包含其独有的特征。凡是可以使用一般元素的场合都可以用特殊元素的一个实例代替，反之则不行。

泛化关系只使用在类型上，而不用于具体的实例。泛化关系描述了"is a kind of"（是……的一种）的关系。例如，金丝猴、猕猴都是猴子的一种，东北虎是老虎的一种。在采用面向对象思想和方法的地方，一般元素被称为超类或者父类，而特殊元素被称做子类。UML 规定，泛化关系用一个末端带有空心三角形箭头的直线表示，有箭头的一端指向父类。如图 3-34 所示。

在如图 3-34 所示的示例中，父类为 ClassA，父类 ClassA 有两个子类，分别为：ClassB 和 ClassC。子类 ClassB 和 ClassC 不仅继承了 ClassA 中所有的属性和操作，同时也可以拥有自己特定的类。

泛化主要有两个用途。第一个用途是当变量被声明承载某个给定类的值时，可使用类的实例作为值，这被称做可替代性原则。该原则表明无论何时祖先被声明了，其后代的一个实例就可以被使用。例如，如果父类老虎被声明，那么一个东北虎或者华南虎的对象就是一

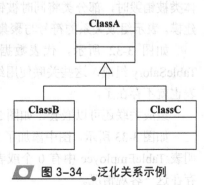
图 3-34 泛化关系示例

个合法的值。第二个用途是泛化使得多态操作成为可能。即操作的实现是由它们所使用的对象的类决定，而不是由调用者所确定的。

在 UML 中，继承是泛化的关键。父类与子类各自代表不同的内容，父类描述具有一般性的类型，而此类型的子类则描述该类型中的特殊类型。

### 3.3.2 泛化的层次与多重继承

泛化可能跨越多个层次。一个子类的超类也可以是另一个超类的子类。如图 3-35 所示。

如图 3-35 所示，类 Car 是类 Automobile 的子类，不仅如此，类 Car 又是类 Sedan 的超类。这就显示出了泛化的层次结构。子类和超类这两个术语是相对的，它们描述的是一个类在特定泛化关系中所扮演的角色，而不是类自身的内在特性。图 3-35 中的 3 个点表示省略号，它表明类 Automobile 除了图中所显示的子类外还可以拥有其他子类。

对泛化层次图中的一个类而言，从它开始向上遍历到根时经历的所有类都是其祖先，从它开始向下遍历时遇到的所有类都是其后代。在这里，"上"和"下"分别表示"更一般的类"和"更特殊的类"。

由于泛化使用子类可以看见父类内部的大部分内容，使得子类紧密耦合于父类。而面向对象设计的最佳原则之一是避免紧密耦合的类，以使在一个类改变时，不必改变一系列相关的其他类。泛化是类关系中最强的耦合形式。因此，使用泛化的基本原则是：只有在一个类确实是另一个类的特殊类型时才使用泛化，而不是只为了方便使用。

多重继承在 UML 中的正式术语称为多重泛化。多重泛化使同一个子类不仅可以像图 3-35 中的 Automobile 类那样具有多个子类，而且可以拥有多个父类，即一个类可以从多个父类派生而来。例如，坦克是一种武器，但它同时也可作为一种车来使用。多重泛化在 UML 中的表示方法如图 3-36 所示。

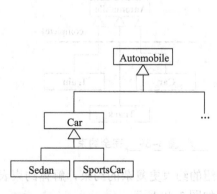

图 3-35　具有层次结构的泛化

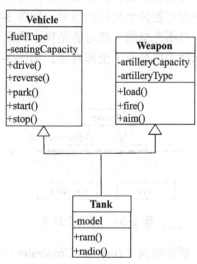

图 3-36　多重泛化示例

在图 3-36 中，一个子类带有两个指向超类的箭头。通过 Vehicle 类的 drive、reverse、park、start 和 stop 操作确定了属于 Vehicle 类的行驶功能，通过 weapon 类的 load、aim 和 fire 操作确定了属于 Weapon 类的破坏功能。ram 和 radio 操作则是 Tank 类独有的。

虽然 UML 支持多重泛化，但是大多数情况下，多重泛化在实际的应用中并不多。这主要是由于在两个父类具有重叠的属性和操作时，多重继承里的父类会存在错综复杂的问题。因此，多重继承在面向对象的系统开发中已经被禁示，而当今流行的一些开发语言，如 Java 和 C#都不支持多重继承。

### 3.3.3 泛化约束

泛化约束用于表明泛化有一个与其相关的约束，带有约束条件的泛化也被称为受限泛化。可以使用两种方式为泛化建模约束。如果有多个泛化使用相同的约束，可以绘制虚线穿过两个泛化，并且在花括号（{...}）中标注约束名。如果只有一个泛化，或者多个泛化共享关联的空箭头部分，就只需在朝向空箭头的花括号中建模约束即可，如图 3-37 所示。

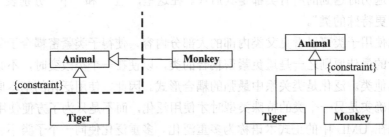

图 3-37 泛化约束示例

首先介绍不完全约束（Incomplete Constraint）。不完全约束表示类图中没有完全显示出泛化的类。这种约束可以让读者知道类图中显示的内容仅仅是实际内容的一部分，其余内容可能位于其他类图中。如图 3-38 所示。

与不完全约束相对的是完全约束（Complete Constraint）。当类图中存在完全约束时表示类图中显示了全部内容。如图 3-39 所示。

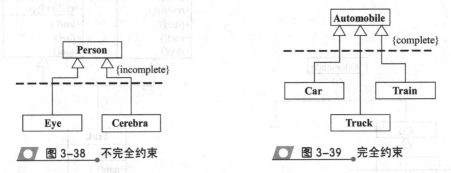

图 3-38 不完全约束　　　　　　图 3-39 完全约束

解体约束（Disjoint Constraint）是比以上介绍的约束更复杂的约束，解体约束表示紧靠约束下面的泛化类不能子类化为通用的类。如图 3-40 所示。

从图中可以看出，根超类 OS 有两个子类 Windows 和 Linux。解体约束表示 Windows 和 Linux 类都不能共享其他的子类。在该图中，类 Windows 和 Linux 都有各自的子类，但不能从 Windows NT 类到 Linux 类绘制一个泛化关联，由于解体约束的存在，Windows NT 类不能同时继承 Windows 和 Linux 类。

还有一种与解体约束的作用相反的泛化约束，即重叠约束（Overlapping Constraint）。该类型的约束表示两个子类可以共享相同的子类。在下面的示例中，Database 类有两个子类：Relational 和 OLAP，它们共享相同的类 DataWarehouse，如图 3-41 所示。

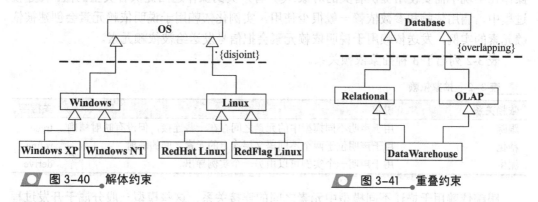

图 3-40　解体约束　　　　　　　　　　图 3-41　重叠约束

## 3.4　依赖关系和实现关系

模型元素之间的依赖关系描述的是它们之间语义上的关系。当两个元素处于依赖关系中时，其中一个元素的改变可能会影响或提供消息给另一个元素，即一个元素以某种形式依赖于另一元素。在 UML 模型中，模型元素之间的依赖关系表示某一元素以某种形式依赖于其他元素。从某种意义上说，关联关系、泛化关系和实现关系都属于依赖关系，但是它们都有其特殊的语义，因而被作为独立的关系在建模时使用。依赖关系用一个一端带有箭头的虚线表示，在图 3-42 中，类 ClassC 依赖于类 ClassA。在实际建模时，可以使用一个构造型的关键字来区分依赖关系的种类，如图 3-42 所示。

图 3-42　带有构造型的依赖关系

在 UML 规范中定义了 4 种基本的依赖类型，分别是使用（Usage）依赖、抽象（Abstraction）依赖、绑定依赖（Binding）和授权依赖（Permission），下面将对它们分别进行介绍。

使用依赖用于表示一种元素使用其他元素提供的服务以实现它的行为。表 3-1 列出了 5 种使用依赖关系。

表 3-1　使用依赖

| 依赖关系 | 说明 | 关键字 |
| --- | --- | --- |
| 使用 | 用于声明使用某个模型元素需要用到已存在的另一个模型元素，这样才能实现使用者的功能，包括调用、参数、实例化和发送 | use |
| 调用 | 用于声明一个类调用其他类的操作的方法 | call |
| 参数 | 用于声明一个操作与其参数之间的关系 | parameter |

续表

| 依赖关系 | 说明 | 关键字 |
| --- | --- | --- |
| 实例化 | 用于声明使用一个类的方法创建了另一个类的实例 | instantiate |
| 发送 | 用于声明信号发送者和信号接收者之间的关系 | send |

在表 3-1 所示的 5 种依赖关系中，使用依赖是最常用的依赖。在建模过程中，下列 3 种情况需要建模使用依赖关系：① 客户类的操作需要提供者类的参数；② 客户类的操作在实现中需要使用提供者类的对象；③ 客户类的操作返回提供者类型的值。在建模过程中，调用依赖和参数依赖一般很少使用，实例化依赖用于说明依赖元素会创建被依赖元素的实例，发送依赖用于说明依赖元素会把信号发送给被依赖元素。

表 3-2 列出了 3 种抽象依赖关系。

**表 3-2  抽象依赖**

| 依赖关系 | 说明 | 关键字 |
| --- | --- | --- |
| 跟踪 | 用于声明不同模型中的元素之间存在一些连接，但没有映射精确 | trace |
| 精化 | 用于声明位于两个不同语义层次上的元素之间的映射 | refine |
| 派生 | 用于声明一个实例可以由另一个实例导出 | derive |

跟踪依赖用于描述不同模型中元素之间的连接关系，这些模型一般分属于开发过程中的不同阶段。跟踪依赖缺少详细的语义，它主要用来追溯跨模型的系统要求以及跟踪模型中会影响其他模型的模型所发生的变化。

精化依赖用于表示一个概念的两种形式之间的关系，这种概念位于不同的开发阶段或者处于不同的抽象层次。这两种形式的概念并不会在最终的模型中共存，其中的一个一般是另一个的不完善的形式。

授权依赖用于表示一个事物访问另一个事物的能力。被依赖元素通过规定依赖元素的权限，可以控制和限制对其进行访问的方法。表 3-3 列出了 3 种授权依赖关系。

**表 3-3  授权依赖**

| 依赖关系 | 说明 | 关键字 |
| --- | --- | --- |
| 访问 | 用于说明允许一个包访问另一个包 | access |
| 导入 | 用于说明允许一个包访问另一个包，并为被访问包的组成部分增加别名 | import |
| 友元 | 用于说明允许一个元素访问另一个元素，无论被访问的元素是否具有可见性 | friend |

绑定依赖用于为模板参数提供值，以创建一个新的模型元素，表示绑定依赖的关键字为 bind。绑定依赖是具有精确语义的高度结构化的关系，可通过取代模板备份中的参数实现。

实现关系（Realization）用于规定规格说明与其实现之间的关系，它通常用在接口以及实现该接口的类之间，以及用例和实现该用例的协作之间。

泛化关系与实现关系是有异同点的，它们都可以将一般描述和具体描述联系起来，但是泛化关系是将同一语义层上的元素连接起来，并且通常在同一模型内，而实现关系则将不同语义层的元素连接起来，并且通常建立在不同的模型内。在不同的发展阶段可能有不同数目的类等级存在，这些类等级的元素通过实现关系联系在一起。

UML 将实现关系表示为末端带有空心三角形的虚线，带有空心三角形的那一端指向被实现元素。除此之外，还可将接口表示为一个小圆圈，并和实现该接口的类用一条线段连接起来。

## 3.5 构造类图模型

通过分析用例模型和系统的需求规格说明，可以初步构造系统的类图模型。类图模型的构造是一个迭代的过程，需要反复进行，随着系统分析和设计的逐步深入，类图会越来越完善。

系统对象的识别可以从发现和选择系统需求描述中的名词开始进行。从图书管理系统的需求描述中可以发现诸如借阅者（Borrower）、图书（Book）、图书标题（Title）、借阅信息（Loan）等重要名词，可以认为它们都是系统的候选对象，是否需要为它们创建类可以通过检查是否存在与它们相关的身份和行为进行判断，如果存在，就应该为相应的候选对象在类图中建立模型。

Borrower 是具有身份的，例如，具有不同借书证号的 Borrower 是不同的人，姓名分别为"冯雪政"和"俞燕鹏"的 Borrower 是不同的人。而且，在系统中，Borrower 具有借书、还书等行为，所以在类图中应该有一个 Borrower 类。

图书（Book）与图书标题（Title）是不同的。例如，在图书馆中可能有多本名为"UML 基础教程"的书，这里的"UML 基础教程"就相当于 Title，而多本名为"UML 基础教程"的书就是这里所说的 Book。标题具有身份，可以通过 ISBN 号进行区分，而且，图书标题可以被添加或删除；图书也有身份，可以用一个索引号唯一标识一本书，具有不同索引号的书可能不同名，也可能同名，在系统中，Book 可以被借阅和归还，所以，应该在类图中添加 Title 类和 Book 类。

借阅信息也具有身份，例如，同一个人在不同时间的借阅信息是不同的，而且，借阅信息可以被添加和删除，所以，应该在类图中增加一个 Loan 类来代表跟借阅信息有关的事务。

到此为止已为系统抽象出了 4 个类，分别是 Borrower 类、Title 类、Book 类和 Loan 类。根据用例模型和图书管理系统的需求描述，这几个类都应是实体类，都是持久性的，需要访问数据库，为了便于访问数据库，抽象出一个代表持久性的父类 Persistent，该类可以对数据库执行读、写、检索等操作。因而，再在类图中添加一个 Persistent 类，类图中的 Borrower 类、Book 类、Title 类和 Loan 类都是对 Persistent 类的泛化。

在抽象出系统中的类之后，还要根据用例模型和系统的需求描述确定类的特性、操作以及类与类之间的关系。图书管理系统初步的类图模型如图 3-43 所示。

用户在使用系统时需要与系统进行交互，因而，还需要为系统创建用户接口类。根据用例模型和系统的需求描述，为图书管理系统抽象出以下用户接口类：LoginDialog 类、MainWindow 类、BorrowDialog 类、ReturnDialog 类、QueryDialog 类和 DisplayDialog 类，它们之间的关系如图 3-44 所示。

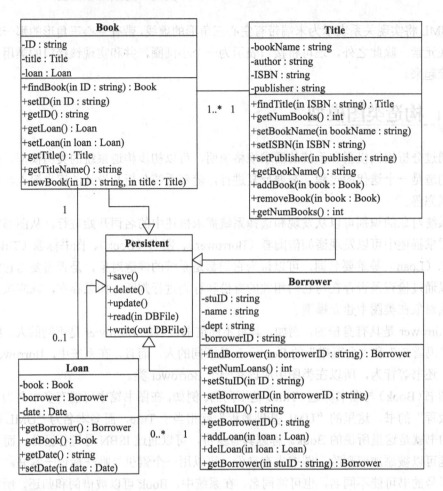

图 3-43  实体类的类图

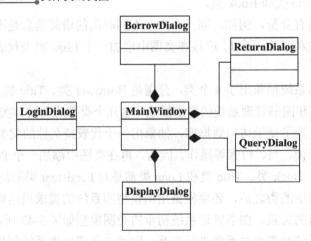

图 3-44  用户界面类的类图一

上图中描述的类在系统运行时将能够为图书管理员提供工作界面。其中，LoginDialog 用于系统的用户登录系统，MainWindow 为图书管理员提供主操作界面，Borrow-

Dialog 用于借书管理，ReturnDialog 用于还书管理，QueryDialog 用于检索借阅信息，DisplayDialog 用于显示借阅信息。

除此之外，还有下列用户接口类：ManageWindow 类、TitleDialog 类、BookDialog 类和 BorrowerDialog 类。系统管理员在登录系统后，ManageWindow 类将为其提供主操作界面，TitleDialog 用于添加和删除图书标题信息，BorrowerDialog 用于添加和删除借阅者信息，BookDialog 用于添加和删除图书信息。这几个类之间的关系如图 3-45 所示。图 3-46 演示了借、还书界面类与实体类之间的关系。

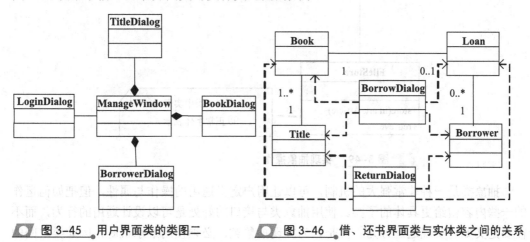

图 3-45　用户界面类的类图二　　　图 3-46　借、还书界面类与实体类之间的关系

## 3.6　抽象类

使用泛化声明一个很好、可重用的通用类时，有些情况下无法实现此通用类需要的所有行为。例如，如果正在实现一个 Store 类，该类包含两个操作 store 和 retrieve，分别实现了存储和检索文件的功能。但如何存储到文件、存储到什么文件、如何检索文件等都是不确定的，这些都必须留待子类决定。

为了声明操作是抽象的，以指明 store 和 retrieve 操作的实现将由子类决定，应以斜体字表示这些操作。如图 3-47 所示。

抽象操作不含方法的实现，实际上它表示方法的占位符，其含意为"该操作的具体实现由子类根据不同情况而定"。如果类的任何部分均被声明为抽象的，则类本身也需要用斜体字来声明该类为抽象类，如图 3-48 所示。

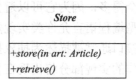

图 3-47　store 和 retrieve 方法不需要在类中实现　　　图 3-48　抽象类

抽象类是不能实例化为对象的，因为它缺少一部分类定义：抽象部分。如果补全从父类继承时缺少的抽象部分，则抽象类的子类就可以被实例化为对象，因而变成一个具

体的类。例如，Store 类虽然可以声明 store 和 retrieve 操作，但因为该类是抽象的，继承 Store 的子类必须实现 Storce 类的抽象操作，或声明它们是抽象的，如图 3-49 所示。

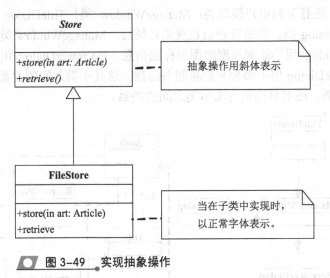

图 3-49　实现抽象操作

　　抽象类是一种非常强大的机制，可以让用户定义通用的操作与属性，但把如何运作的一些内容留给更具体的子类。使用抽象类与接口的好处是可以设计通用的行为，而不需要定义如何实现这些行为。但是，为实现抽象类，必须使用继承机制，因此类之间的关系也是紧密耦合。

## 3.7　接口

　　如果想要声明具体类应该实现的方法，但因为一个继承关系而不想使用抽象类，那么可以使用接口（Interface）。在进行系统建模时，接口起到十分重要的作用，因为模型元素之间的协作是通过接口进行的。可以为类、组件和包（随后将会介绍组件和包的概念）定义接口，利用接口说明类、组件和包能够支持的行为。一个结构良好的系统，通常都定义了比较规范的接口。

　　接口是一组没有相应方法实现的操作，非常类似于仅包含抽象方法的抽象类。接口是对对象行为的描述，但是并不给出对象的实现和状态。接口只包含操作而不包含属性，并且接口也没有对外界可见的关联。一个类可以实现多个接口。使用接口比使用抽象类要安全得多，因为它可以避免许多与多重继承相关的问题。这也是为什么像 Java 和 C# 等新型编程语言允许类实现多个接口，但只能继承一个通用或抽象类。

　　接口通常被描述为抽象操作，即只是用操作名、参数表和返回类型说明接口的行为，而操作的实现部分将出现在使用该接口的元素中。可以将接口想成非常简单的协议，它规定了实现该接口时必须实现的操作。接口的具体实现过程、方法对调用该接口的对象而言是透明的。

　　在 UML 中，接口可以使用构造型的类表示，也可以使用一个"球形"来表示，如图 3-50 所示。

就像不能实例化抽象类一样，接口也不能实例化为对象。这是因为直到被某个类实现之前，接口始终缺乏操作的实现。如果使用球形表示法，通过将接口与类关联起来，可以实现这个接口，如图 3-51 所示。

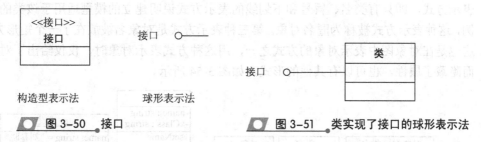

图 3-50　接口　　　　　　图 3-51　类实现了接口的球形表示法

如果使用构造型表示接口，则由于实现接口的类与接口之间是依赖关系，所以用一端带有箭头的虚线表示显示这个实现的关系，如图 3-52 所示。如果某个接口是在一个特定类中实现的，则使用该接口的类仅依赖于特定接口中的操作，而不依赖于接口实现类中的其他部分。

如果类实现了接口，但未实现该接口指定的所有操作，那么此类必须声明为抽象的。使用接口可以很好地将类所需要的行为与该行为如何被实现完全分开。

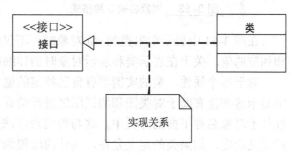

图 3-52　类实现接口的构造型表示法

## 3.8 对象图

对象是类的实例，对象图也可看作是类图的实例。对象是作为面向对象系统运行时的核心，因为设计的系统在实现使用时，组成系统的各个类将分别创建对象。使用对象图可以根据需要建立特定的示例或者测试用例，然后通过示例研究如何完善类图；或者使用测试用例对类图中的规则进行测试，以求发现类图中的错误或者漏掉的需求，进而修正类图。本节将介绍对象图的有关概念，以及在对对象结构建模时可遵循的策略等内容。

### 3.8.1　对象和链

对象图描述了参与交互的各个对象在交互过程中某一时刻的状态。可以认为对象图是类图在某一时刻的实例。为了绘制对象图，首先需要添加的第一个内容就是实际对象本身。

由于对象是类的实例，所以对象图中使用的符号和关系与类图中使用的相同，绘制对象图有助于理解复杂的类图。在 UML 中，对象的表示方式与类的表示方式几乎是一样的，其中的一个区别是，在对象名的下面要有下划线。对象名有 3 种表示格式，如图 3-53 所示。

图 3-53 显示了对象名的 3 种表示方式，使用其中的任何一种都可以，其中的第二种表示方式，即只有类名、冒号和下划线的表示方式说明建立的模型适用于该类的所有实例，这种表示方式被称为匿名对象。第三种表示方式是对象名被放在了一个矩形方框内，这也是在对象图中表示对象的方式之一，用这种方式表示对象时，仅仅给出了对象名，而隐藏了属性。也可以有其他的形式，如图 3-54 所示。

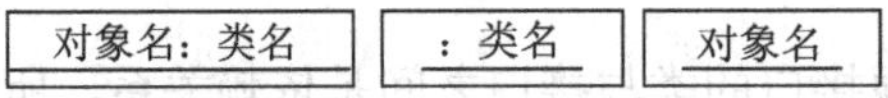

▶ 图 3-53　对象名的 3 种格式

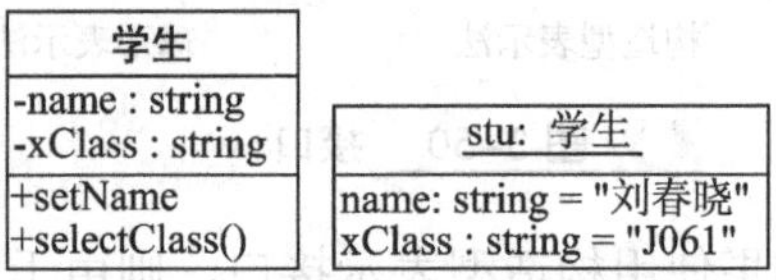

▶ 图 3-54　学生类与该类的 stu 对象

在图 3-54 中表示学生类的 stu 对象时，不仅给出了对象名，还给出了该对象的属性和相应的值。关于在表示类和表示对象时的详细区别会在下一节进行介绍。

对于每个属性，类的实例都有自己特定的值，它们表示了实例的状态，在 UML 图中显示这些值有助于对类图和测试用例进行验证。在 UML 的对象表示法中，对象的属性位于对象名称下面的分栏中，这与类的表示法是类似的。属性的合法取值范围由属性的定义确定，如果类的定义允许，属性的取值为空也是合法的。

对象不仅拥有数据，还可拥有各种关系，这些关系被称为链。对象可以拥有的链是由类图中的关联定义的，也就是说，关联定义了某种类型的链。对象是类的实例，而链是关联的实例。

如果两个对象具有某个关联定义的关系，则称它们被链接起来。一条连接两个对象的直线就表示这两个对象所具有的链。链有 3 种命名方法，分别为：

- ❏ 使用相应的关联命名。
- ❏ 使用关联端点的角色名命名。
- ❏ 使用与对应类名一致的角色名命名。

在命名对象间具有的链时，可以根据具体情况使用以上 3 种方法中的任何一种。例如，在下面的示例中，yangJiaYin 是 Company 类的对象，其他 5 个对象都是部门类的对象。

图 3-55 是一个对象图示例。

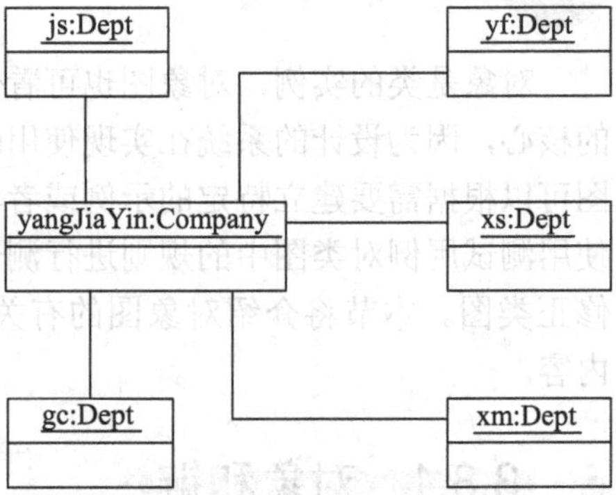

▶ 图 3-55　对象图示例

## 3.8.2　使用对象图建模

为了对系统的静态结构建模，可以绘制类图以描述抽象的语义以及它们之间的关系。但是，一个类可能有多个实例，对于若干个相互联系的类来说，它们各自的对象之间进行交互作用的具体情况可能多种多样。类图并不能完整地描述系统的对象结构，为了考

# 第3章 类图、对象图和包图

查在某一时刻正在发生作用的对象以及这组对象之间的关系,需要使用对象图描述系统的对象结构。

下面首先了解一下类图与对象图的区别。如表 3-4 所示。

**表 3-4 类图与对象图的区别**

| 类图 | 对象图 |
| --- | --- |
| 类的图示形式具有 3 个分栏:名称、属性和操作 | 对象的图示形式只有名称和属性两个分栏,而没有操作分栏 |
| 类的名称分栏中只有类名,有时也可加上对应的包名 | 对象的名称分栏中可用的形式有"对象名:类名"、":类名"和"对象名" |
| 类的图形表示中包含了所有属性的特征 | 对象的图形表示中包含了属性的当前值等一部分特征 |
| 类图中可以包含操作 | 对象图中不包含操作,因为同属一个类的对象的操作都是相同的,包含操作显得多余和麻烦 |
| 类可使用关联进行连接,关联使用名称、多重性、角色和约束等特征进行定义 | 对象使用链连接,链可以拥有名称、角色,但没有多重性,所有的链都是一对一的关系 |

在构造对象图时,可遵循如下的策略:

① 识别准备使用的建模机制。建模机制描述了为其建模的系统的部分功能和行为,它们是由类、接口和其他元素之间的交互作用产生的。

② 针对所使用的建模机制,识别参与协作的类、接口和其他元素以及它们之间的关系。

③ 考虑贯穿所用机制的脚本。冻结某一时刻的脚本,并且汇报参与所用机制的对象。

④ 根据需要显示每个对象的状态和属性值。

⑤ 显示出对象之间的链。

## 3.9 包图

随着软件越来越复杂,一个程序往往包含了数百个类。那么如何管理这些类就成了一个需要解决的问题。一种有效的管理方式是将类进行分组,将功能相似或相关的类组织在一起,形成若干个功能模块。

在 UML 中,对类进行分组时使用包。大多数面向对象的语言都提供了类似 UML 包的机制,用于组织及避免类间的名称冲突。例如 Java 中的包机制,C#中的命名空间。用户可以使用 UML 包为这些结构建模。

包图经常用于查看包之间的依赖性。因为一个包所依赖的其他包若发生变化,该包可能会被破坏,所以理解包之间的依赖性对软件的稳定性至关重要。这里需要注意,包图几乎可以组织所有 UML 元素,而不只是类。例如,包可以对用例进行分组。

### 3.9.1 理解包图

包图是维护和控制系统总体结构的重要建模工具。对复杂系统进行建模时,经常需要处理大量的类、接口、组件、节点等元素,这时,有必要对它们进行分组。把语义相近并倾向于同一变化的元素组织起来加入同一个包中,以便于理解和处理整个模型。

包组织 UML 元素,如类。包的内容可以画在包内,也可以画在包外,并以线条连接即可。如图 3-56 所示。

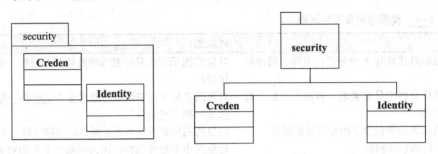

图 3-56 表示包图的两种方法

在包中也可以包含其他包,在企业级应用程序中经常见到深层的嵌套包。例如,编程语言 Java 和 C#都提供了嵌套包。

包里的元素可以具有 Public 或 Private 可见性。具有 Public 可见性的元素可以被包外访问到,而具有 Private 可见性的元素,只可以被包内的其他元素访问。在 UML 中,通过在元素名称前添加正负符号,为 Public 和 Private 可见性建模,如图 3-57 所示。

有时一个包中的类需要用到另一个包中的类,这就造成包之间的依赖性。例如,如果包 A 中的元素使用包 B 中的元素,则包 A 依赖包 B,在 UML 中的表示方法如图 3-58 所示。

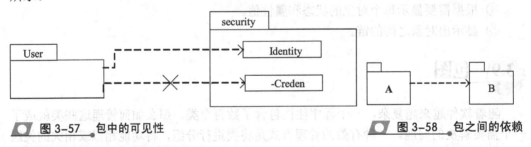

图 3-57 包中的可见性    图 3-58 包之间的依赖

包之间的复杂的依赖会导致软件脆弱,因为一个包里的改变会造成依赖它的其他包被破坏。如果包之间的依赖性具有循环关系,应以各种方式切断循环。

在面向对象的开发中,经常将 GUI(图形用户界面)相关的程序代码放置在一起组成 GUI 包,而将与具体业务相关的部分组成业务逻辑包 PA,与数据保存相关的部分组成数据访问包 DA,这就是 OO 中的三层开发。

### 3.9.2 导入包

当一个包将另一个包导入时,该包里的元素能够使用被导入包里的元素,而不必在使用时通过包名指定其中的元素。例如,当使用某个包中的类时,如果未将包导入,则需要使用包名加类名的形式引用指定的类。在导入关系中,被导入的包称为目标包。要在 UML 中显示导入关系,需要画一条从包连接到目标包的依赖性箭头,再加上字符

import，如图 3-59 所示。

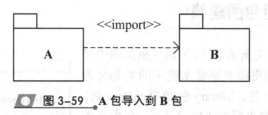

图 3-59　A 包导入到 B 包

导入包时，只有目标包中的 Public 元素是可用的。如图 3-60 所示，将 security 包导入 User 包后，在 User 包中只能使用 Identity 类，而不能使用 Creden 类。

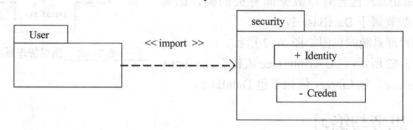

图 3-60　导入包的可见性

不仅包中的元素具有可见性，导入关系本身也有可见性。导入可以是公共导入，也可以是私有导入。公共导入意味着被导入的元素在将它们导入的包里具有 Public 可见性，私有导入则表示被导入的元素在将它们导入的包里具有 Private 可见性。公共导入仍然使用 import 表示，私有导入则使用 access 表示。

在一个包导入另一个包时，其导入的可见性 import 和 access 产生的效果是不同的。具有 Public 可见性的元素在将其导入的包中具有 Public 可见性，它们的可见性会进一步传递上去，而被私有导入的元素则不会。例如，在图 3-61 所示的包模型中，包 B 公共导入包 C 并且私有导入包 D，因此包 B 可以使用包 C 和 D 中的 Public 元素，包 A 公共导入包 B，但是包 A 只能看见包 B 中的 Public 元素，以及包 C 中的 Public 元素，而不能看见包 D 中的 Public 元素。因为包 A、B、C 之间是公共导入，而包 B 与 C 之间是私有导入。

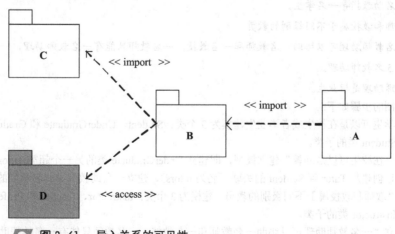

图 3-61　导入关系的可见性

### 3.9.3 使用包图建模

在构造好系统的类图模型后，可以根据类图中类与类之间的逻辑关系将图书管理系统中的类划分为3个包：UserInterface 包、Library 包和 DataBase 包。UserInterface 包由用户界面类组成；Library 包由业务逻辑处理 Book 类、Title 类、Loan 类和 Borrower 类组成；DataBase 包含有与数据库有关的类，因而 Persistent 类就属于 DataBase 包。

图书管理系统的包图如图 3-62 所示。

如图 3-62 所示，包 UserInterface 依赖于包 Library 和包 DataBase，包 Library 依赖于包 DataBase。

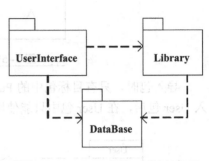

图 3-62　图书管理系统的包图

## 3.10 思考与练习

**一、简答题**

1. 类图中的主要元素是什么？
2. 类与类之间的主要关系有几种？它们的含义是什么？
3. 简述构造类图的步骤。
4. 简述对象图的作用和构造对象图的一般步骤。
5. 简述包图的作用和构造包图的一般步骤。

**二、分析题**

1. 创建一个类图。下面给出创建类图所需的信息。
   - 学生（student）可以是在校生（undergraduate）或者毕业生（graduate）。
   - 在校生可以是助教（tutor）。
   - 一名助教指导一名学生。
   - 教师和教授属于不同级别的教员。
   - 一名教师助理可以协助一名教师和一名教授，一名教师只能有一名教师助理，一名教授可以有 5 名教师助理。
   - 教师助理是毕业生。

   创建类图的步骤如下：
   
   （1）将学生可以是在校生或者毕业生建模为 3 个类：Student、UnderGraduate 和 Graduate，其中，后两个类是 Student 类的子类。
   
   （2）为"在校生可以是助教"建立模型，即建立 UnderGraduate 类的另一个超类 Tutor。
   
   （3）通过创建从 Tutor 到 Student 的关联（名为 tutors），建立一名助教指导一名学生的模型。
   
   （4）将"教师和教授属于不同级别的教员"建模为 3 个类：Instructor、Teacher 和 Professor，其中，后两个类是 Instructor 类的子类。
   
   （5）建立"一名教师助理可以协助一名教师和一名教授，一名教师只能有一名教师助理，一名教授可以有 5 名教师助理"的模型。创建 TeacherAssistant 类，并使其与 Teacher 类和 Professor 类都建立关联。

（6）将 TeacherAssistant 类建模为 Graduate 类的派生类。

2．根据用例图和系统需求描述创建类图。本练习将根据如下所示的系统需求和如图 3-63 所示的用例图建模一个类图。

系统需求描述：

（1）系统允许管理员通过从磁盘加载存货数据来运行存货清单报告。

（2）管理员通过从磁盘加载存货数据、向磁盘保存存货数据来更新存货清单。

（3）售货员做销售记录。

（4）电话操作员是处理电话订单的特殊售货员。

（5）任何类型的销售都需要更新存货清单。

（6）如果交易使用了信用卡，那么售货员需要核实信用卡。

（7）如果交易使用了支票，那么售货员需要核实支票。

创建类图的步骤如下所示：

（1）确定可以在用例图中找到的类。

（2）建模类与类之间的关系。

（3）为类图中的关联关系添加合适的角色名。

（4）为已被封装到类中的独立功能建模类。

（5）为类图中的类添加必要的特性和操作。

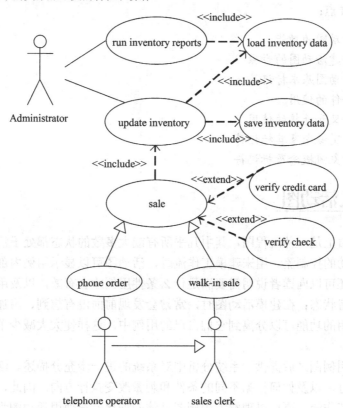

图 3-63　用例图示例

# 第4章 活 动 图

用例图显示系统应该做什么,活动图则指明了系统将如何实现它的目标。活动图显示链接在一起的高级动作,代表系统中发生的操作流程。活动图是融合了 Jim Odell 的事件流图、SDL 状态建模、工作流建模以及 Peri 网等技术,用来在面向对象系统的不同组件之间建模工作流和并行过程的行为。例如,可以使用活动图描述某个用例的基本操作流程。

活动图的主要作用就是来描述工作流,其中每个活动都代表工作流中一组动作的执行。活动图可用来为不同类型的工作流建模,一个工作流是能产生一个可观测值或在执行时生成的一个实体的动作序列。

使用活动图能够演示出系统中哪些地方存在功能,以及这些功能和系统中其他组件的功能如何共同来满足前面使用用例图建模的商务需求。本章将详细介绍活动图的相关知识,并对活动图的各种符号表示以及相应的语义进行逐一讨论。

**本章学习要点:**
- 理解活动图的功能
- 了解创建活动图的步骤
- 掌握活动图基本标记符
- 掌握条件的使用
- 掌握分叉和连接的使用
- 掌握泳道概念及其标记符
- 理解对象流概念及标记符

## 4.1 定义活动图

活动图本质上是一种流程图,其中几乎所有或大多数的状态都处于活动状态,它描述从活动到活动的控制流。用来建模工作流时,活动图可以显示用例内部和用例之间的路径;活动图还可以向读者说明需要满足什么条件用例才会有效,以及用例完成后系统保留的条件或者状态;在建模活动图时,常常会发现前面没有想到、附加的用例。在某些情况下,常用的功能可以分离到它们自己的用例中,这样便大大减少了开发应用程序的时间。

活动图在用例图之后提供了系统分析中对系统的进一步充分描述。活动图允许读者了解系统的执行,以及如何根据不同的条件和刺激改变执行方向。因此,活动图可以用来为用例建模工作流,更可以理解为用例图具体的细化。在使用活动图为一个工作流建模时,一般采用以下步骤:

① 识别该工作流的目标。也就是说该工作流结束时触发什么?应该实现什么目标?

② 利用一个开始状态和一个终止状态分别描述该工作流的前置状态和后置状态。
③ 定义和识别出实现该工作流的目录所需的所有活动和状态，并按逻辑顺序将它们放置在活动图中。
④ 定义并画出活动图创建或修改的所有对象，并用对象流将这些对象和活动连接起来。
⑤ 通过泳道定义谁负责执行活动图中相应的活动和状态，命名泳道并将合适的活动和状态置于每个泳道中。
⑥ 用转移将活动图上的所有元素连接起来。
⑦ 在需要将某个工作流划分为可选流的地方放置判定框。
⑧ 查看活动图是否有并行的工作流。如果有，就用同步表示分叉和连接。

上述步骤中的一些概念如活动、状态、泳道、分叉和连接等，将会在后面的章节中详细讲解，这里大家只需要记忆即可。

## 4.2 认识活动图标记符

除了标记符略微不同之外，活动图保留了许多传统的流程图特征。活动图中有三种主要的标记组件：活动、状态和转移。另外，还有判断、分叉和汇合等多种标记符，只有综合熟练地使用它们才能完成优秀的活动图。

活动也称为动作状态（Action State），它是活动图中指示要完成某项工作的指示符；状态指示内部的值，它可以指示数据中某个域是否为脏，也可以指示成功或者失败。转移可以组合活动和状态，显示活动图的迁移和路径。图4-1演示了简单的活动图。

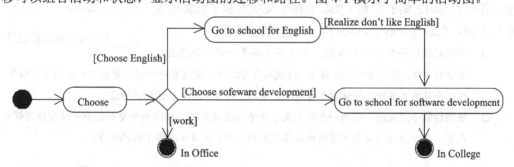

图 4-1　简单活动图示例

如图 4-1 所示，活动图由初始节点启动，被绘制成实心圆。初始节点标志活动的开始。在活动图的另一端是活动的终点，活动的终点由一个内含实心圆的圆圈表示。在初始节点和活动最终节点之间是动作，动作被绘制成圆角矩形。动作是整个活动里发生的重要步骤。活动的流程以带有箭头的直线显示，箭头表示动作流动的方向。图中的菱形为判断节点，类似于程序代码中的 If-Else 语句。

活动图的执行顺序是首先启动初始化节点，然后根据带有箭头的直线执行相应的动作，当遇到菱形判断节点时，根据判断条件决定执行的工作流。例如在图 4-1 中，当转移条件满足"ChooseEnglish"时则控制流转移到"Go to school for English"活动；当转移条件满足"Choose sofeware development"时控制流转移到"Go to school for sofeware development"活动；当转移条件满足"work"时转移进入一个终止状态，结束当前控制流。如果在"Go to school for English"活动中满足条件"Realize don't like English"时控制流转移到下一个活动，直到终止状态结束所有控制流。

### 4.2.1 活动

活动（动作状态）是活动图的核心符号，它表示工作流过程中命令的执行或活动的进行。与等待事件发生的一般等待状态不同，活动状态用于等待计算处理工作的完成。当活动完成后，执行流程转入到活动图的下一个活动。活动具有以下特点：

- **原子性** 活动是原子的，它是构造活动图中的最小单位，已经无法分解为更小的部分。
- **不可中断性** 活动是不可中断的，它一旦开始运行就不能中断，一直运行到结束。
- **瞬时行为性** 活动是瞬时的行为，它所占用的处理时间极短，有时甚至可以忽略。
- **存在入转换** 活动可以有入转换，入转换可以是动作流，也可以是对象流。动作状态至少有一条出转换，这条转换以内部动作的完成为起点，与外部事件无关。
- 在一张活动图中，活动允许多处出现。

活动标记符是一个带有圆角的矩形。乍看起来与状态标记符相似，图 4-2 显示了活动标记符。活动指示动作，因此在确定活动的名称时应该恰当地命名，选择准确描述所发生动作的词，如：保存文件、打开文件或者关闭系统等。

一个活动又可以由多个子活动构成，来完成某个宠大的功能。各个子活动之间的关系（如状态图中父状态和子状态的关系）相同。在进行分解子活动时，有两种描述方法：

图 4-2  活动标记符

- **子活动图位于父活动的内部** 该方法是将子活动图放置在父活动的内部，该方法的优点在于，建模人员可以很方便地在一个图中看出工作流的所有细节，但嵌套层次太多时，阅读该图会有一定困难。图 4-3 演示了该描述方法。
- **单独绘制子活动图** 使用一个活动表示子活动图的内容，在活动外重新绘制子活动图的详细内容。该方法的好处在于可简化工作流图的表示。图 4-4 演示了该描述方法。

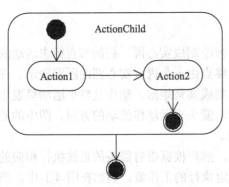

图 4-3  子活动图

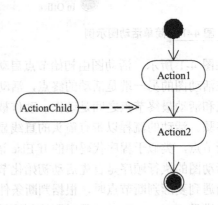

图 4-4  用一个独立的活动表示子活动

## 4.2.2 状态

状态通常使用一个批示系统当前状态的词或短语来标识。状态可以在活动图中为读者说明转折点的转移，或者用来标记工作流中以后的条件。状态具有以下特点：

- 状态可以分解成其他活动或状态，由于它是一组不可中断的动作或操作的组合，所以可以被中断。
- 状态内部活动可以用另一个活动图来表示。
- 和活动不同，状态可以有入口动作和出口动作，也可以有内部转移。
- 活动是状态的一个特例，如果某个活动状态只包括一个动作，那么它就是一个活动。

前面曾讲到状态标记符与活动标记符有相似之处，图 4-5 显示了状态标记符。另外，UML 描述了两种特殊的状态，即开始和结束状态。开始状态是以实心黑点表示，结束状态以带有圆圈的黑点表示，如图 4-6 所示。

图 4-5 状态标记符　　图 4-6 特殊状态

在一个活动图中只能有一个开始状态，但可以有多个结束状态。每个结束状态可以代表一个内容，如图 4-1 所示两种结束状态为在学校和在工作；而每个结束状态都可以代表同一个意思，即"停止该活动图中所有的活动"。图 4-7 演示了开始状态和结束状态一对多的关系。

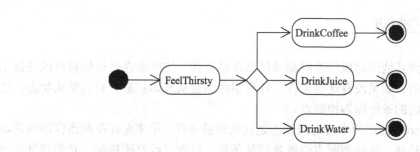

图 4-7 开始状态和结束状态的对应关系

从图中可以看到，该活动图中只有一个开始状态，而对应了三个终止状态。从开始状态进入到一个活动"FeelThirsty"，下面不论进入到哪种活动——"DrinkCoffee"、"DrinkJuice"还是"DrinkWater"，都能达到最终状态并结束控制流。

## 4.2.3 转移

一个活动图有很多动作或者活动状态，活动图通常开始于初始状态，然后自动转换到活动图的第一个动作状态，一旦该状态的动作完成后，控制就会不加延迟地转换到下一个动作状态或者活动状态。所有活动之间的转换称为转移。转移不断重复进行，直到碰到一个分支或者终止状态为止。

本章前面的活动图中已经多次用到了转移。转移是状态图中的重要组成部分，是活动图中不可缺少的内容，它指定了活动之间、状态之间或活动与状态之间的关系。转移用来显示从某种活动到另一活动或状态的控制流，它们连接状态与活动、活动之间或者状态之间。转移的标记符是执行控制流方向的开放的箭头。图 4-8 显示了转移的可使用对象。

有时候仅当某件确定的事情已经发生时才能使用转移，这种情况下可以将转移条件赋予转移来限制其使用。转移条件位于方括号中，放在转移箭头的附近，只有转移条件为"真"时才能到达下一个活动。图 4-9 为带有条件的转移示意图。

图 4-8　转移示意　　　　　图 4-9　转移上的条件

图 4-9 中如果要实现从活动"DoHomework"转移到活动"PlayGame"，就必须满足转移条件"HomeworkComplete"。只要转移条件为真时，转移才发生。在实际应用中，带有条件的转移使用非常广泛，后面的章节中将详细介绍转移条件的相关知识。

### 4.2.4　控制点

从活动转移到其他活动或状态时都可以有转移条件，这些条件是让转移修改任何工作流方向所必需的。如果没有这些条件，任何事件都会从开始状态一直到结束状态，这里把控制转移方向的条件称为控制点。

控制点（Guard）标记两个活动或状态之间的转移条件，用来允许控制流仅沿着满足预置条件的方向转移。这些控制点也就是转移条件，前面已经有所接触，它们被括在方括号中。图 4-10 演示了控制点的使用方法。

在该图中，如果[guard1]为真（true），控制流从 Action1 到 Action2，如果[guard2]为真（true），控制流从 Action1 到 Action3。图 4-11 演示了一个使用控制点的简单活动图。

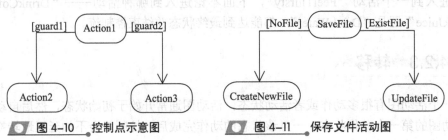

图 4-10　控制点示意图　　　　　图 4-11　保存文件活动图

该活动图描述了保存文件时的活动转移。用户保存文件时，控制点用来判断文件的当前状态。如果文件已经存在将会更新文件；如果文件不存在将会创建一个新文件。

## 4.2.5 判断节点与合并节点

当想根据不同条件执行不同动作序列时，可以使用判断点。在 UML 的活动图中，使用菱形作为判断的标记符。菱形标记符除了标记判断外还能表示多条控制流的合并。本节将详细讲解有关菱形标记符进行判断和合并的相关知识。

### 1．判断节点

判断可以进行简单的真/假测试，并根据测试条件使用转移到达不同的活动或状态。在活动图中可以使用判断来实现控制流的分支。图 4-12 演示了简单的真/假测试条件。

判断根据条件需要对控制流继续的方向做出决策，它在实际应用中与常规控制点作用相同。使用判断使得工作更加简洁，尤其是对于带有大量不同条件的大型活动图。所有条件控制点都从此分支，控制流转移到相应的活动或状态，这样读者就可以通过做出决策明确动作的完成。判断可能要在一组选项中进行，菱形标记同样能完成判断条件不止一项的情况。图 4-13 演示了该情况下的图形表示。

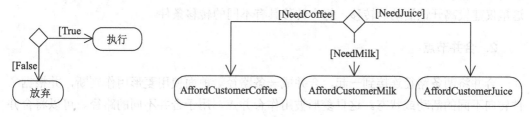

图 4-12　真假测试条件　　图 4-13　作出判断

该图表示在快餐店里店员根据顾客需求提供食品，条件选项分别有需要咖啡、需要牛奶和需要果汁的情况。根据条件转移到不同的活动为顾客提供相应的饮品。此结构类似于大多数编程语言中的 Switch 语句或 If-Else 组合语句的效果。

在布置易于阅读的活动图时，使用菱形标记符增加了一些方便，因为它提供了彼此间的条件转移，可以起到节省空间的作用，图 4-14 演示菱形标记符表示判断在活动图中的使用。

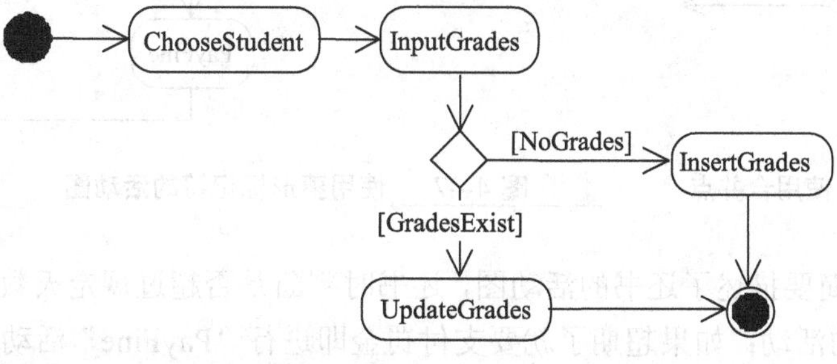

图 4-14　判断实际应用

图 4-14 是教师记录学生成绩的一个活动图，其中菱形标记符的作用是根据条件分支控制流。在输入成绩时，根据成绩是否已经被记录来转移到不同的活动。如果成绩已经被记录，则转移到更新成绩的活动；如果没有成绩那么将插入成绩。

除了使用菱形来表示判断外，还可以使用活动来判断。根据活动结果可使用转移条件来建模，如图 4-15 所示。

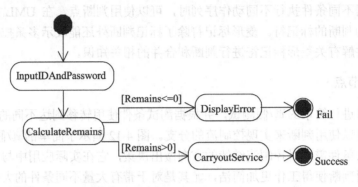

图 4-15 使用活动判断

在该图中计算账户余额的活动揭示该账户是否透支。作出判断所需的所有信息都是活动本身提供的，没有外部判断，也没有其他可用信息。为了显示由该活动导致的选择，这里仅建模离开该活动的转移，每个转移具有不同的转移条件。

**2. 合并节点**

合并将两条路径连接到一起，合并成一条路径。前面使用菱形用作判断，并根据条件转向不同的活动或状态。这里菱形被用作合并点，用于合并不同的路径。可以将合并点当作一个省力的工具，它将两条路径重合部分建模为同一步骤序列，图 4-16 演示了菱形作为合并点的情况。

实际应用中，菱形标记符不管是用作判断还是作为合并控制流，在活动图中都使用的十分广泛，几乎每个活动图中都会用到。图 4-17 中显示了活动图中菱形标记符使用情况。

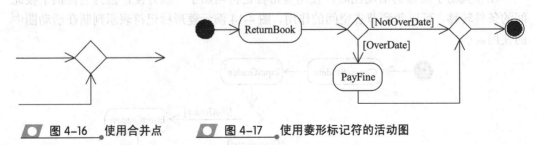

图 4-16 使用合并点　　图 4-17 使用菱形标记符的活动图

图 4-17 中简要描述了还书的活动图，还书时判断是否超过规定天数。如果没有超过直接进行下面的活动；如果超期了就要支付罚金即进行 "PayFine" 活动，然后才进行下

面的活动。图中使用一个菱形标记符来表示判断，使用另一个菱形标记符来合并控制流。

## 4.2.6 综合应用

前面我们讲到了活动图的几种基本标记符，这里就来使用这些标记符来建造一个很简单的物流查询系统查询并显示货物信息的活动图。该系统需要键入货物号，依据货物号查找货物相关信息，图 4-18 为完整的活动图。

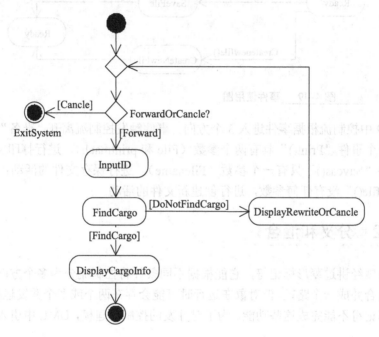

图 4-18 简单完整活动图

该活动图中首先显示了开始符号，接着以一个合并点合并了开始和重新提示信息两条路径，紧接着对系统提示信息进行判断，并依据判断结果转移到不同的活动。输入货物号后，系统开始查找货物，当找到货物时系统显示出货物相关的详细信息；未找到货物则系统重新提示输入货物号或者取消。

## 4.3 其他标记符

除了前面讲到的基本标记符外，活动图还具有其他一些标记符。如分叉、汇合、泳道和对象流等，它们也是活动图中不可缺少的标记符。这些标记符与基本标记符一起构建了活动图的丰富内容，综合使用它们能增强绘图技术，丰富活动图表达能力。

### 4.3.1 事件和触发器

事件（Event）和触发器（Trigger）的用法和控制点相似，区别是它们不是通过表达式控制工作流，而是被触发来把控制流移到对应的方向。事件非常类似于对方法的调用，它是动作发生的指示符，可以包含一个或多个参数，参数放在事件名后的括号中，图 4-19 演示了事件的使用方法。

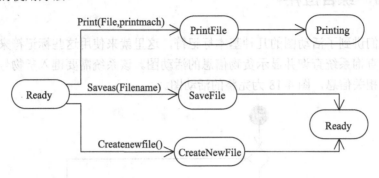

图 4-19　事件使用图

图 4-19 中控制流根据事件进入 3 个方向，事件触发控制流离开"准备"进入相应的活动。第一个事件"Print()"具有两个参数（File 和 printmach），进行打印文件的活动；第二个事件"Saveas()"只有一个参数（Filename），进行保存文件的活动；第三个事件"Createnewfile()"没有任何参数，进行创建新文件的活动。

### 4.3.2　分叉和汇合

在前面曾经讲过菱形标记符，它能根据不同条件将控制流分为多个方向，也可以将多个控制流合并成一个路径。但对象在运行时可能会存在两个或多个并发运行的控制流，此时菱形标记符不能完成这些功能。为了对并发的控制流建模，UML 中引入了分叉和汇合的概念。

分叉和汇合与转移形影不离。分叉是用于将一个控制流分为两个或多个并发运行的分支，它可以用来描述并发线程，每个分叉可以有一个输入转移和两个或多个输出转移，每个转移都可以是独立的控制流。图 4-20 是 UML 中分叉的标记符。

汇合与分叉相反，代表两个或多个并发控制流同步发生，它将两个或者多个控制流合并到一起形成一个单向控制流。每个连接可以有两个或多个输入转移和一个输出转移，如果一个控制流在其他控制流之前到达了连接，它将会等待，直到所有控制流都到达了才会向连接传递控制权。图 4-21 显示了连接标记符。这里需要说明的是：分叉和汇合的标记符都是黑粗横线，为了区分分叉和汇合，在图 4-20 和图 4-21 中分别为它们加入了转移。

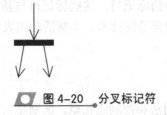

图 4-20　分叉标记符

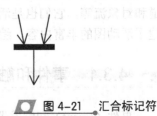

图 4-21　汇合标记符

在活动图中，使用分叉和连接来描述并行的行为。分叉和连接匹配使用，即每当在活动图上出现一个分叉时，就有一个对应的汇合将从该分叉分出去的诸线程汇合在一起。图 4-22 是一个使用了分叉和连接的活动图。

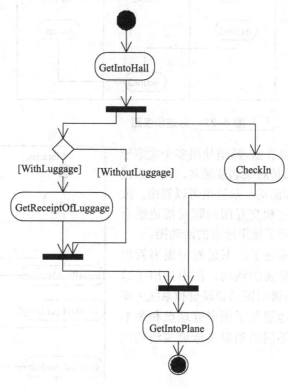

图 4-22　分叉和连接示例图

图 4-22 中用到了一个分叉和两个连接用于描述登机前的活动图。首先进入登机大厅，此时打印登机卡和打印收据是同时进行的，直到两个活动都完成时同时到达下一个连接后，才能进行登机。

需要注意：动作同步发生时，并不意味着它们一定同时完成。事实上，一项任务很可能在另一项之前完成。不过，结合点会防止有任何流在所有进来的工作流完成以前继续通过结合点，使得只有所有的工作流完成以后，系统才会继续执行后续动作。

### 4.3.3　泳道

对于程序设计而言，活动图没有指出每个活动是由哪个类负责。而对于建模而言，活动图没有表达出某些活动是由哪些人或哪些部门负责。虽然可以在每个活动上标记出其所负责的类或者部门，但难免带出诸多麻烦。泳道的引用解决了这些问题。

泳道将活动图划分为若干组，每一组指定给负责这组活动的业务组织，即对象。在活动图中泳道区分了负责活动的对象，它明确地表示了哪些活动是由哪些对象进行的。在包含泳道的活动图中每个活动只能明确地属于一个泳道。每个泳道具有一个与其他泳道不同的名字。泳道间的排列次序在语义上没有重要的意义，但可能会表现现实系统里的某种关系。图 4-23 显示了泳道的标记符。

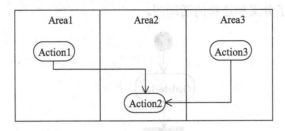

图 4-23　泳道示意图

由图 4-23 中可以看出，泳道使用多个大矩形框表示，矩形框顶部是对象名或域名，该对象或域负责泳道内的全部活动。从这里可以看出，泳道将活动图逻辑描述和交互图的职责描述结合在一起。图 4-24 演示了使用泳道的活动图。

活动图简易地描述了还书过程中图书管理员和系统之间各自负责的活动。图中使用了泳道，读者就能轻松地读出图书管理员和系统之间的交互。图中清晰地展示了图书管理员和图书管理系统所负责的不同活动以及泳道间活动的关系。

### 4.3.4　对象流

用活动图描述某个对象时，可以将涉及到的对象放到活动图中并用一个依赖将其连接到进行创建、修改和撤销的活动或状态上，对象的这种使用方法就构成了对象流。对象流是活动图中活动或状态与对象之间的依赖关系，表示活动使用对象或者活动或状态对对象的影响。

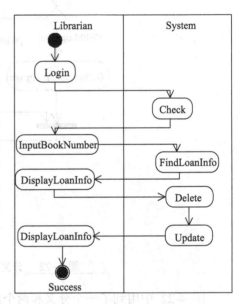

图 4-24　使用泳道的活动图

在活动图中，对象流标记符用带箭头的虚线表示。如果箭头从活动出发指向对象，则表示该活动对对象施加了一定的影响，施加的影响包括创建、修改和撤销等；如果箭头是从对象指向活动，则表示对象在执行该活动。图 4-25 显示了对象流，它连接了对象与活动。

状态图中对象是用矩形表示，矩形内可以显示对象名称以及对象此时所处的状态。对象流中的对象具有以下特点：

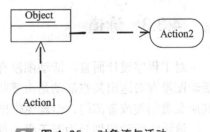

图 4-25　对象流与活动

- 一个对象可以由多个活动操纵。

- 一个活动输出的对象可以作为另一个活动输入的对象。
- 在活动图中，同一个对象可以多次出现，它的每一次出现表明该对象正处于对象生存期的不同时间点。

图 4-26 是一个含有对象流的活动图，该图中对象表示图书的借阅状态，借阅者还书之前图书的状态为已经借出（BeBorrowed）；当借阅者还了图书之后，图书的状态发生了变化，由借出状态变成了待借状态（ReadyToBorrow）。

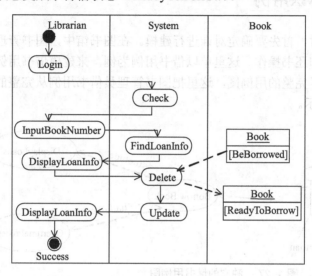

图 4-26 对象流示意图

## 4.4 建造活动图模型

本书在第 2 章中曾经给出了图书管理系统的用例图，在第 3 章中给出了图书管理系统的类图，本节就在前面两章的基础上综合运用活动图的相关知识，并分析用例图，画出图书管理系统的活动图。

用例图分为两部分：一部分是图书管理员的用例图；另一部分是图书馆系统的系统管理员用例图。本节选取两个用例图中某一个基本用例，并逐步实现其状态图，让读者了解绘制活动图的基本步骤和技术要领。

### 4.4.1 建模活动图步骤

活动图描述用例图，用活动流来描述系统参与者和系统之间的关系。建模活动图也是一个反复的过程，活动图具有复杂的动作和工作流，检查修改活动图时也许会修改整个工程。所以有条理的建模会避免许多错误，从而提高建模效率。建模活动图时，可以按照以下五步来进行：

（1）标识需要活动图的用例。
（2）建模每一个用例的主路径。
（3）建模每一个用例的从路径。

（4）添加泳道来标识活动的事务分区。
（5）改进高层活动并添加到更多活动图。

本节后面对活动图建模时会依照上述步骤进行。这五步从用例开始，由简单到复杂，由框架到完整逐步实现完整的活动图。并且有利于建模人员检查错误，提高建模效率。

### 4.4.2 标识用例

建模活动图时，首先要确定对谁进行建模。在图书馆中，图书管理员用到最多的应该就是借书操作和还书操作。这里单以借书用例为例，来建模借书用例的活动图。在第2章中曾经给出了完整的用例图，这里把图书管理员借书用例从完整的用例图中独立出来，如图4-27所示。

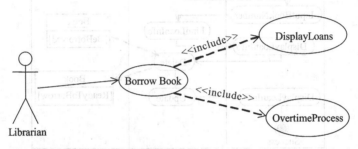

图 4-27 独立的借书用例图

从该借书用例图中可以看出，图中包含了三个用例，分别为：BorrowBook 用例、DisplayLoans 用例和 OvertimeProcess 用例。其中 DisplayLoans 用例和 OvertimeProcess 用例是独立的，这两个用例都是可重用的功能，可以在其他用例图中使用。第2章完整的用例图说明了这点。

### 4.4.3 建模主路径

建模用例的活动图时，往往利用一条显示的路径执行工作，然后从该路径进行扩展。前面曾给出独立的借书用例图，这里就建模该用例的活动图主路径。如图4-28所示。

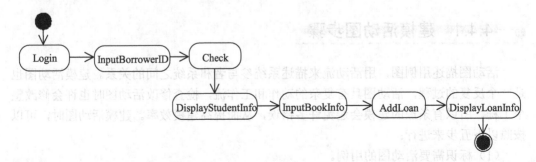

图 4-28 借书活动图主路径

主路径就是从工作流的开始到结束,没有任何错误和判断的路径。如图 4-28 所示,该主路径主要的动作为:登录、输入借书证号、检测、显示学生信息、输入书号、添加借阅和显示借阅信息。完成了主路径,应该着手于对主路径的检查,应该检查其他可能的工作流,以免有所遗漏,做到及时修改。

## 4.4.4 建模从路径

活动图的主路径描述了用例图的主要工作流,此时的活动图没有任何转移条件或错误处理。建模从路径的目标就是进一步添加活动图的内容,包括判断、转移条件和错误处理等。在主路径的基础上完善活动图。

例如,Check 这一活动的作用包括了对借阅者是否存在超期图书和借书数量是否超过规定要求的判断。如果两种判断同时满足条件,才开始进行下面的活动。类似的情况在建模从路径时还有很多,不仅需要添加判断,如果有必要还可以应用前面讲到的任何知识包括分叉和汇合等。建模从路径是完善活动图的关键一步,只有仔细分析系统运行所有步骤才能得到完整的活动图。图 4-29 是添加完从路径后的活动图。

在实际图书馆中借书时,都规定了每本书可以借阅的天数和允许每人借阅的数量。如果这两个条件中某一个条件不满足都无法再次借阅,当且仅当两个条件同时满足规定,才能借阅图书。为了能表达出图书馆的规定,图 4-29 中除了一些基本的判断和错误处理外还加入了分叉和汇合。

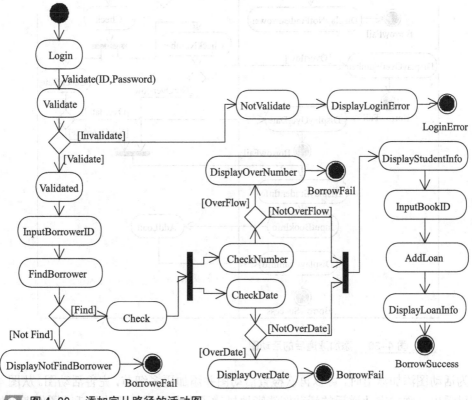

图 4-29 添加完从路径的活动图

### 4.4.5 添加泳道

前面曾经讲到过泳道的相关知识，在活动图中加入泳道能够清晰地表达出各个活动由哪些部分负责。前面已经完成了对从路径的添加，虽然完整地描述了用例但从整体上来看图形很杂乱。为了解决图形杂乱的问题，为活动图添加泳道。

图书管理系统的借书用例中，是图书管理员 Librarian 参与和系统之间的交互。活动图正描述了这种交互，所以为活动图添加两个泳道。一个为 Librarian，是用例的参与者；另一个为 System，是提供后端功能的系统。图 4-30 显示了添加泳道后的活动图。

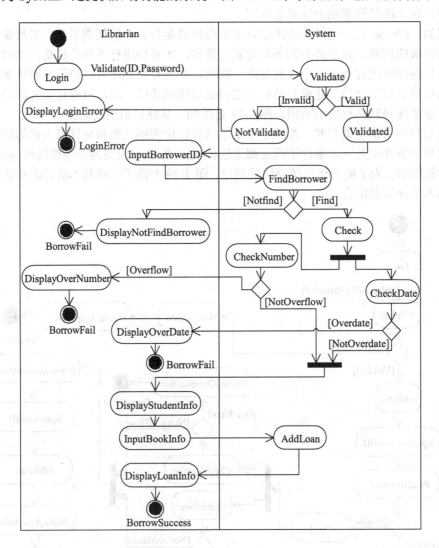

图 4-30　添加泳道后的活动图

为活动图添加泳道时，可以再次检查活动图并添加更多细节，完善活动图。从图 4-10 中可以看出，添加完泳道后的活动图清晰地描述了借书用例。即使是活动图作者以外的读者也能轻松地阅读。

### 4.4.6 改进高层活动

活动图建模的最后一步强调了反复建模的观点。在这一步中，需要退回到活动图中添加更多的细节。大多数情况下，退回活动图选择复杂的活动，不管是一个活动还是所有活动。对于这些复杂的活动，需要更进一步建模带有开始状态和结束状态完整描述活动的活动图。

在图书管理系统中不管是系统管理员还是图书管理员都需要登录系统才能工作，所以 Login 活动比较重要。再看前面活动图中，事件触发器 Validate(ID,Password)用于判断账号和密码，如果符合才能进行管理员权限工作；如果不符合则登录失败。考虑到实际情况，在账号与密码不符合的情况下，管理员可以多次输入账号与密码，直到输入正确，否则退出系统。图 4-31 为 Login 活动的更新活动图。

该活动图中为 Login 活动添加了更为详细的内容，包括活动和判断。当管理员进行登录时，首先打开登录界面，然后开始输入账号和密码。当账号和密码输入完毕，开始进行检测判断。如果通过检测则登录成功，如果没有通过检测则显示错误信息对话框。在错误信息对话框中输入者选择进行何种操作，如果选择重新输入则返回登录界面，如果取消则退出系统登录失败。

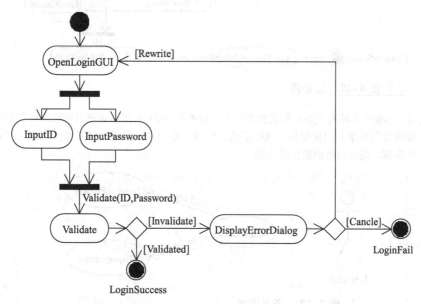

图 4-31 Login 活动分解图

## 4.5 思考与练习

一、简答题

1. 简述活动图的概念和用途。

2. 简要说明活动图各种标记符。
3. 简要介绍分叉和汇合。
4. 说明活动图中使用泳道的益处。
5. 简要概括建模活动图的步骤。

**二、分析题**

1. 阅读一个活动图并回答下面的问题：
（1）指出活动图的转移条件。
（2）指出活动图判断标记符。
（3）简单描述活动图控制流转移过程。
（4）指出活动图中分叉和汇合。
（5）说明该活动图中分叉和汇合的特点。
活动图如图 4-32 所示。

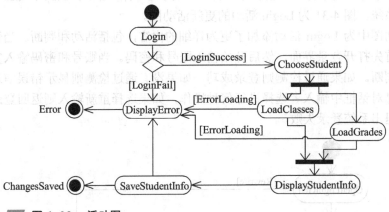

图 4-32　活动图

2. 运用本书前面介绍有关活动图的相关知识，根据图 4-33 的图书管理系统还书用例建模该用例的活动图。综合运用所学到的标记符，包括活动、转移、控制点、泳道、分叉和汇合等。并使用建模活动图的 5 个步骤，逐步为用例建模活动图。

图 4-33　还书用例

# 第5章 顺 序 图

用例图描述了系统必须做什么；类图描述了组成系统结构各部分的各种类型。这缺少一部分内容，因为单凭用例和类还无法描述系统实际上将如何运作。为了满足这方面的要求，就需要使用交互图，特别是顺序图。

顺序图作为交互图的重要成员，它描述了系统运行时各对象之间如何进行交互。除顺序图外，UML 2.0 中的交互视图还包括通信图和时序图。使用这几种图可以帮助用户准确地为组成系统各部分之间交互建模。

顺序图是 3 种交互图中应用最为广泛的，它主要描述系统各组成部分之间的交互次序。使用顺序图描述系统特定用例时，会涉及到该用例所需要的对象，以及对象之间的交互和交互发生的次序。

**本章学习要点：**

- 理解为什么要建模顺序图
- 理解协作图的作用
- 了解顺序图中的组成
- 了解顺序图中的消息类型
- 能够在顺序图建模创建对象和迭代
- 理解消息的控制，并能够使用条件控制消息
- 理解消息中的参数
- 理解顺序图中的顺序片段
- 建造简单的顺序图

## 5.1 定义顺序图

顺序图描述了对象之间传递消息的时间顺序，它用来表示用例中的行为顺序。当执行一个用例行为时，顺序图中的每条消息对应了一个类操作或状态机中引起转换的触发事件。它着重显示了参与相互作用的对象和所交换消息的顺序。

顺序图代表了一个相互作用、在以时间为次序的对象之间的通信集合。不同于协作图，顺序图包括时间顺序但是不包括对象联系。它可以以描述形式存在，也可以以实例形式存在。顺序图和协作图表达了相似的信息，但是它们以不同的方式显示。

顺序图的主要用途之一是为用例建造逻辑建模。即前面设计和建模的任何用例都可以使用顺序图进一步阐明和实现。实际上，顺序图的主要用途之一是用来为某个用例的泛化功能提供其所缺乏的解释，即把用例表达的需求，转化为进一步、更加正式层次的精细表达。用例常常被细化为一个或者更多的顺序图。顺序图除了在设计新系统方面的用途外，它们还能用来记录一个存在系统的对象现在如何交互。例如，"查询借阅信息"

是图书管理系统模型中的一个用例,它是对其功能非常泛化的描述。尽管以这种形式建模的业务的所有需求,从最高层次理解系统的作用看是必要的,但是它对于我们进入设计阶段毫无帮助。这需要在这个用例上进行更多的分析才能为设计阶段提供足够的信息。

顺序图可以用来演示某个用例最终产生的所有的路径。以"查询借阅信息"用例为例,建模顺序图来演示查询借阅信息时所有可能的结果。考虑一下该用例的所有可能的工作流,除了比较重要的操作流查询成功外,它至少包含如下的工作流:

- 输入学生信息,显示该学生信息的所有借阅信息。
- 输入的学生信息在系统中不存在。

上述的每一种情况都需要完成一个独立的顺序图,以便能够处理在查询借阅信息时遇到的每一种情况,使系统具有一定的健壮性。

同时,在最后转向实现时,必须要用具体的结构和行为去实现这些用例。更确切地说,尽管建模人员通过用例模型描述了系统功能,但在系统实现时必须要得到一个类模型,这样才能用面向对象的程序设计语言实现软件系统。顺序图在对用例进行细化描述时可以指定类的操作。在这些操作和属性的基础上,就可以导出完整的类模型结构。

## 5.2 顺序图的组成

顺序图主要有 4 个标记符:对象、生命线、消息和激活。在 UML 中,顺序图用一个二维图描述系统中各个对象之间的交互关系。其中,纵轴是时间轴,时间沿竖线向下延伸。横轴代表了参与相互作用的对象。当对象存在时,生命线由一条虚线表示;当对象的过程处于激活状态时,生命线是一双道线。消息用从一个对象到另一个对象生命线的箭头表示。箭头以时间顺序在图中从上到下排列,如图 5-1 所示。从该图容易看出,顺序图清楚地描述了随时间顺序推移的控制流轨迹。

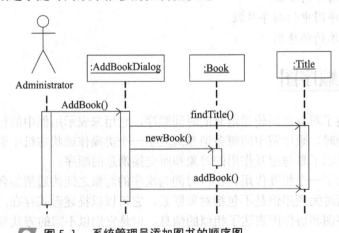

图 5-1 系统管理员添加图书的顺序图

### 5.2.1 对象与生命线

类定义了对象可以执行的各种行为,但是在面向对象的系统中,行为的执行者是对象，而不是类，因此协作图通常描述的是对象层次而不是类层次。对象可以是系统的参与者或者任何有效的系统对象。顺序图中的每个对象显示在单独的列里。一个对象标识符（带有对象名称的矩形框）放置在代表生成这个对象的消息的箭头的末端，其垂直位置表示这个对象第一次生成的时间。如果一个对象在顺序图的第一个操作之前就存在，对象标记符就应画在任何消息之前顺序图的顶部。将对象置于顺序图的顶部意味着在开始的时候对象就已经存在。与此相反，如果对象的位置不在顶部，那么表示对象是在对象的交互过程中，由其他对象创建。顺序图中对象的标记符如图 5-2 所示。

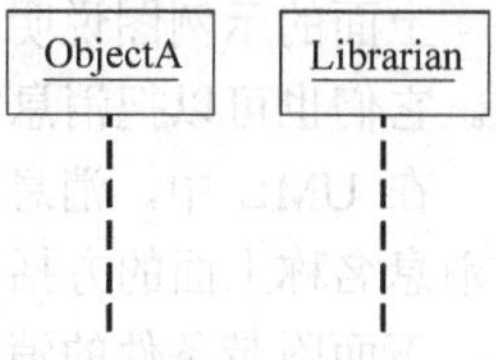

对象在垂直方向拖出的长虚线称为生命线，生命线是一个时间线，从顺序图的顶部一直延续到底部，所用的时间取决于交互的持续长度。生命线表现了对象存在的时段。需要注意的是，一个对象的生命线实际上可以代表一组对象，例如，某个应用、子系统或同类型对象的集合。在图 5-2 中，Librarian 代表完成图书管理的所有对象的集合。

图 5-2 对象标记符

### 5.2.2 消息

在任何一个软件系统中，对象都不是孤立存在的，它们之间通过消息进行通信。消息是用来说明顺序图中不同活动对象之间的通信，因此，消息可以激发某个操作、创建或解构某对象。在顺序图中，消息是由从一个对象的生命线指向另一个对象的生命线的直线箭头来表示，箭头上面还可以表明要发送的消息名。在各对象间，消息发送的次序由它们在垂直轴上的相对位置决定。如图 5-3 所示，发送消息 2 的时间是在发送消息 1 之后。

在顺序图中也可以使用参与者。实际上，在建模顺序图时将参与者作为对象可以说明参与者是如何与系统进行交互，以及系统如何响应用户的请求。参与者可以调用对象，对象也可以通知参与者，如图 5-4 所示。

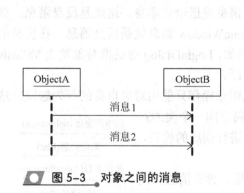

图 5-3 对象之间的消息

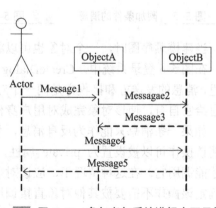

图 5-4 参与者与系统进行交互示例

阅读一个顺序图需要沿着时间线传递消息流，通常从最顶层的消息开始。在本示例中是从消息 1 开始：

❑ 参与者将 Message1 发送到对象 ObjectA。

- ObjectA 在接收到 Message1 后，将 Message2 发送到对象 ObjectB。
- 同样 ObjectB 接收到 Message2 后，将返回一个 Message3 到对象 ObjectA。
- 参与者将 Message4 发送到对象 ObjectB。
- 对象 ObjectB 接收到 Message4 后，返回 Message5 到参与者。

上面的示例图说明了参与者和对象可以将消息发送给顺序图中的任何参与者或者对象。它们也可以把消息发送到不是直接相邻的参与者或对象。

在 UML 中，消息可以包含条件以限制它们只在满足条件时才能被发送。条件显示在消息名称上面的方括号中。如图 5-5 所示。

下面附带条件的消息示例演示了如何建模一个顺序图来进行登录尝试。当图书管理员运行系统时，登录对话框将发送 CreateDialog 消息给它自己，以创建登录对话框。如果登录成功，则 Login 对话框会向主窗口对象发送 CreateWindow 消息，以进入系统的主管理界面；如果登录失败，则图书管理员可以重新再登录一次。这个登录过程的顺序图如图 5-6 所示。

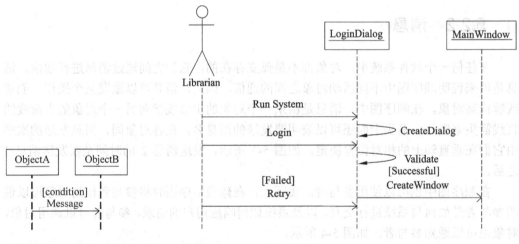

图 5-5 附加条件的消息    图 5-6 登录顺序图

当建模顺序图时，一个对象也可以将一个消息发送给它本身，这就是反身消息。例如，在图 5-6 登录系统中，CreateDialog 和 CreateWindow 消息就是反身消息。在反身消息里，消息的发送方和接收方是同一个对象。例如，LoginDialog 对话框对象发送 Validate 消息给它自身，使该对象完成对用户身份的验证。

如果一条消息只能作为反身消息，那么说明该操作只能由对象自身的行为触发。这表明该操作可以被设置为 private 属性，只有属于同一个类的对象才能调用它。在这种情况下，应该对顺序图进行彻底的检查，以确定该操作不需要被其他对象直接调用。

在 UML 中，有 4 种类型的消息：同步消息、异步消息、简单消息和返回消息。这 4 种消息分别用 4 种箭头符号表示，如图 5-7 所示。

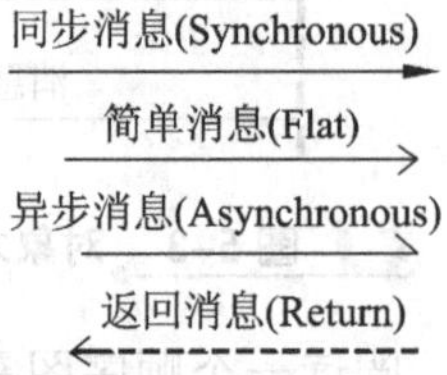

简单消息是在同步和异步之间没有区别的消息。这里有一个

图 5-7 消息类型

问题:如果所有的消息都是同步或异步消息,那么为什么还需要简单消息呢?这是因为有时消息是同步还是异步无关紧要,或者在不知道消息的类型的情况下就需要用到简单消息。在对系统建模时,可以用简单消息表示所有的消息,然后再根据情况确定消息的类型。由于简单消息既可以表示同步消息,也可以表示异步消息,所以下面将对同步消息和异步消息之间的区别和应用进行介绍。

### 1. 同步消息

同步消息假设有一个返回消息,在发送消息的对象进行另一个活动之前需要等待返回的回应消息。消息被平行地置于对象的生命线之间,水平的放置方式说明消息的传递是瞬时的,即消息在发出之后会马上被收到。

如图 5-8 所示的示例中,图书管理员试图登录到用户界面。登录和后续的操作都是同步的,因为它们依赖于前面的消息。图书管理员在将 Login 消息发送到登录对话框对象后,登录对话框消息发送一个反身消息 Validate 以验证用户身份。在验证消息返回之前,图书管理员一直处于等待状态。因为后续的操作是根据登录是否成功而决定的。

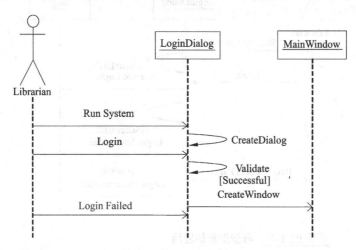

● 图 5-8 同步消息在登录用例中的应用

除了仅仅显示顺序图上的同步消息外,图 5-8 中还包括返回消息。这些返回消息是可选择的;一个返回消息画作一个带开放箭头的虚线,在这条虚线上面,可以放置操作的返回值。在图 5-8 中,当 Validate 方法验证用户身份非法时,LoginDialog 对象返回 Login Failed 给图书管理员。

在开始创建模型的时候,不要总是想着将返回值限制为一个唯一的数值,要将注意力集中在所需要的信息上面,尽可能在返回值里附带所需要的信息,一旦确认所需的信息都已经包含进来,就可以将它们封装在一个对象里作为返回值传递。

此外,返回消息是顺序图的一个可选择部分。是否使用返回消息依赖于建模的具体/抽象程度。如果需要较好的具体化,返回消息是有用的;否则,主动消息就足够了。因此,有些建模人员会省略同步消息的返回值,即假设已经有了返回值。虽然这是一种可行的方法,但最好还是将返回消息表示出来,因为这有助于确认返回值是否和测试用例或操作的要求一致。

**2. 异步消息**

异步消息表示发送消息的对象不用等待回应的返回消息，即可开始另一个活动。异步消息在某种程度上规定了发送方和接收方的责任，即发送方只负责将消息发送到接收方，至于接收方如何响应，发送方则不需要知道。对接收方来说，在接收到消息后，它既可以对消息进行处理，也可以什么都不做。从这个方面看，异步消息类似于收发电子邮件，发送电子邮件的人员只需要将邮件发送到接收人的信箱，至于接收电子邮件方面如何处理，发送人则不需要知道。

下面的示例演示了如何在登录中使用异步消息。出于对系统安全的考虑，在登录时使用了一个日志文件，以记录用户的登录操作。如图 5-9 所示。

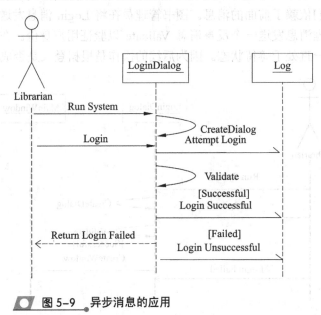

图 5-9 异步消息的应用

从图中可以看出，使用异步消息创建日志时，对系统的操作不需要等待到对日志文件操作完成之后进行，这样可以提高系统响应的速度。另外，当两个对象之间全部是异步消息时，也表示这两个对象之间没有任何关系。这样可以使系统的设计更为简单。

最常见的实现异步消息的方式是使用线程。当发送该异步消息时，系统需要启动一个线程在后台运行。

### 5.2.3 激活

当一条消息被传递给对象的时候，它会触发该对象的某个行为，这时就说该对象被激活了。在生命线上，激活用一个细长的矩形框表示。如图 5-10 所示，矩形本身被称为对象的控制期，控制期说明对象正在执行某个动作。

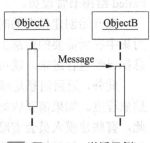

图 5-10 激活示例

通常情况下，表示控制期矩形的顶点是消息和生命线相交的地方，而矩形是底部表示的行为已经结束，或控制权交回消息发送的对象。

顺序图中一个对象的控制期矩形不必总是扩展到对象生命线的末端，也不必连续不断。例如，在下面的示例中，当用户成功登录并进入主管理界面后，登录对话框对象将失去控制期而激活主管理界面对象。如图 5-11 所示。

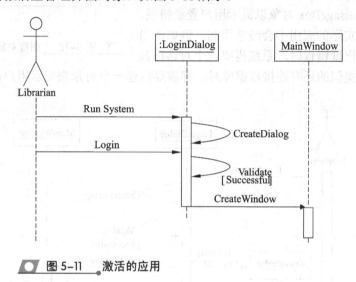

图 5-11　激活的应用

在这个示例中，LoginDialog 对象在图书管理员运行系统时被激活。当图书管理员成功登录后，LoginDialog 对象发送 CreateWindow 消息激活主管理界面对象，而 LoginDialog 将丢失控制权暂停活动。

## 5.3 创建对象和分支、从属流

到目前为止，顺序图中的对象在创建顺序图时都已经创建好了。事实上，顺序图中的对象并不一定需要在顺序图的整个交互期间存活，对象可以根据传递进来的消息创建或销毁。在本节将学习如何在创建顺序图的过程中创建对象，以及使用分支和从属流来控制顺序图的控制流。

### 5.3.1　创建对象

对象的创建有几种情况，在前面讲述对象生命线时曾经说过，对象的默认位置在图的顶部，如果对象在这个位置上，那么说明在发送消息时，该对象就已经存在；如果对象是在执行的过程中创建的，那么它应该处于图的中间部分。创建这种对象标记符如图 5-12 中的示例所示。创建一个对象的主要步骤是发送一个 create 消息到该对象。对象被创建后就会有生命线，这与顺序图中的任何其他对象一样。创建一个对象后，就可以像顺序图中的其他对象那样来发送和接收消息。在处理新创建的对象，或顺序图中的其他对象时，都可以发送 destroys 消息来删除对象。要想说明某个对象被销毁，需要在被销毁对象的生命线上放一个×字符。

有许多种原因需要在顺序图的控制流中创建对象。例如，经常遇到的为用户创建通知。在这种情况下，需要创建一个对象向用户显示错误消息，然后销毁该对象。如图 5-13 所示，当用户登录失败后，将创建一个 MessageBox 对象以提示用户登录错误。

该功能在实际的应用中会经常用到。例如，当打开一个文件出现错误时，系统需要一个对话框显示错误信息。类似的还有连接数据库时，都需要创建一个对象来提示用户出现错误。

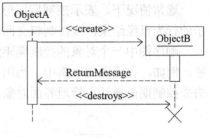

图 5-12　创建对象示例

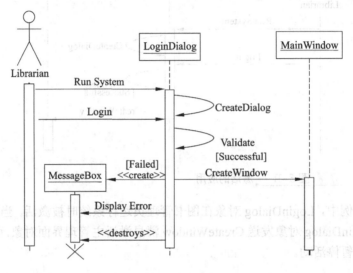

图 5-13　创建错误消息提示对象

### 5.3.2　分支和从属流

有两种方式来修改顺序图的控制流：使用分支和使用从属流。控制流的改变是由于不同的条件导致控制流走向不同的道路。

分支允许控制流走向不同的对象。如图 5-14 所示。

需要注意分支消息的开始位置是相同的，分支消息的结束"高度"也是相同的。这说明在下一步的执行中有一个对象将被调用。例如图 5-13 所示的登录错误提示对话框，当用户成功登录后，控制流将转向 MainWindow 对象，而当登录错误时，将发送一个 create 消息创建一个 MessageBox 对象。

与分支消息不同，从属流允许某一个对象根据不同的条件改变执行不同的操作，即创建对象的另一条生命线分支。如图 5-15 所示。

在下面的示例中，编辑器会根据用户选择删除文件还是保存文件发送消息。很显然，文件系统将执行两种完全不同的活动，并且每一个工作流都需要独立的生命线。如图 5-16 所示。

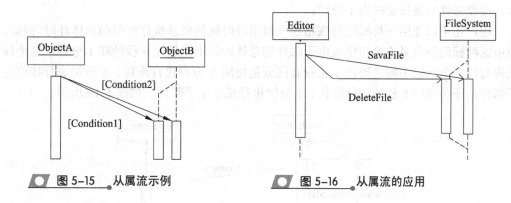

图 5-15 从属流示例　　　　图 5-16 从属流的应用

## 5.4 建模时间

消息箭头通常是水平的，说明传递消息的时间很短，在此期间不会"发生"其他事件。对多数计算而言，这是正确的假设。但有时从一个对象到另一个对象的消息之间可能存在一定的时间延迟，即消息传递不是瞬间完成的。如果消息的传送需要一定时间，在此期间可以出现其他事件（来自对方的消息到达），则消息箭头可以画为向下倾斜的。这种情况发生在两个应用程序通过网络相互通信时。如图 5-17 所示。

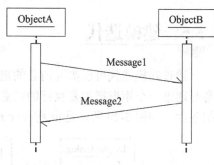

一个消息需要一段时间才能完成的最好示例是使用电子邮件服务器进行通信。由于电子邮件服务器是外部对象，具有潜在的消耗通信时间的可能性，可以把发送到电子邮件服务器和从中接收到的消息建模为耗时的消息。

图 5-17 延时消息示例

对于延时消息，我们可以向这些消息添加约束来指定需要消息执行的时间框架。对消息的时间约束标记是一个注释框，其中的时间约束放在花括号中，注释放在应用约束的消息旁边。如图 5-18 所示。

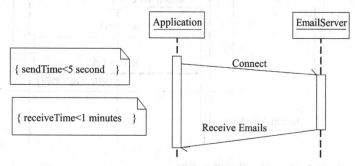

图 5-18 对延时消息分别约束示例

通常情况下，对延时消息进行约束时可以使用 UML 定义的时间函数，如 sendTime 和 receiveTime。除此之外，用户还可以为自己设计的系统编写任何合适的函数。例如，上面示例中，我们使用时间函数 sendTime 和 receiveTime 设定进行连接的最长时间为 5 秒，接收邮件的最长延时为 1 分钟。

用户还可以使用一种标记符来指定一组消耗时间的消息执行操作的总体耗时。例如，使用这种标记符定义连接和接收电子邮件的总体时间不能超过 5 秒钟和 1 分钟。这个标记符与前一个标记不同之处在于它没有区分是使用 1 分钟进行连接、5 秒钟进行接收电子邮件，还是使用 5 秒钟进行连接、1 分钟进行接收电子邮件。如图 5-19 所示。

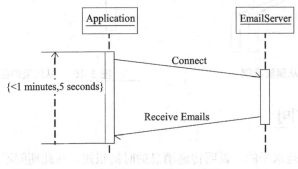

图 5-19　对延时消息总体约束示例

## 5.5　建模迭代

通过建模迭代可以实现消息的重复执行。在顺序图中，建模人员常用的建模迭代消息是通过一个矩形把重复执行的消息包括在矩形框中，并且提供一个控制重复执行的控制条件。如图 5-20 所示是重复执行的消息。

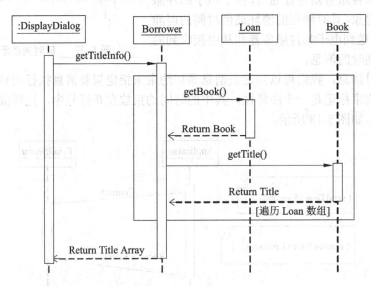

图 5-20　迭代执行消息示例

在本示例中，由于一名学生可以借阅多本图书，所以需要遍历学生的借阅信息，不断发送 getBook 消息，以便找到该学生借阅的所有图书信息。与程序设计中的嵌套循环一样，也可以为嵌套的循环建模迭代。

迭代表示了一种重复发送的消息，如果一个对象向它自身重复发送一个消息，那么就构成了递归消息。递归消息表示在消息内部调用同一条消息。递归作为一种迭代类型，也可以在 UML 中为其建模。如图 5-21 所示，消息 Message 表示的是一个递归调用，它是一个反自身消息，激活的控制条被以重叠的方式表现出来。

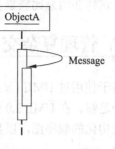

图 5-21　递归消息调用

两个重叠的激活控制期中较大的一个表明对象正在执行某项任务，该任务会调用自己，因此又出现了一个激活控制期被置于先前激活的右侧。

## 5.6 消息中的参数和序号

顺序图中的消息除了具有消息名称之外还可以包含许多附加的信息。例如，在消息中包含参数、返回值和序列表达式。

消息可以与类中的操作等效。即消息可以带有可传递到被调用对象的参数列表，并且最多可以包含一个返回给调用对象的返回值。下面的示例演示了如何使用指定参数和返回值的消息来计算并且返回一个数平均值。如图 5-22 所示。

在本示例中，Interface 把带有参数 Number 的消息 Sqr 发送到 Math 对象，该对象返回一个 Square 值。这也就是说，Interface 对象调用 Math 对象的 Sqr 操作，并向其传递一个参数，以获取该参数的平方根。

当顺序图中的消息比较多时，还可以通过对消息前置序号表达式的方法指定消息的顺序。顺序表达式可以是一个数值或者任何对于顺序有意义的基于文本的描述。在图 5-23 所演示的示例中，对顺序图中的消息添加了序列表达式。

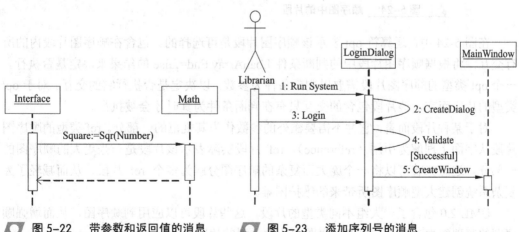

图 5-22　带参数和返回值的消息　　图 5-23　添加序列号的消息

从该图中可以看出第一个被发送的消息是 Run System 消息，接下来是 CreateDialog 消息。这样在消息比较繁多时，消息被发送的次序便一目了然。

## 5.7 管理复杂交互的顺序图片段

对于使用过 UML 1.x 顺序图的人而言，上述内容已经相当熟悉。这对于简单交互而言已经足够。在 UML 2.0 中，为了帮助建模者处理顺序图中需要捕捉的细节，创建有组织且结构化的顺序图，以显示复杂的交互，例如循环和迭代。为此 UML 2.0 提供了顺序图片段。

顺序图片段被描述成顺序图中框起一部分交互的矩形，如图 5-24 所示。顺序图片段矩形与顺序图中某部分交互重叠。顺序图片段中可以包含任意数目的交互，甚至包含嵌套片段。顺序图片段矩形的左上角包含一个运算符，以指示该顺序图片段的类型。

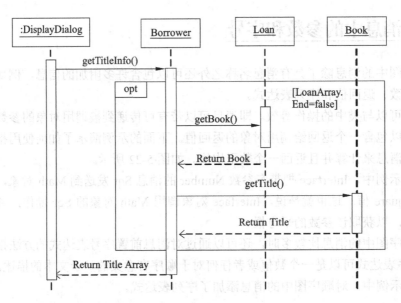

图 5-24　顺序图中的片段

在图 5-24 中，运算符 opt 表示该顺序图片段是可选择的。包含在顺序图片段内的所有交互，将根据顺序图片段中的判断条件 LoanArray.End=false 的结果来决定是否执行。一个 opt 类型的顺序图片段需要以判断条件为参数，以决定是否执行它的交互。对于 opt 类型的片段而言，该片段包含的交互只有在判断条件为真时才会被执行。

对于某种片段而言，它并不需要额外的参数作为其规范的一部分。ref 类型的顺序图片段从字面上理解为引用（reference），ref 片段实际表示该片段是一张更大的顺序图的一部分。这意味着可以将一个庞大而复杂的顺序图分解为多个 ref 片段，从而减轻了为复杂系统创建大型顺序图所带来的维护困难。

UML 2.0 包含了一大组不同类型的片段，这些片段可以应用到顺序图，从而增强顺序图的表现能力。表 5-1 列出顺序图中几种类型的片段。

### 表 5-1 顺序图片段类型

| 类型 | 参数 | 作用 |
| --- | --- | --- |
| ref | 无 | 分解大型的顺序图，类似于用例关系中的 include |
| assert | 无 | 指示包含在片段中的交互必须完全按照它们的指示发生，否则片段无效 |
| loop | 有 | 循环执行该片段内的交互，直到判断条件为假。这类似于程序设计语言中的循环语句 |
| break | 无 | 当包含在 break 片段中的交互发生时，则退出任何一个交互。这类似于程序设计语言中的 break 语句 |
| alt | 有 | 根据判断条件，选择片段中的一个交互执行。类似于程序设计语言中的 if…else 语句 |
| opt | 有 | 包含在此片段中的交互只有在判断条件为真时才执行 |
| neg | 无 | 不允许执行该片段中的交互，多用于异常处理 |
| par | 无 | 片段中的各个交互并行执行 |

顺序片段使得创建与维护顺序图更加容易。然而，任何片段都不是孤立的，顺序图中可以混合与匹配任意数目的片段，精确地为顺序图上的交互建模。

## 5.8 创建顺序图模型

创建顺序图模型包含 4 项任务：
- 确定需要建模的用例。
- 确定用例的工作流。
- 确定各工作流所涉及的对象，并按从左到右顺序进行布置。
- 添加消息和条件以便创建每一个工作流。

### 5.8.1 确定用例与工作流

建模顺序图的第一步是确定要建模的用例。系统的完整顺序图模型是为每一个用例创建顺序图。在本练习中，将只对系统的借阅图书用例建模顺序，因此，这里只考虑借阅图书用例及其工作流。借阅图书用例至少包括 4 个工作流：
- 借阅图书操作一切正常。
- 在借阅图书操作的过程中，被提醒该学生有超期借阅信息。
- 所借图书数目已经超过规定。
- 借阅者的借阅证失效。

### 5.8.2 布置对象与添加消息

在确定用例的工作流后，下一步是从左到右布置工作流所涉及到的所有参与者和对象。因为这里只演示借阅图书用例的顺序图，该用例只与图书管理员一个参与者相关，所以图中只绘制了一个参与者图书管理员。

接下来就要为每个工作流作为独立的顺序图建模。从基本的工作流开始，它是没有出现其他情况，并且需要的决策最少的工作流。在借书用例中，基本工作流为图书管理员成功地完成了借阅图书的操作。如图 5-25 所示。

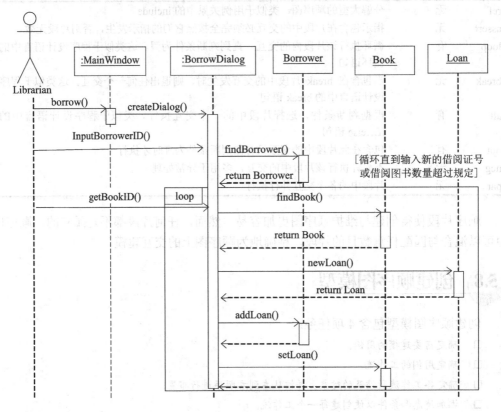

图 5-25　借书用例的基本工作流顺序图模型

在刚开始绘制顺序图时，不需要过多关心消息的类型。关于消息的类型可以在以后的分析中确定。在绘制完基本工作流的顺序图后，下一步就需要创建从属工作流，即只限建模否定的条件。图 5-26 是借阅证失效时的工作流顺序图。

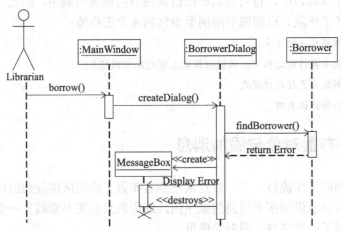

图 5-26　借阅证失效时的工作流顺序图

图 5-27 为借阅图书超过规定数量时的工作流顺序图。

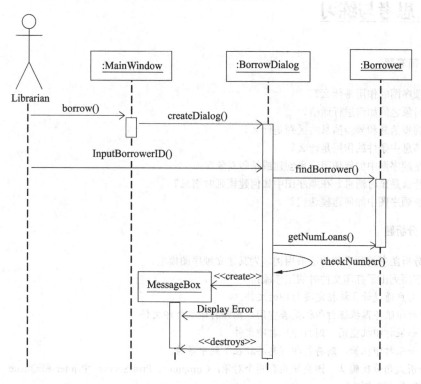

图 5-27　借阅图书超过规定数目时的工作流顺序图

图 5-28 为有超期的借阅信息时的工作流顺序图。

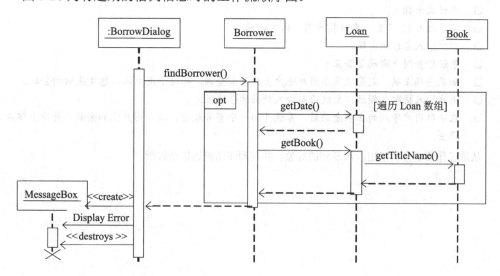

图 5-28　有超期借阅信息时的工作流顺序图

在绘制完用例的各种工作流顺序图后，可以将各工作流顺序图合并为一个顺序图。为了使顺序图更加清楚，这里将它们分别列出。

## 5.9 思考与练习

**一、简答题**

1. 顺序图的作用是什么？
2. 对象之间如何进行通信？
3. 同步消息和异步消息的区别是什么？
4. 消息中条件的作用是什么？
5. 在顺序图中如何使用消息创建或销毁对象？
6. 什么是延时消息？在顺序图中如何建模延时消息？
7. 在顺序图中如何建模迭代？

**二、分析题**

1. 分析图书管理系统的还书用例，为其建立顺序图模型。
2. 下面列出了打印文件时的工作流：
   ❏ 用户通过计算机指定要打印的文件。
   ❏ 打印服务器根据打印机是否空闲，操作打印机打印文件。
   ❏ 如果打印机空闲，则打印机打印文件。
   ❏ 如果打印机忙，则将打印消息存放在队列中等待。

   经分析人员分析确认，该系统共有四个对象：Computer、PrintServer、Printer 和 Queue。请给出对应于该工作流的顺序图。

3. 下面是一个客户在 ATM 机上的取款工作流。
   ❏ 客户选择取款功能选项。
   ❏ 系统提示插入。
   ❏ 客户插入 IC 卡后，系统提示用户输入密码。
   ❏ 客户输入自己的密码。
   ❏ 系统检查用户密码是否正确。
   ❏ 如果密码正确，则系统显示用户账户上的剩余金额，并提示用户输入想要提取的金额。
   ❏ 用户输入提取金额后，系统检查输入数据的合法性。
   ❏ 在获取用户输入的正确金额后，系统开始一个事务处理，减少账户上的余额，并输出相应的现金。

   从该工作流中分析求出所涉及到的对象，并用顺序图描述这个过程。

# 第6章 通 信 图

顺序图主要描述特定用例时系统各组成部分之间交互的次序，顺序图用于说明系统的动态视图。通信图则从另一个角度描述系统对象之间的链接，其强调收发消息的对象的结构组织的交互图。通信图也用于说明系统的动态视图。

通信图主要用于显示系统对象之间需要哪些链接以传递交互的消息。从通信图中可以很容易分辨出要发生交互时需要连接哪些系统对象。在顺序图中，消息在系统对象之间传递暗示了系统对象之间存在链接。通信图提供了一种直觉的方法来显示系统对象之间组成交互的事件所需的链接。

顺序图和通信图在语义上是等价的，所以建模人员可以先从一种交互图进行建模，然后再将其转换成另一种图，而且在转换的过程中不会丢失信息。

**本章学习要点：**

- 理解为什么要建模顺序图
- 理解通信图的作用
- 了解顺序图中的组成
- 了解顺序图中的消息类型
- 能够在顺序图中建模创建对象和迭代
- 理解消息的控制，并能够使用条件控制消息
- 理解消息中的参数
- 建造简单的顺序图

## 6.1 通信图的构成

通信图是顺序图之外另一个表示交互的方法，与顺序图一样，通信图也展示对象之间的交互关系。和顺序图描述随着时间交互的各种消息不同，通信图侧重于描述哪些对象之间有消息传递，而不像顺序图那样侧重于在某种特定的情形下对象之间传递消息的时序性。也就是说，顺序图强调的是交互的时间顺序，而通信图强调的是交互的情况和参与交互的对象的整体组织。还可以从另一个角度来看这两种图；顺序图按照时间顺序布图；而通信图按照空间组织布图。

### 6.1.1 对象和类角色

由于在通信图中要建模系统的交互，而类在运行时不做任何工作，系统的交互是由类的实例化形式（对象）完成所有的工作，因此，首要关心的问题是对象之间的交互。顺序图中可以使用3种类型的对象实例，如图6-1所示。

其中，第一种对象实例是未指定对象所属的类。这种标记符说明实例化对象的类在该模型中未知或不重要。第二种表示法完全限定对象，包含对象名和对象所属的类名。这种表示法用来引用特有的、唯一的、命名的实例。第三种表示法只指定了类名，而未指定对象名。这种表示法表示类的通用对象实例名。

除对象实例之外，在通信图中还可以看到对象实例角色。有 4 种方法来标识对象实例角色，如图 6-2 所示。

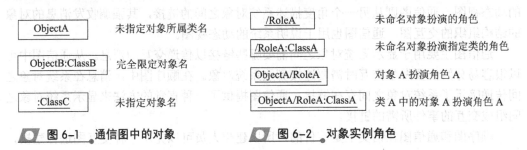

图 6-1　通信图中的对象　　　　图 6-2　对象实例角色

第一种表示方法显示了未命名的对象扮演的角色。第二种表示方法显示一个未命名对象扮演指定类的角色。第三种表示方法显示了具体某个对象实例扮演具体的角色。第四种表示方法则显示了指定类的实例化对象所扮演角色。

在通信图中还可以使用类角色。类角色用于定义类的通用对象在通信图中所扮演的角色，类角色是用类的符号（矩形）表示，符号中带有用冒号分隔开的角色名和类名字，即：角色名:基类。一个角色不是独立的对象，而是一个用于描述不同类实例中出现的多个对象的类。角色名和类的名字都可以省略，但是分号必须保留，从而与普通的类相区别。在一个协作中，由于所有的参与者都是角色，因而不易混淆。类角色可能会表示类特征的一个子集，即在给定的情况中的属性和操作。其余未被用到的特征将可以被隐藏。图 6-3 展示了类角色的各种表示法。

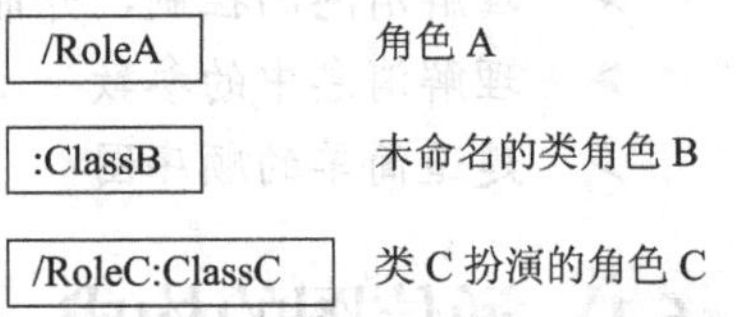

第一种方法只用角色名，没有指定角色代表的类。第二种方法则与此相反，它指定了类名而未指定角色名。第三种方法则完全限定了类名和角色名，方法是同时指定角色名和类名。

图 6-3　类角色的不同表示法

## 6.1.2　关联角色

关联通过关联角色从类图传递到通信图，类角色可以通过关联角色与其他类角色相连接。关联角色适用于在通信图中说明特定情况下的两个类角色之间的关联。这样类图中的关联就对应于通信图中的关联角色。关联角色与关联的表示法相同，也就是在两个类角色符号间的一条实线。如图 6-4 所示的关联角色中，ClassA 扮演 ClassB 的角色 RoleB，而 ClassB 扮演 ClassA 的角色 RoleA。

另外，关联角色还可以指示导航，以指示类角色之间的消息流的传递方向。关联中的导航的表示法为一个开放的箭头，如图 6-5 所示。

## 通信图

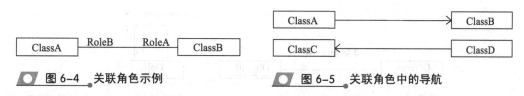

图 6-4 关联角色示例　　图 6-5 关联角色中的导航

也可以把多重性添加到关联角色中，以指示一个类的多少个对象与另一个类的一个对象相关联。下面的示例说明一个学生可以借阅多本图书，如图 6-6 所示。

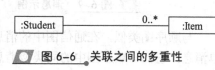

图 6-6 关联之间的多重性

### 6.1.3 通信链接

链接用来在通信图中关联对象，链接以连接两个参与者的单一线条表示。链接的目的是让消息在不同系统对象之间传递。没有链接，两个系统对象之间无法彼此交互。

链接可以使用 parameter 或者 local 固化类型。parameter 固化类型指示一个对象是另一个对象的参数，而 local 固化类型指定一个对象像变量一样在其他对象中具有局部作用域。这样做可以指示关系和变量对象是临时的，会随着所有者对象一同销毁，如图 6-7 所示。

下面的示例图演示了如何使用链接描述对象之间的关系。如图 6-8 所示，在图书管理系统中，当记录学生借阅图书信息时，对象 BorrowDialog 具有一个局部对象 Loan，对象 Loan 接受两个参数 Borrower 和 Book 对象，以便记录借阅者和所借阅的图书信息。

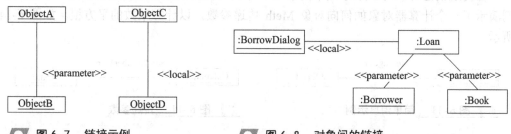

图 6-7 链接示例　　图 6-8 对象间的链接

注意，对象名总是带有下划线，而类角色名则不带有下划线。如果一条线将两个表示对象的标号连在一起，那么它是一个连接；如果连接的是两个类角色，则连线为关联角色。

### 6.1.4 消息

消息是通信图中对象与对角或类角色与类角色之间通信的方式。通信图上的消息用从消息发送者连接到消息接收者的实心箭头表示。消息的箭头沿通信链接指向消息的接收者，如图 6-9 所示。

与顺序图一样，通信图上的参与者也能给自己发送消息。这首先需要一个从对象到其本身的通信链接，以便能够调用消息，如图 6-10 所示。

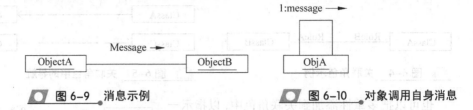

● 图 6-9 消息示例　　　　● 图 6-10 对象调用自身消息

与顺序图类似，在通信图中的消息也可以分为 3 种类型：同步消息、异步消息和简单消息。它们与顺序图中的同类型消息相同。

通信图中的同步消息使用一个实心箭头表示，它在处理流发送下一个消息之前必须处理完成。下面的示例演示了文本编辑器对象将 Load(file)同步消息发送到操作系统文件系统 FileSystem，文本编辑器将等待打开文件。如图 6-11 所示。

通信图中的异步消息表示为一个半开的箭头。在下面的示例中，LoginDialog 对象发送一个异步消息 Attempt Login 给 Login 对象。LoginDialog 不需要等待 Log 对象的响应消息，即可立刻进行其他操作。如图 6-12 所示。

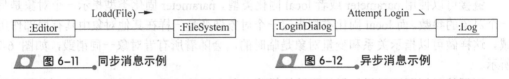

● 图 6-11 同步消息示例　　　　● 图 6-12 异步消息示例

简单消息在通信图中的表示方法为一个开放箭头。它的作用与在顺序图中一样，表示未知或不重要的消息类型。其在通信图中的表示方法如图 6-13 所示。

在传递消息时，与在顺序图中的消息一样也可以为消息指定传递的参数。下面的示例演示了一个计算器对象如何向对象 Meth 传递参数，以计算某数的平方根。如图 6-14 所示。

● 图 6-13 简单消息示例　　　　● 图 6-14 传递参数

## 6.2 对消息使用序列号和控制点

与顺序图上的消息类似，消息也可以由一系列的名称和参数组成。但是与顺序图不同的是，由于通信图不能像顺序图一样从图的页面上方流向下方，因此，在每个消息之前使用数字表示通信图上的次序。每个消息数字表明调用消息的次序。例如图 6-15 中的 1.Print 先被调用，接着调用消息 2.PrintFile，依此类推。

在上面的示例中，对消息添加序号后明确了对象之间的通信顺序。在本示例中，消息

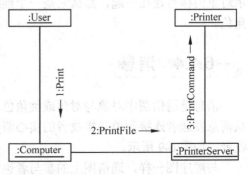

● 图 6-15 消息中的序列号

的通信顺序如下：
- 用户 User 把消息 Print 发送到 Computer。
- Computer 接收到消息后，发送消息 PrintFile 到 PrinterServer。
- PrinterServer 接收到 PrintFile 消息后，发送消息 PrintCommand 到 Printer。

在单个关联角色或链接之间还可以有多个消息，并且这些消息可以是同时调用。在通信图中为表示这种并发的多个消息，采用数字加字母的表示法。如图 6-16 所示，假设一个程序项目包含资源文件和代码文件，当打开该项目时，开发工具将同时打开所属的资源文件和代码文件。

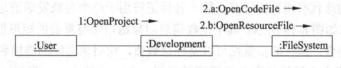

图 6-16　链接或关联角色之间的多消息

在这个示例中，当用户向开发工具发送消息 OpenProject 时，Development 对象将同时把消息 OpenCodeFile 和 OpenResourceFile 发送到 FileSystem 对象。

有时消息只有在特定条件为真时才应该被调用。例如，当打印文件时，只有打印机处于空闲状态才会进行打印工作。为此，需要在通信图中添加一组控制点，描述调用消息之前需要评估的条件。

控制点由一组逻辑判断语句组成，只有当逻辑判断语句为真时，才调用相关的消息。如图 6-17 所示的示例，当在消息中添加控制点后，只有当打印机 Printer 空闲时才打印。

图 6-17　消息中的控制点

## 6.3　在通信图中创建对象

与顺序图中的消息相同，消息也可以用来在通信图中创建对象。为此，一个消息将会发送到新创建的对象实例。对象实例使用 new 固化类型，消息使用 create 固化类型，以明确指示该对象是在运行过程中创建的。如图 6-18 所示，BorrowDialog 对象通过调用 DisplayMessage（Message）操作来创建 MessageBox 对象。

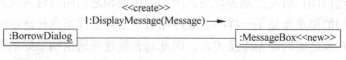

图 6-18　在通信图中创建对象示例

在本示例中，固化类型 create 用于 BorrowDialog 对象和新创建的 MessageBox 对象之间的链接中。如果消息的发送足以直观地指示出接收的对象将会被创建，就没有必要使用固化类型。

## 6.4 迭代

迭代对任何系统和组件都是一种非常基本和重要的控制流类型。迭代可以在通信图中方便地建模，用来指示重复的处理过程。

通信图中的迭代有两种标记符。第一种标记符用于单个对象发送消息到一组其他对象时，其表示法如图 6-19 所示。其中接收消息对象组用带有重叠的矩形框表示，这实际上表示对象的集合，迭代的多重性可以是任意数值，由对象之间的链接和星号表示。

在这种迭代中，星号具有非常重要的意义。如 1.*:Message 指示对于每一个对象 ObjectB，对象 ObjectA 都会发送一个 Message 消息。

第二种类似的迭代标记符是指示消息从一个对象到另一个对象被发送多次。其表示法如图 6-20 所示。

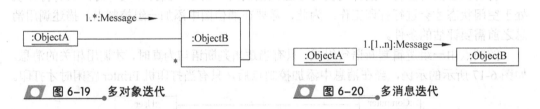

图 6-19　多对象迭代　　　　图 6-20　多消息迭代

如图 6-20 所示，其中对象 ObjectA 将消息 Message 发送到 ObjectB 共 n 次。

在下面的示例中，为了实现学生一次可以借阅多本图书，BorrowDialog 对象需要向 Loan 对象和 StudentInfo 对象发送多个消息。如图 6-21 所示。

在本示例中，每当学生借阅一本图书，BorrowDialog 对象就会创建一个 Loan 对象，并同时向 StudentInfo 对象发送 Update 消息更新学生的借阅信息。

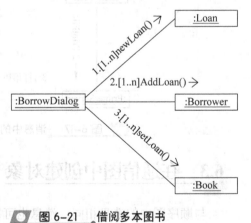

图 6-21　借阅多本图书

## 6.5 顺序图与通信图

顺序图和通信图在语义上是等价的，所以顺序图和通信图可以彼此转换而不会损失信息，只是它们的侧重点是不一样的。顺序图着重于对象间消息传递的时间顺序，通信图着重于表达对象之间的静态连接关系。因此对系统建模通信图最好的方法是将顺序图转换成通信图。下面将如图 6-22 所示的顺序图转换成通信图。

## 通信图

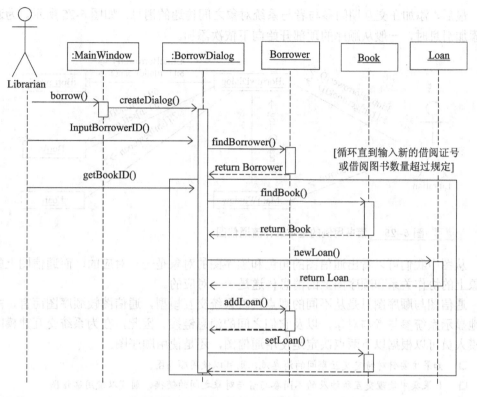

图 6-22 借书用例的基本操作顺序图

第一步，将如图 6-22 所示顺序图中所有系统对象和参与者添加到如图 6-23 所示的通信图中。

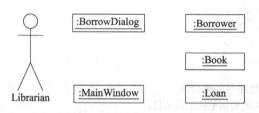

图 6-23 通信图中的对象与参与者

第二步，添加系统对象与参与者之间的通信链接，使它们能相互通信，如图 6-24 所示。

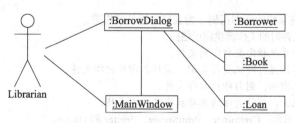

图 6-24 通信图中的对象与参与者之间的通信链接

最后，添加在交互期间参与者与系统对象之间传递的消息。如图 6-25 所示。为通信图添加消息时，一般从顺序的顶部开始向下依次添加。

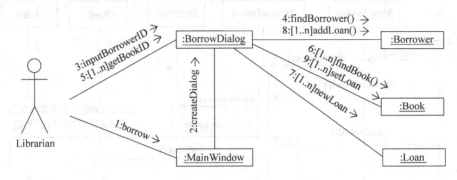

图 6-25　借书用例的基本工作流通信图

从图中我们可以看出通信图的角色和顺序图的对象是一一对应的，而通信图上的各对象上的协作关系和顺序图上的消息传递是一一对应的。

通信图与顺序图只是从不同的观点反映系统交互模型，通信图较顺序图而言，能更好地显示系统参与者与对象，以及它们之间的消息链接。因此，在为系统交互建模时，建模人员可以根据以下两点决定是使用通信图，还是使用顺序图：

- ❑ 如果主要针对特定交互期间的消息流，则可以使用顺序图。
- ❑ 如果集中处理交互所涉及的不同参与者与对象之间的链接，则可以使用通信图。

在 UML 1.x 中，通信图和顺序图是最常使用的交互图类型，而 UML 2.0 提供了更为专门化的交互图类型——时序图。时序图主要处理交互时间上的约束，这对实时系统的建模尤其有用。下一章将对 UML 2.0 的时序图作专门介绍。

## 6.6　思考与练习

**一、简答题**

1. 简述通信图中消息序号的重要性。
2. 简述系统对象之间的通信链接的重要性。
3. 在通信图中如何表示消息的迭代？
4. 如何为通信图中的消息添加控制点？
5. 建模一个通信图来演示打电话时的通信过程。

**二、分析题**

1. 分析图书管理系统的还书用例，为其建立通信图模型。
2. 为下面打印文件时的工作流建模通信图：
   - ❑ 用户通过计算机指定要打印的文件。
   - ❑ 打印服务器根据打印机是否空闲，操作打印机打印文件。
   - ❑ 如果打印机空闲，则打印机打印文件。
   - ❑ 如果打印机忙，则将打印消息存放在队列中等待。
   
   该系统共有四个对象：Computer、PrintServer、Printer 和 Queue。
3. 根据 ATM 机上取款工作流的顺序图，为其建立通信图模型。

# 第7章 时 序 图

顺序图着重于消息次序，而通信图则集中处理系统对象之间的链接，但是这些交互图没有为详细时序信息建模。例如，有一个必须在少于 10 秒的时间内完成的交互过程。对于这类信息建模交互时，虽然可以用其他方法为交互的准确时间建模，但使用时序图更为合适。时序图最常应用到实时或嵌入式系统的开发中，但它并不局限于此。事实上，不管被建模的系统类型，对交互的准确时间进行建模是非常必要的。

在时序图中，每个消息都有与其相关联的时间信息，准确描述了何时发送消息，消息的接收对象会花多长时间收到该消息，以及消息的接收对象需要多少时间处于某特定状态等。虽然在描述系统交互时，顺序图和通信图非常相似，但时序图则增加了全新的信息，且这些信息不容易在其他 UML 交互图中表示。

**本章学习要点：**

- ➢ 理解为什么要建模时序图
- ➢ 了解时序图的构成
- ➢ 理解时序图中的时间约束
- ➢ 理解时序图的替代表示法
- ➢ 掌握时序图的一般表示法与替代表示法之间的转换
- ➢ 根据系统的时间需求，能够为系统建模时序图

## 7.1 时序图构成

时序图显示系统内各对象处于某种特定状态的时间，以及触发这些状态发生变化的消息。构造一个时序图最好的方法是从顺序图提取信息，按照时序图的构成原则，相应添加时序图的各构成部件。在本章将根据借书用例的顺序图构成时序图，借书用例的顺序图如图 7-1 所示。

从图 7-1 所示的顺序图可以看出，顺序图并没有对系统需求的时间进行描述。当系统需要对响应的时间进行约束时，顺序图的表达能力就显得不足。例如，系统需要在图书管理员输入图书编号信息后的 2 秒内，更新系统对象，并进行保存。为了满足系统对时间的约束，就需要在此基础上创建时序图建模系统对象之间的交互。

### 7.1.1 时序图中的对象

时序图与顺序图和通信图一样，都用于描述系统特定情况下各对象之间的交互。因此，在创建时序图时，首要任务是创建该用例所涉及到的系统对象。系统对象在时序图中用一矩形以及其顶部的文字标识。

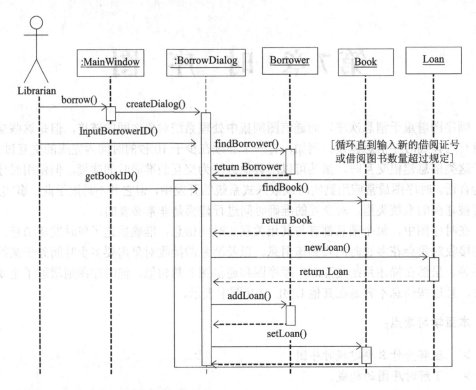

图 7-1　借书用例的基本顺序图

从顺序图可以很容易找出系统对象。构造时序图时，可以将这些对象以时序图中的表示方法添加到时序图中，如图 7-2 所示。

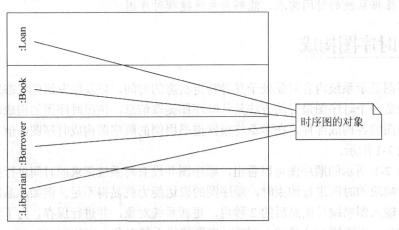

图 7-2　交互所涉及的系统对象

在图 7-2 中省略了用户界面对象 MainWindow 和 BorrowDialog。因为时序图关注的是与状态改变有关的时序，而 MainWindow 和 BorrowDialog 对象没有任何复杂的状态变化，因此省略。

在系统建模活动期间，需要决定哪些对象应该明确布置于图中，而哪些对象不需要布置于图中。这取决于该对象的细节对理解正在建模的内容是否重要，以及将此细节包含进来是否会让事情变得清楚。如果一个对象的细节对这两个问题的答案是肯定的，最好将此对象包含在图中。

## 7.1.2 状态

在交互期间，参与者可以以任意数目的状态存在。当系统对象接收到一个事件时，它处于一种特定的状态。接着，系统对象会一直处于该状态，直到另一个事件发生。时序图上的状态位于系统对象的旁边，如图 7-3 所示。

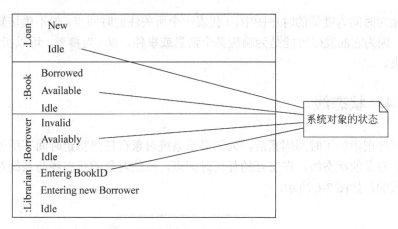

图 7-3 时序图中对象的状态

## 7.1.3 时间

时序图侧重于描述时间对系统交互的影响，因此时序图的一个重要的特征是加入了时间元素。时序图上的时间由左到右横跨页面，在时序图中添加时间后的效果如图 7-4 所示。

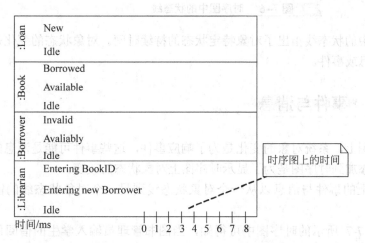

图 7-4 时间以标尺的形式放置在时序图的底部

对时间的度量可以使用许多不同的方式表达。可以使用精确的时间度量，如图 7-4 所示；也可以使用相对时间指标，如图 7-5 所示。

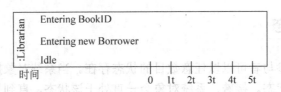

图 7-5　相对时间

在以相对时间为度量的时序图中，t 代表一个所关注的时间点，但不确切知道它究竟何时发生，因为它的发生可能是为响应某个消息或事件。以 t 为参考，可以指定相对于 t 的时间约束。

### 7.1.4　状态线

在为时序图添加了时间因素后，为了显示系统对象在任何特定时间下所处的状态，还需要添加对象的状态线。在交互的任何时间点，系统对象的状态线与系统对象的某个状态是一致的，如图 7-6 所示。

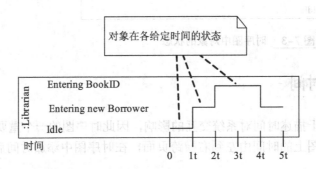

图 7-6　时序图中的状态线

时序图中的状态线指出了对象特定状态的持续时间。对象状态的变化是因为系统发生了某种消息或事件。

### 7.1.5　事件与消息

在时序图上，系统对象的变化是为了响应事件，这些事件可能是消息的调用等。将事件与消息添加到时序图是为了显示时序图上对象状态的改变。

时序图上的事件与消息以从一个对象状态线到另一个对象状态线的箭头表示，如图 7-7 所示。

从如图 7-7 所示的时序图中可得知，当图书管理员输入学生的借阅信息后，对象 Borrower 处于可用状态。当所借阅的图书超期或超过规定的数量后，Borrower 对象将变为无效状态,并且使图书管理员对象 Librarian 改变状态为 Entering new Borrower,以阻止继续借书给该学生。

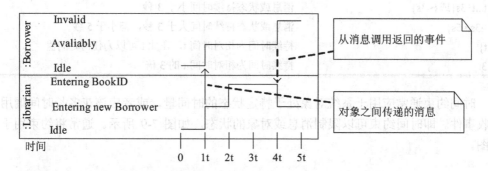

图 7-7　时序图上的消息与事件

为时序图添加事件实际上相当简单,因为顺序图已经显示出系统对象之间传递的消息,因此,可以简单地把消息添加到时序图上。如图 7-8 所示。

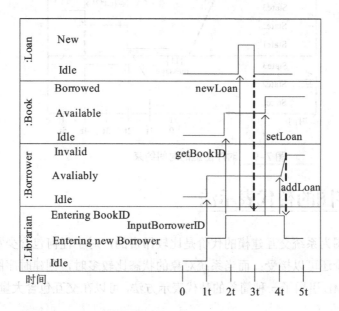

图 7-8　借阅图书的时序图

对于一个完整的时序图而言,系统对象的每一个状态转变都是由事件或消息触发的。

## 7.2　时间约束

现在建立的时序图包含了系统对象、状态、状态线、时间和事件与消息等元素,这只是时序图最基本的构成。而时序图的核心是时间约束。时间约束详细描述了交互中特定部分应该持续多长时间。时间约束根据正在建模的信息可以以不同方式指定。常见的时间约束格式如表 7-1 所示。

### 表 7-1　时间约束格式

| 时间约束格式 | 说明 |
| --- | --- |
| {t...t+3s} 或 {<3s} | 消息或状态持续时间小于 3 秒 |
| {>3s,<5s} | 消息或状态持续时间大于 3 秒，但小于 5 秒 |
| {t} | 持续时间为相对时间 t，在此 t 可以为任何时间值 |
| {3t} | 持续时间为相对时间 t 的 3 倍 |

时间约束通常应用于系统对象处于特定状态的时间量，或者应该花多长时间调用及接收事件。即时间约束可以限制消息或对象的状态，如图 7-9 所示。通常将约束用于时序图。

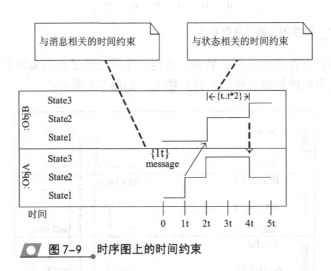

图 7-9　时序图上的时间约束

## 7.3 时序图的替代表示法

使用时序图为系统交互建模的代价是比较昂贵的，对于任何包含少数状态的小交互而言，这种代价还可以接受；而当系统对象的状态比较多时，创建时序图无疑是非常麻烦的。为此，UML 引用了一种简单的替代表示方法，可以在交互包含大量的状态时使用。如图 7-10 所示。

时序图的替代表示法与一般表示法没有多少不同，系统对象与时间的表示法没有改变。在时序图的一般表示法与替代表示法之间比较大的改变是状态以及其状态变化的方式，时序图的一般表示法以紧挨着相关系统对象的状态列表显示系统对象的各种状态，然后需要以状态线显示特定时间点对象的状态。

替代表示法通过去除不同状态的垂直列表，直接将系统对象的状态放置在该状态的时间点上。因此不需要状态线，而且特定对象的所有状态可被放在一条跨越时序图的直线上。而为了显示事件发生的状态改变，在两个状态之间设置了一个交点，并且将引起状态变化的事件放在交点处声明。

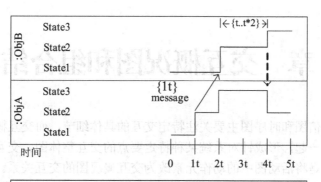

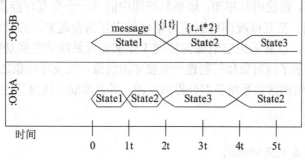

图 7-10　替代表示法

## 7.4 思考与练习

**一、简答题**

1. 简述时序图的作用。
2. 简述时序图的基本构成元素。
3. 为时序图添加对象的原则是什么？
4. 简述时序图的一般表示法与替代表示法之间的差异。

**二、分析题**

1. 继续完成本章用例的时序图，假设图书管理员输入学生信息到借阅完成需要在 3 秒内完成，并且借阅每本图书的反应时间少于 1 秒。
2. 为下面打印文件时的系统交互建模时序图。添加时间约束后的各工作过程如下：
   - 用户通过计算机指定要打印的文件，系统反应时间 1 秒。
   - 打印服务器根据打印机是否空闲，操作打印机打印文件。
   - 如果打印机空闲，则打印机打印文件。
   - 如果打印机忙，则将打印消息存放在队列中等待，打印消息等待 120 秒后，如果未响应，则放弃该打印消息。

# 第8章 交互概况图和组合结构图

顺序图、通信图和时序图主要关注特定交互的具体细节，而交互概况图则将各种不同的交互结合在一起，形成针对系统某种特定要点的交互整体图。交互概况图的外观与活动图类似，只是将活动图中的动作元素改为交互概况图的交互关系。如果概况图内的一个交互涉及时序，则使用时序图；如果概况图中的另一个交互可能需要关注消息次序，则可以使用顺序图。交互概况图将系统内单独的交互结合起来，并针对每个特定交互使用最合理的表示法，以显示出它们如何协同工作来实现系统的主要功能。

组合结构图显示了诸对象如何创建一张整体的图像，以及各对象之间如何协同工作达成目标建模。组合结构图为系统各部分提供视图，并且形成系统模型逻辑视图的一部分。

**本章学习要点：**

- ➤ 理解什么是交互概况图
- ➤ 了解交互概况图的优点
- ➤ 能够使用交互概况图为用例建模
- ➤ 理解组合结构图的作用
- ➤ 了解组合结构图描述的内容

## 8.1 交互概况图的组成

交互概况图不仅外观上与活动图类似，而且在理解上也可以以活动图为标准，只是以交互代替了活动图中的动作。交互概况图中每个完整的交互都根据其自身的特点，以不同的交互图来表示，如图8-1所示。

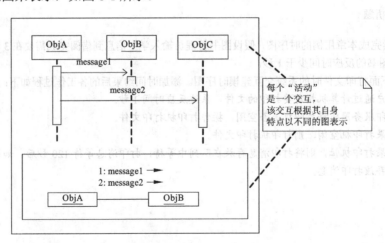

图 8-1　交互概况图中的交互

交互概况图与活动图一样,都是从初始节点开始,并以最终节点结束。在这两个节点之间的控制通过两者之间的所有交互。并且交互之间不局限于简单按序的活动,它可以有判断、并行动作甚至循环,如图 8-2 所示。

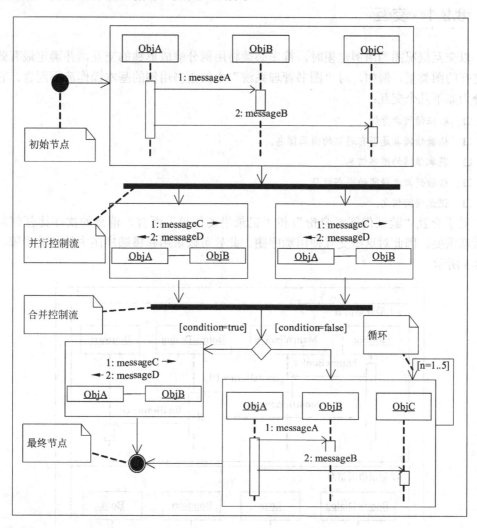

图 8-2 交互概况图

在图 8-2 中,从初始节点开始,控制流执行第一个顺序图表示的交互,然后并行执行两个通信图表示的交互,然后合并控制流,并在判断节点处根据判断条件值执行不同的交互;当条件为真时执行通信图表示的下一个交互,交互完成后结束,而条件为假时执行下一个顺序图表示的交互,该交互在结束之前将循环执行 5 次。

## 8.2 为用例建模交互概况图

在使用交互概况图为用例建模前,先回顾一下活动图。活动图以活动、状态、控制流等方式描述了系统的用例,而交互概况图是以顺序图、通信图和时序图描述用例,这两者以不同的方式描述了相同的内容。交互概况图以活动图的形式，以交互图的内容对用例进行描述。

### 8.2.1 交互

以交互概况图为用例建模时，首先必须将用例分解成单独的交互，并确定最有效表示交互的图类型。例如，对"图书管理系统"中的借书用例的基本操作流程而言，它可以分为如下几个交互：

- ❑ 验证借阅者身份。
- ❑ 检验借阅者是否有超期的借阅信息。
- ❑ 获取借阅的图书信息。
- ❑ 检验借阅者借阅的图书数目。
- ❑ 记录借阅信息。

对于交互"验证借阅者身份"和"记录借阅信息"而言，消息的次序比任何其他因素都重要，因此对这些交互使用顺序图。此处可以重用建模顺序图中的相关步骤，如图 8-3 所示。

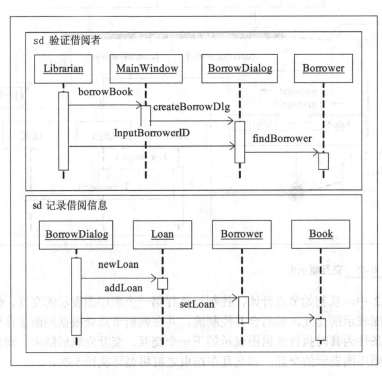

图 8-3 使用顺序图建模的交互

为了使交互概况图中的交互多样化，"检验借阅者借阅的图书数目"和"检验借阅者是否有超期的借阅信息"交互将以通信图表示，如图 8-4 所示。

假设"获取借阅的图书信息"交互对时间非常敏感，它要求整个交互要在 1 秒内完成。这部分交互主要关注时序,并且交互概况图能包含任何不同的交互图类型,因此,这部分交互在交互概况图中可以用时序图表示,如图 8-5 所示。

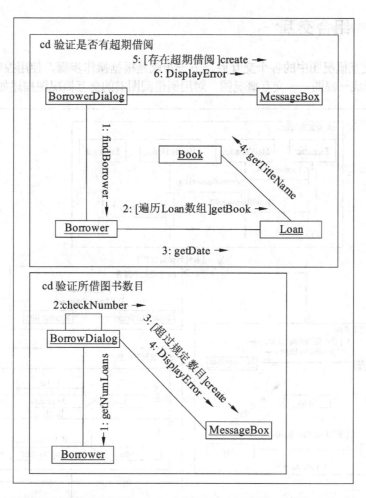

图 8-4 通信图表示的验证借阅是否超期和超过规定数目

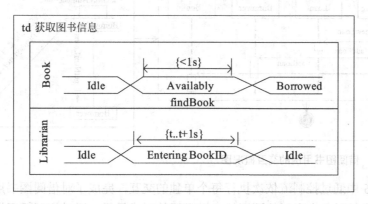

图 8-5 时序图表示的获取图书信息

交互概况图中的时序图非常适合使用替代表示法。由于交互概况图可能会变得相当大，因而在此处使用替代表示法无疑是正确的，这可以节省有限的空间。

## 8.2.2 组合交互

在分析交互概况图中的各个交互后，下一步就是根据操作步骤，使用控制线将各个交互连接起来形成一幅图——交互概况图。对用例借阅图书的交互概况图描述如图 8-6 所示。

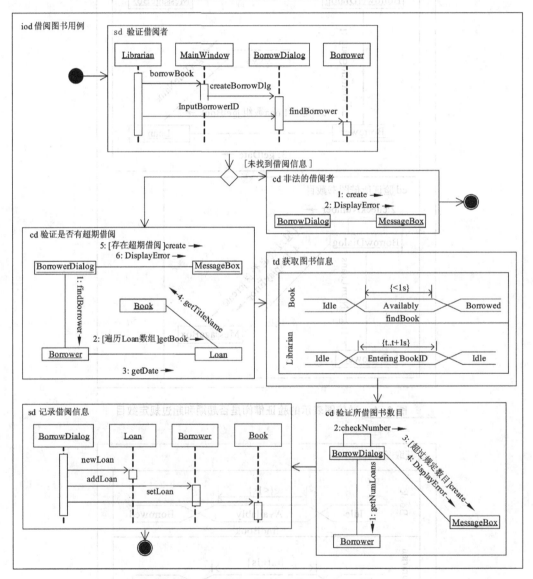

图 8-6　借阅图书用例的交互概况图

在图 8-6 中通过控制流依次执行每个单独的交互，完成了对借阅图书用例的动态交互描述，并且针对各个交互的不同特点以不同的形式显示。通过交互概况图对顺序图、通信图和时序图的结合，可以显示更高级的整体图像。

## 8.3 组合结构图

组合结构图是一种高级视图,其显示了如下内容。
- ❏ **内部结构** 显示包含在类里的各个成员,以及各个成员之间的关系。
- ❏ **如何使用类** 显示类如何通过端口作用于系统。
- ❏ **合作** 显示系统中一组对象共同协作完成某件事。

### 8.3.1 内部结构

在介绍类图时,曾介绍类之间的关系,包括关联和组合。组合结构图提供了显示这些关系的替代方式。图8-7描述了类图中的组合关系,通过组合关系显示 Table 包含 Record 和 FieldType 类型的对象。

假设更新类图以反映 Record 到 FieldType 的一个引用,因为这对于其他对象而言,向 Record 对象请求它所对应的 FieldType 对象会更方便。为了实现这种情况,首先需要在 FieldTyle 和 Record 类之间添加关联,添加关联后的类图效果如图 8-8 所示。

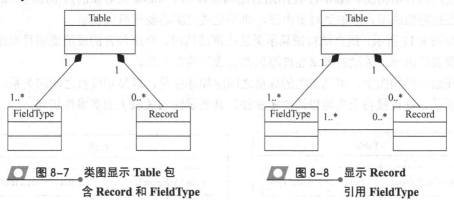

图 8-7 类图显示 Table 包含 Record 和 FieldType

图 8-8 显示 Record 引用 FieldType

在图 8-8 显示的类图中存在一个问题,当指定一个 Record 类型的对象将有一个指向 FieldType 类型的对象的引用时,它可能是任何一个 FiledType 对象,而不是同一个 Table 实例所拥有的 FieldType 对象。这是因为在 Record 与 FieldType 对象之间的关联是为这些类型的所有实例而定义。换言之,Record 对 FieldType 和 Table 之间的组合不敏感。所以根据图 8-8 可以产生如图 8-9 所示的错误对象图。

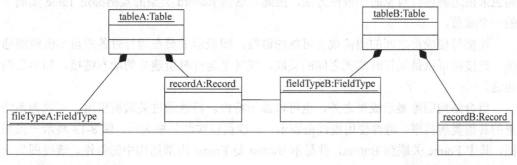

图 8-9 错误的对象图

如图 8-9 所示的对象结构图中，一个表格中的记录引用另一个表格中的字段类型是完全错误的，而在图 8-8 所示的类图中则是合法的。而用户真正的意图是一个表格中的记录引用同一个表格中的数据类型，如图 8-10 所示的对象结构图才是用户真正想要的。

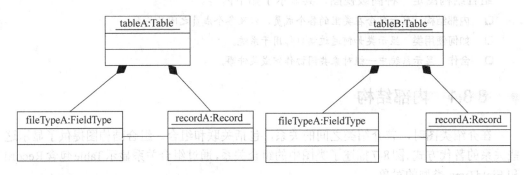

▣ 图 8-10　用户所需的对象结构图

造成这个问题的原因是类图不擅长表示包含在类里的项目之间的关联，这也就是为什么使用组合结构图。图 8-11 使用组合结构图显示了 Table 类对象的内部结构。组合结构图直接将组成项目添加到对象内部，而不是通过实心菱形箭头表示。

如图 8-11 所示，组合结构图显示类的内部结构时，将所包含的成员或项目直接添加在所属类的内部。关联的多重性被添加在该成员的右上角。

在组合结构图中，可以在类的成员之间添加连接符，以显示成员之间的关系，如图 8-12 所示。在连接符上也可以添加多重性，其表示法与关联上的多重性相同。

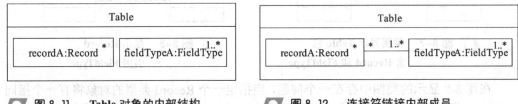

▣ 图 8-11　Table 对象的内部结构　　　　▣ 图 8-12　连接符链接内部成员

成员是运行时可能存在于所属类的实例中的一组实例。例如运行一个 Table 实例，它可能包含 1~3 个 Record 类型的实例，成员则不考虑这些细节，成员通过它们所扮演的角色来描述被包含对象的一般性方法，因此，这些 Record 类型的实例都是 Table 实例中的一个成员。

连接符使成员之间的通信成为可能的链接，即表示成员在运行时各成员实例能够通信。连接符可以是运行时实例之间的关联，或者是运行时所建立的动态链接，如参数的传递。

组合结构图除显示成员之外，也可以显示特性。特性通过关联被引用，可以为系统里的其他类所共享。特性使用虚线框表示，而成员以实线外框表示。图 8-13 显示一张类图，其中 Frame 关联到 Button，并显示 Button 是 Frame 内部结构中的特性。该类图为一个 GUI 建模，其中 GUI 在面板上显示了几个按钮。

# 第8章 交互概况图和组合结构图

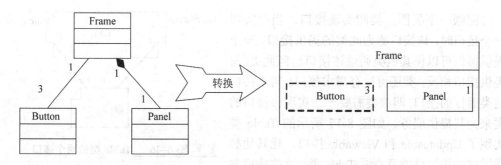

图 8-13 类内部结构中的成员和特性

特性和成员之间的差异除了以虚线框与实线框表示外,其他各个方面都是相同的。特性和成员都可以使用连接符连接到其他特性或成员。

组合结构图对于显示类内部结构成员和特性之间的复杂关系非常重要。再以图 8-13 中的 GUI 建模为示例,假设想要显示包含组件的面板和组件之间的关系,这时可以在组件与面板之间添加关联,如图 8-14 所示。

如果正在显示具有内部结构的类的实例,则可以以实例显示其成员和特性。图 8-15 显示了如图 8-14 所示的内部结构图运行时实例。

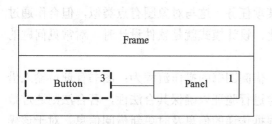

图 8-14 框架中组件与面板之间彼此相关的详细内部结构

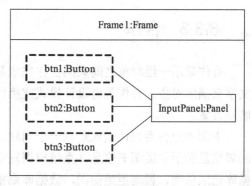

图 8-15 Frame 实例结构

## 8.3.2 使用类

类的内部结构主要关注于类的内容,为了显示一个类如何被其他类所用,组合结构图引入了端口的概念。端口侧重于类的外部,显示一个类如何被其他类所使用。

端口是类与外部世界之间的交互点。端口通常是通过不同类型的客户,以表示类的不同使用方法。例如,一个 Table 类可以有两种不同的用法:

- 用户查看及编辑此 Table。
- 管理员则可以修改数据、添加数据,以及修改 Table 结构。

类的每一种使用方法以不同的端口表示,端口以类边界上的一个小矩形表示,如图 8-16 所示。在端口的旁边添加一个名称,以显示端口的目的。

回顾一下类图，类能实现接口。当类实现一个接口时，该接口称为此类的提供接口，一个提供接口可以使其他类通过该接口访问此类。与提供接口相反，类还可以有需求接口。需求接口是类运行的接口，即该类需要一个实现该接口的类来为其提供服务。如图 8-17 所示的 Table 类实现了 Updateable 和 Viewable 接口，让其他类通过这些接口修改及查看 Table 类。这些接口与端口 UserServices 关联；而 Maintenance 端口则与 Modifyable 接口和 AddDataable 接口关联，其中 Modifyable 接口是一个需求接口，是 Table 用于修改表结构的服务，AddDataable 接口是提供接口，以便管理向表中添加数据。

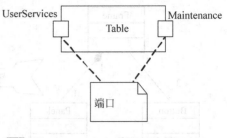

图 8-16　Table 类的两个端口

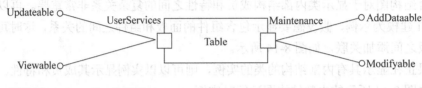

图 8-17　端口聚集的接口

### 8.3.3　合作

合作显示一组对象之间共同协作完成某项任务。这与对象图有点类似，但合作通过文字来描述对象。合作是将设计模式文档化，设计模式就是软件设计时，对常见问题的解决方案。

下面考虑使用设计模式解决一个问题。借阅图书的操作流程为：图书管理员输入借阅者信息和所借阅图书信息，系统根据规定进行验证以确保其合法性，若合法则通过数据库记录借阅，否则拒绝借阅，数据库则根据传递的信息及时更新借阅信息。对于该操作流程可以使用责任链（Chain of Responsibility，COR）设计模式实现。责任链设计模式是一种可用于许多具体领域的行为模式，该模式用于处理一组对象和一个请求之间的关系，当一个请求可以被多个对象处理时，就可以运用这个模式。责任设计模式让对象发送请求，而不考虑哪个对象最后会处理该请求。在借阅图书的操作流程里，图书管理员扮演客户的角色，系统和数据库分别扮演处理器的角色。

使用合作作为此设计模式建模有两种方法。第一种使用一个大的虚线椭圆，并将合作的所有参与者画在椭圆中。参与者以连接符链接在一起，显示它们之间如何通信。合作的名称被添加在虚线椭圆的上部，如图 8-18 所示。

第二种表示方法如图 8-19 所示。在这种表示法中，参与者以矩形表示，并将各个矩形连接到一个小的合作椭圆，连线上标识参与者的角色。

合作主要用于表达设计模式，而其他类型的图可能无法明显地表达设计模式。如果不使用合作，则用户就需要构造自己的技巧来描述设计模式。

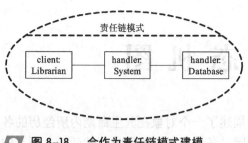

图 8-18 合作为责任链模式建模的椭圆表示法

图 8-19 责任链设计模式的替代表示法

## 8.4 思考与练习

### 一、简答题

1. 交互概况图包含了哪几个类型的图？
2. 组合结构图包含哪几方面的内容？
3. 如何创建交互概况图？
4. 什么是设计模式？
5. 什么是责任链设计模式？

### 二、分析题

1. 分析图书管理系统的还书用例，假设系统更新借阅信息的时间不大于 1 秒。为其建立交互概况图。
2. 根据前面的分析，为打印文件操作过程建立交互概况图。

# 第 9 章 状态机图

状态机图是系统分析的一种常用工具,它描述了一个对象在其生命期内所经历的各种状态,以及状态之间的转移、发生转移的原因、条件和转移中所执行的活动。所有的类,只要它具有状态和复杂的行为,都应该有一个状态机图。状态机图用于指定对象的行为以及根据不同的当前状态行为之间的差别。同时,它还能说明事件是如何改变一个类对象的状态。通过状态机图可以了解一个对象所能到达的所有状态以及对象收到的事件(收到的消息、超时、错误和条件满足等)对对象状态的影响等。

本章首先介绍状态机图的基本知识,接着对组成状态机图的几个重要元素加以阐述,最后分析图书馆借阅系统的实例,加深读者对本章所学知识的理解和掌握。

**本章学习要点:**

- ➢ 了解状态机
- ➢ 理解对象和状态
- ➢ 掌握状态机图中的基本标记符
- ➢ 掌握动作
- ➢ 掌握事件
- ➢ 运用顺序子状态和并发子状态
- ➢ 理解子状态机引用状态
- ➢ 掌握同步状态和历史状态

## 9.1 定义状态机图

状态机图中包含了诸多元素,在学习状态机图之前先来学习一下有关状态机图的相关知识,包括状态机的概念原理和状态机图中重要要领的说明。

状态机图可以用于对象和一些类来说明当调用对象的行为时对象的状态如何改变,但是状态机图还可以用于许多其他情况。例如,状态机图可以用来说明基于用户输入的屏幕状态的改变,也可以用来说明复杂的用例状态进展情况。

### 9.1.1 状态机

UML 中用状态机对软件系统的动态特征建模,通常一个状态机依附于一个类,并且描述一个类的实例。状态机包含了一个类的对象在其生命周期内所有状态的序列以及对象对接收到的事件所产生的反应。

利用状态机可以精确地描述对象的行为:从对象的初始状态起,开始响应事件并执行某些动作,这些事件引起状态的转换;对象在新的状态下又开始响应状态和执行动作,如此连续直到终止状态。

### 9.1.2 对象、状态和事件

在状态机图中，对象和状态是一对不可分割的概念。状态机图是描述单个对象，以及对象的行为如何改变其状态。对象是某个状态下的对象，而状态则是描述当前对象。所有的对象均有状态，状态的改变由对象的属性值指向其他对象的链来决定。下面一些例子形象地说明了对象和状态。

（1）支票（对象）已付（状态）。
（2）汽车（对象）已启动（状态）。
（3）小王（对象）睡着了（状态）。
（4）小红（对象）未婚（状态）。

从上面四个例子可以看出，对象和状态是不可分的。支票已付，说明支票这个对象当前所处的状态是已付；小王睡着了，说明小王这个对象当前所处的状态是睡着了。当某些事情发生时对象的状态就会改变，此时称改变对象状态的事情为"事件"。事件体现了状态改变这种动态性，该动态性表现在两个方面：交互和内部状态改变。

交互描述对象的外部行为以及对象如何与其他对象交换信息；而内部状态改变描述对象是如何改变其状态的，例如，对象内部属性值。状态机图体现了这种动态性，如当小红结婚这个事件发生时，则此时对象小红的状态从未婚转移到了已婚。图9-1 使用状态机图演示了这一过程。

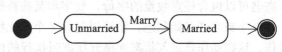

图 9-1 对象、状态和事件

### 9.1.3 状态机图

状态机图实质上是一种由状态、转移、事件和动作组成的状态机，用来建模对象是如何改变其状态的，并且定义了状态机的表示符号。在对象生命周期中状态机被用来捕捉由外部事件引起的变化，事件对对象发出命令，该命令会导致对象发生转移，这又反过来影响对象行为。状态机图表示了对象在其生命周期各个时期的状态，以及引起变化的事件。

状态机图描述从状态到状态的控制流，适用于系统的动态特性建模。在 UML 中系统动态性建模时，除了状态机图，建模人员还可以用序列图、协作图和活动图对系统的动态行为进行建模，但四种图存在着以下重要差别：

❑ 序列图和协作图用于对共同完成某些对象群体进行建模。
❑ 状态机图和活动图用于对单个对象（可以是类、用例或整个系统的实例）的生命周期建模。

在状态机图中，使用引起对象状态变化的事件描述对象的生命周期，状态机图标志了引起对象状态变化的内部和外部事件。对象状态是指对象当前情形，它通过对象的属性值反映出来。系统分析员在对系统建模时，最先考虑的不是基于活动之间的控制流，而基于状态之间的控制流因为系统中对象的状态变化最易发现和理解。

## 9.2 认识状态机图中的标记符

状态机图中某些标记符与活动图的标记符非常相似，有时候会让人混淆。其实活动图是用来建模不同区域的工作如何彼此交互的，而状态机图用来表示单个对象，以及对象的行为如何改变其状态。状态机图由状态、转移和事件等组成，本节中将详细介绍状态和转移，另外状态机图中还包括了决策点和同步条来显示更高层次的细节信息。

### 9.2.1 状态

状态指对象的生命周期中满足某些条件、执行某些活动或者等待某些事件时的一个条件或情况。状态和事件之间的关系是状态机图的基础。状态与之前在活动图中讲到的相同，同样使用了圆角矩形。中间是状态的名称，名称也可以作为一个标记置于状态机图标上面。除了简单的状态，UML 还定义了两种特别的状态，即初始状态和终止状态。初始状态是使用一个填充的圆圈表示，终止状态类似于在初始状态外加一个圆圈，图 9-2 演示了状态标记符。

图 9-2 中的状态又称为简单状态，标记符显示为圆角矩形，状态名位于矩形中。状态名可以包含任意数量的字母、数字和某些特殊的标记符号。在一个状态机图中可以包含 0 个或多个开始状态，也可以包含多个终止状态。另外，还可以在状态上添加一些动作，这些动作是进入状态或离开状态时执行的内容。图 9-3 演示了带有动作的状态。

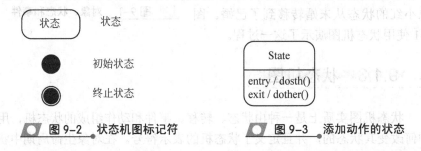

图 9-2 状态机图标记符　　　　图 9-3 添加动作的状态

添加动作的状态，状态名与动作中间以一条斜线隔开。此时状态命名方法与一般状态相同。添加的动作含义与其语法形式这里不作详细介绍，在后面的章节中将详细介绍。

### 9.2.2 转移

转移用来显示从一个状态到另一个状态的控制流，它描述了对象在两种状态间的转变。当对象在第一个状态中执行一定的动作后，如果某个特定事件发生后并且满足条件，该对象就会进入第二个状态时，当状态间发生这种转移时，称转移被激活。转移被激活之前称对象所在状态为源状态；转移激活之后，称对象所在状态为目标状态。

**1. 外部转移**

转移使用开放的箭头作为标记符，与活动图中的转移标记符相同。箭头连接源状态和终止状态，其中箭头指向的是当前转移的目标状态。图 9-4 显示了从开始状态到结束状态的路径。

如图 9-4 所示的状态机图中，开始状态为源状态，指向 State1，又从 State1 指向 State2，最终指向终止状态。图 9-5 以一个实例描述了计算机转移及其有效状态。

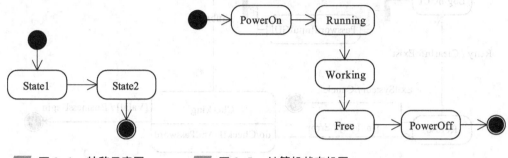

图 9-4　转移示意图　　　图 9-5　计算机状态机图

从该状态机图中可以看出计算机从开机到关机的所有有效状态，这里把计算机的状态定义为开机、启动、工作中、空闲和关机。状态机图的任务就是用来描述计算机如何从启动状态到关机状态，以及如何从工作状态到空闲状态。其中计算机不可能从开机状态不经过启动状态直接到达空闲状态。

### 2. 转移条件

一个转移还会有复杂的名称结束和动作列表。与之前讲到的活动图中的转移条件相似，状态机图中的转移也具有相同的形式，状态机图中的转移具有以下语法形式：

转移名：事件名　参数列表　守卫条件/动作列表

从上面的介绍中可以知道，转移连接了源状态和目标状态。但需要各种条件才能激活转移。这些条件包括了事件、守卫条件和动作。

- **事件**　源状态的对象接收触发事件后，只要满足守卫条件便可激活相应转移。前面的图都是无触发条件的转移，有关事件更详细的内容在后续的章节中会有详细描述。
- **守卫条件**　守卫条件是用方括号括起来的布尔表达式，它放在事件的后面。只有在引起转移的事件触发后才进行守卫条件计算。因此，只要守卫条件不相同便可从具有相同事件的源状态转移到不同的目标状态。转移时，守卫条件只在事件发生时计算一次。如果转移被重新触发，则守卫条件将会再次被计算。如果守卫条件和事件放在一起使用，则当且仅当事件发生且守卫条件布尔表达式成立时，状态转移才发生；如果只有守卫条件，则只要守卫条件为真，状态就发生转移。
- **动作**　动作可以操作调用另一个对象的创建和撤销或向一个对象的信号发送，它不能被事件中断。

图 9-6 演示了带有事件、守卫条件和动作等的完整转移演示图。

图 9-6 中转移时使用了事件、守卫条件和动作等多种条件。该图描述在线银行系统的登录部分的状态机图，它有获得账号、获得密码、验证和拒绝 4 种状态。图中各个转移及事件、守卫条件和动作说明了在线银行登录系统的工作流程。其中不带事件、守卫条件和动作的转移也叫无触发转移（也称完成转移），它在源状态完成活动时隐式地触发。

前面例子和图 9-6 中都存在无触发转移。

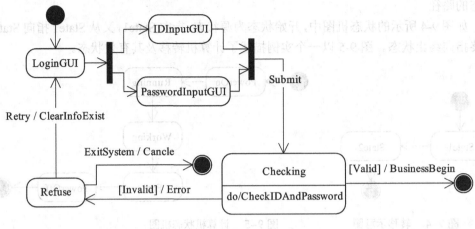

图 9-6　转移演示图

### 3. 自转移

建模时对象会收到一个事件，该事件不会改变对象的状态，却会导致状态的中断，这种事件被称为自转移，它打断当前状态下的所有活动，使用对象退出当前状态，然后又返回该状态。自转移标记符使用一种弯曲的开放箭头，指向状态本身。图 9-7 显示了自转移的使用方法。

自转移在作用时首先将当前状态下正在执行的动作全部中止，然后执行该状态的出口动作，接着执行引起转移事件的相关动作，图 9-7 中执行 ChangeInfo() 动作。紧接着返回到该状态，开始执行该状态的入口动作和其他操作。

### 4. 内部转移

在建模时，有时会在不离开一个状态的情况下处理一些事情。如图书管理系统中系统管理员可以对借阅者信息进行查询，在系统列出借阅信息时还可以对其进行修改，此时并没有离开信息列表状态。这种情况被称为内部转移。

内部转移只有源状态而没有目标状态，转移激发的结果并不改变状态本身。如果一个内部转移带有动作，动作也要被执行，但由于没有状态改变发生，因此不需要执行入口动作和出口动作。图 9-8 演示了带有动作的内部转移。

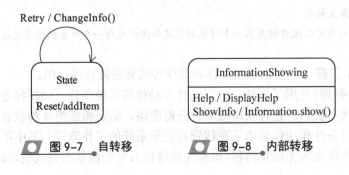

图 9-7　自转移　　　　图 9-8　内部转移

内部转移和自转移不同,虽然两者都不改变状态本身,但有着本质区别。自转移会触发入口动作和出口动作,而内部转移却不会。

### 9.2.3 决策点

在第 4 章活动图中讲到过决策点,在状态机图中也需要用到决策点。它在建模状态机图时提供了方便,因为它通过在中心位置分组转移到各自的方向,从而提高了状态机图的可视性。决策点标记符是一个空心菱形,图 9-9 演示了决策点的使用方法。

图中使用了决策点,可以从 State1 进入到其他 3 个状态。使用决策点可以减少图中的混乱情况,尤其在许多转移从一个状态开始的情况下,更应该使用决策点。图 9-10 是使用决策点来描述菜单导航的状态机图。

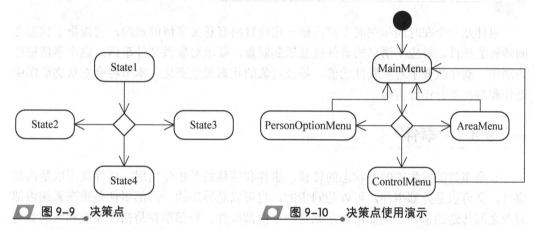

图 9-9 决策点　　　　图 9-10 决策点使用演示

该图中演示了论坛中几个菜单间的相互转移,从主菜单可以分别进入到版块菜单、个人设置菜单和论坛风格菜单;而从这些分菜单中又可以回到主菜单中。

### 9.2.4 同步

使用同步条可以显示并发转移,并发转移中可以有多个源状态和目标状态。并发转移表示一个同步将一个控制划分为并发的线程。状态机图中使用到同步条是为了说明某些状态在哪里需要跟上或者等待其他状态。状态机图中同步条是一条黑色的粗线,图 9-11 显示了使用了同步条的状态机图。

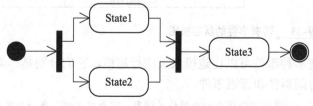

图 9-11 使用了同步条的状态机图

在图 9-11 中从开始状态便将控制流划分为两个同步分别进入到 State1 和 State2,当两个控制流共同到达同步条时，两条控制流才汇合成一条控制流进入 State3，最后转移到终止状态。图 9-12 显示了图书管理系统中管理员更新书目使用同步条的状态机图。

图 9-12 描述了图书管理系统中更新书目的状态机图。图书馆中引进一本新书不仅要更新借书书目，还要更新有关该书的相关信息，只有两件事情同时完成时才算更新完毕。

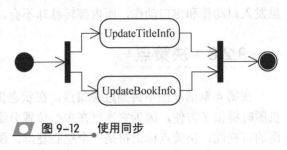

图 9-12 使用同步

## 9.3 指定状态机图中的动作和事件

事件是一个在时间和空间上都占据一定位置的有意义事情的规约，它能指示状态之间转移的条件。对应于消息的事件被发送到对象，要求对象做某件事情，这个事情被称为动作。动作改变了对象属性的值，导致对象的状态发生变化。本节将会对状态机图中动作和事件进行详细讲解。

### 9.3.1 事件

一个事件的发生能触发状态的转移，事件和转移总是相伴出现。事件既可以是内部事件，又可以是外部事件，可以是同步的，也可以是异步的。内部事件是指在系统内部对象之间传送的事件。例如，异常就是一个内部事件。外部事件是指在系统和它的参与者之间传送的事件。例如，在指定文本框中输入内容就是一个外部事件。图 9-13 显示了带有事件的状态机图。

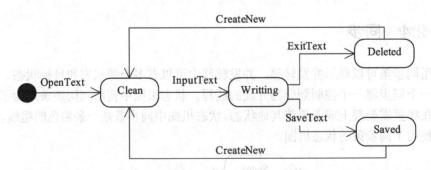

图 9-13 带有事件的状态机图

在 UML 中有多种事件可以让建模人员进行建模，它们分别是：调用事件、信号事件、变化事件、时间事件和延迟事件。

❑ **调用事件** 一个调用事件代表一个操作的调用，它是同步的。当一个对象调用另一个具有状态机对象的某个操作时，控制就从发送者传送到接收者。该事件触发转移，完成操作后，接收者转到一个新的状态，并将控制返还给发送者。

在一个完整的 UML 建模中，调用事件往往是类图中定义的一些方法事件。图 9-14 演示了调用事件的使用方法，其中 delManager(userName)方法定义在 Administrator 类中。

不仅在转移中可以使用调用事件，在单独的状态中同样可以使用调用事件，图 9-15 演示了在单独的状态中使用调用事件。

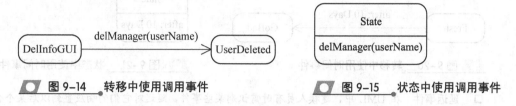

图 9-14　转移中使用调用事件　　　　图 9-15　状态中使用调用事件

❑ **信号事件**　信号是对象异步地发送并由另一对象接收的具有名字的对象，它和简单的类有许多共同之处。例如，信号可以有实例，信号可包含在泛化层次中，它可以有属性和操作。信号可作为状态机中一个状态转移的动作而被发送，也可作为交互中的一条消息而被发送。一个操作的执行也可以发送信号。事实上，当建模人员为一个类或一个接口建模时，通常需要说明它的操作所发送的信号。

一般来说，调用事件只能调用类图中相应对象的方法或事件，而信号事件可以定义任何需要的事件，不用去考虑是否存在该事件的对象。图 9-16 演示了信号事件在转移中的使用。

同样，不仅能在转移中使用信号事件，而且在单独状态中同样也可以使用。图 9-17 演示了单独状态中使用信号事件。

图 9-16　转移中使用信号事件　　　　图 9-17　单独状态机图中使用信号事件

❑ **变化事件**　变化事件是状态中的一个变化或者某些条件满足的事件。在 UML 中变化事件使用关键字 when 来标记，它隐含了对于控制条件的连续测试，相当于编程语言中的循环。当条件从假变为真时，事件发生。建模人员可以使用诸如 when: time=08:00 的表达式来标记时间，也可以用如 when:number<100 之类表达式来对其进行连续测试。

使用变化事件，可以创建类似于循环语句的功能，同样可以实现类似于 if 语句的功能。作为事件不仅在转移中而且在单独状态中都能使用，如图 9-18 和图 9-19 所示。

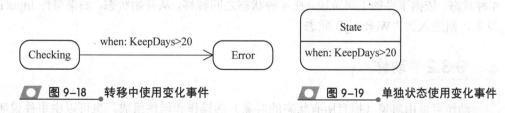

图 9-18　转移中使用变化事件　　　　图 9-19　单独状态使用变化事件

❑ **时间事件**　时间事件是经过一定的时间或者到达某个绝对时间后发生的事件。在 UML 中时间事件使用关键字 after 来标识，后面跟着计算一段时间的表达式。如：after(10 分钟)。如果没有特别说明，那么上面的表达式的开始时间是进入当前状态的时间。图 9-20 和图 9-21 分别显示了在转移和单独状态中使用了时间事件。

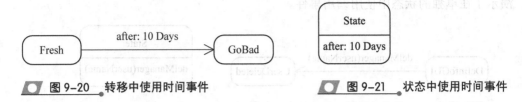

图 9-20　转移中使用时间事件　　　　　　　图 9-21　状态中使用时间事件

- 延迟事件　在 UML 中，建模人员有时需识别某些事件，延迟对它们的响应直到以后某个合适的时刻才执行，在描述这种行为时可以使用延迟事件。延迟事件使用关键字 defer 来标识，其语法形式为：延迟事件/defer。在实现时，所有的延迟事件被保存在一个列表中，这些事件在状态中的发生被延迟，直到对象进入了一个不再需要延迟这些事件并需使用它们的状态时，列表中的事件才会发生，并触发相应的转移。一旦对象进入了一个不延迟且没有使用这些事件的状态，它们就会从这个列表中删除。

事件是一个触发器，有时事件又被称为事件触发器。它触发了状态之间的转移和状态内部转移，接收事件的对象必须了解如何对触发器进行响应。在建模状态机图中根据需要使用事件，不仅能丰富状态机图，还能把对象描述的更加清晰。图 9-22 是一个使用多种事件的状态机图。

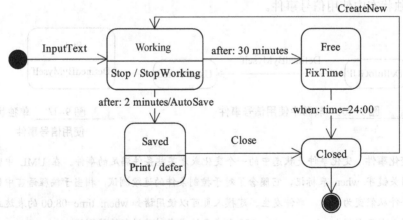

图 9-22　带有多种事件的状态机图

该图描述了记事本的多种状态。记事本具有"Working"、"Free"、"Saved"和"Closed"4 种状态。依据事件的不同阶段，在 4 种状态之间转移。从开始状态，如果事件 InputText 发生，则进入到"Working"状态。

### 9.3.2　动作

动作可以由对象（拥有所有状态的对象）的操作和属性组成，也可以由事件说明中的参数组成，在一个状态中允许有多个动作。动作说明当事件发生时发生了什么行为，状态初始时可以有以下 5 种基本动作类型。

- **entry** 标记入口动作，用来指定进入状态时发生的动作。在许多情况下，当对象进入一个状态时，建模人员需要指定适当的动作。例如，图书管理系统中，无论是系统管理员还是图书管理员，都需要进行登录。每当进入账号输入状态时，都应该清空输入框中的字符，此时该动作就由 Entry 来执行。入口动作语法形式为：entry/动作名。如图 9-23 所示。
- **exit** 标记出口动作，用来指定状态被另一个状态取代时发生的动作。类似于入口动作，当对象退出一个状态时，也可能需要执行某些动作。例如，图书管理系统中，无论是系统管理员还是图书管理员，在离开账号输入状态时，系统都需要对其输入内容进行检测，来看是否符合进入系统的身份。在该情况下，建模人员便可使用 exit 来设定出口动作，来完成相应动作。出口动作的语法形式为 exit/动作名。如图 9-24 所示。

从上面介绍可以知道，对象进入状态时执行相应的入口动作（以关键字 entry 标记），退出状态时执行相应的出口动作（以关键字 exit 标记）。但对一个跨越几个状态边界的转移而言，可以按嵌套顺序依次执行多个相关状态的入口动作和出口动作。执行顺序按照最外层的嵌套顺序依次执行源状态的出口动作，然后执行转移上的动作，最后按照从最外层到最内层的嵌套顺序依次执行目标状态的入口动作。如图 9-25 所示。

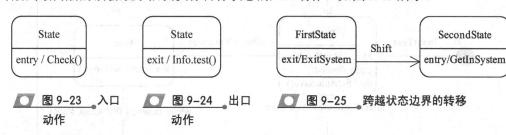

图 9-23 入口动作　　图 9-24 出口动作　　图 9-25 跨越状态边界的转移

当该图中事件 Shift 发生时，首先执行 First 状态的出口动作 ExitSystem，然后执行转移 Shift 的动作（如果存在），最后执行 Second 状态上的入口动作 GetInSystem。由于入口动作和出口动作是隐式地被激活，因此它们既没有参数也没有守卫条件。

- **do** 标记内部活动，用来指定处于某种状态时发生的活动。当对象处于某个状态时，它可以进行与该状态关联的某些工作，这些工作称为活动。活动不会改变对象的状态。内部活动在入口动作执行完毕后开始执行，当内部活动执行完毕，如果没有完成转移就触发它，否则状态将等待一个显式触发的转移。如果内部活动正在执行时有一个转移被触发，此时内部活动将被终止，然后执行状态的出口动作。内部活动语法形式为：do/活动表达式。图 9-26 演示了具有内部活动的状态。

  带有内部活动的状态有着独特的执行方式，如图 9-26 所示。状态机图从开始状态转移到简单状态 State 时，首先执行该状态的入口动作 GetInfo()。接着执行内部活动 test()，然后紧接着执行出口动作 ExitState，最后转移到终止状态。

- **include** 引用子状态机状态，它的语法形式为：include 子状态机名。这样可以调用另一个状态机，针对 include 相关内容在后面的章节中有详细介绍。
- **event** 用来指定当特定事件触发时指定相应动作的发生。event 事件与前面 entry、exit、do 和 include 有所不同，它并不是用关键字来标记事件。这种类型事件的语法形式为：event-name(parameters)[guard-condation]/action。当事件 event-name 发生时（守卫条件满足会自动触发 action。使用 event 类型的动作时，与信号事件有相似之处，图 9-27 演示了使用 event 类型的状态。

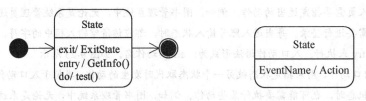

图 9-26　具有内部活动的状态　　　　图 9-27　状态中使用 event 类型动作

事件与动作的联系密切，不管是内部转移，还是外部转移，如果触发事件发生转移时，常常伴有动作的发生。从前面的例子中可以看出，不管是入口动作、出口动作还是内部动作，或是 event 类型动作，它们的使用方法都和事件有相似之处，这里同样可以认为它们是触发事件并且具有相同的语法结构：event-name/action。图 9-28 演示了动作和事件的内在联系。

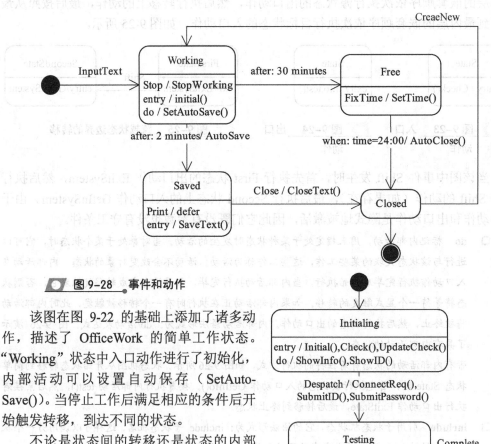

图 9-28　事件和动作

该图在图 9-22 的基础上添加了诸多动作，描述了 OfficeWork 的简单工作状态。"Working" 状态中入口动作进行了初始化，内部活动可以设置自动保存（SetAutoSave()）。当停止工作后满足相应的条件后开始触发转移，到达不同的状态。

不论是状态间的转移还是状态的内部转移，事件都可以伴有多个动作的发生。动作之间使用逗号分隔，用于表达同一事件下执行多个动作，如图 9-29 所示。

图 9-29　事件中的多个动作

## 9.4 组成状态

在简单状态之外，还有一种可以包含嵌套子状态的状态，又称为组成状态。在复杂的应用中，当状态机图处于某种特定的状态时，状态机图描述的该对象行为仍可以用另一个状态机图描述，用于描述对象行为的状态机图又称为子状态。

子状态可以是状态机图中单独的普通状态，也可以是一个完整的状态机图来描述一个状态。组成状态中的子状态可以是顺序子状态，也包含并发的子状态。如果包含顺序子状态的状态是活动的，则只有该子状态是活动的；如果包含并发子状态的状态是活动的，则与它正交的所有子状态都是活动的。

### 9.4.1 顺序子状态

如果一个组成状态的子状态对应的对象在其生命周期内的任何时刻都只能处于一个子状态，也就是说状态机图中多个子状态是互斥的，不能同时存在，这种子状态被称为顺序子状态或叫互斥子状态。在顺序子状态中最多只能有一个初态和一个终态。

当状态机图通过转移从某种状态转入组合状态时，该转移的目的可能是组成状态本身，也可能是这个组成状态的子状态。如果是组成状态本身，状态机所描述的对象首先执行组合状态的入口动作，然后子状态进入初始状态并以此为起点开始运行；如果转移的目的是组合状态的某一子状态，那么先执行组合状态的入口动作，然后以目标子状态为起点开始运行。图9-30显示了公用电话的状态机图。

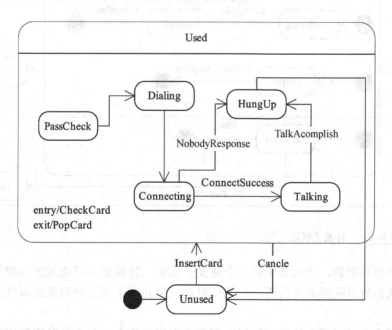

图9-30 顺序子状态

该状态机图描述了使用 IC 卡公用电话的状态,其中使用电话状态为顺序子状态。本状态机图中有两个基本状态:"Unused"和"Used"。其中"Used"状态是一个顺序子状态,当使用电话机时,首先需要插入 IC 卡,进行 IC 卡有效性的验证,验证通过才能使用电话。进入到顺序子状态时,首先执行入口动作 CheckCard,接着转入到 PassCheck 状态,然后为便于工作可进入到 Dialing 状态。如果拨号无误,则转移到"Connecting"状态,如果对方有人接听,转入"Talking"状态,通话完毕进入"HungUp"状态;如果对方无人接听,则直接转入"HungUp"状态。由于两个基本状态"Unused"和"Used"并不能同时存在,所以它们都是顺序子状态。

### 9.4.2 并发子状态

有时组成状态有两个或多个并发的子状态,此时称组成状态的子状态为并发子状态。并发子状态能说明很多事发生在同一时刻,为了分离不同的活动,组成状态被分解成区域,每个区域都包含一个不同的状态机图,各个状态机图在同一时刻分别运行。

如果并发子状态中有一个子状态比其他并发子状态先到达它的终态,那么先到的子状态的控制流将在它的终态等待,直到所有的子状态都到达终态。此时,所有子状态的控制流汇合成一个控制流,转移到下一个状态。图 9-31 演示了一个并发子状态的实例。

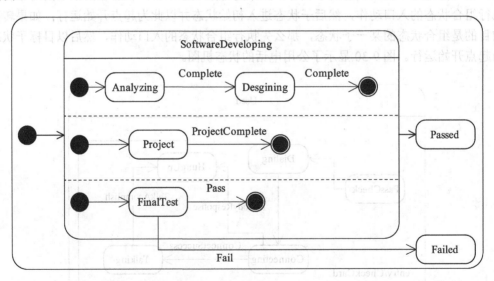

图 9-31 并发子状态

从图中可以看到,子状态中有三个并发子状态。转移进入组成状态时控制流分解成与并发子状态数目相同的并发流。在同一时刻三个并发子状态分别根据事件及守卫条件触发转移。

如果三个并发子状态从其初始状态都到达它们的终态,三个并发控制流汇合成一个控制流进入 Passed 状态;如果在第三个并发子状态 FinalTest 状态激活了失败事件,那么其他两个并发子状态中正在执行的活动将全部被终止。然后，执行这些并发子状态的出口动作，接着执行失败事件所触发的转移附带的动作，进入到 Failed 状态。

### 9.4.3 子状态机引用状态

子状态机引用状态是表示激活其他地方定义的一个子状态机的状态。子状态机引用状态和宏调用非常相似，因为它实际上是一种用来表示将一个复杂的规约嵌入到另一个规约的简单记号。

声明子状态机引用状态时，使用关键字 include 来标记，具体标记信息如下所示：

include 子状态机名

在进入子状态机时，可以通过子状态机的任何子状态或其默认的初态进入到子状态机中，同样也可从子状态机的任何子状态或其默认的终态退出子状态机。如果子状态机不是通过其初态和终态进入和退出子状态机，还可以使用桩状态来实现。桩状态又可分为入口桩和出口桩，分别表示子状态机非默认的入口和出口，桩状态的名字和子状态机中相应子状态相同。

图 9-32 演示了引用子状态的部分状态机图。该状态机描述有银行账户的顾客网络购物结账的步骤，它必须确认银行账户的真实性。由于确认银行账号真实性是其他状态机要求的，所以用一个独立的状态机来描述。

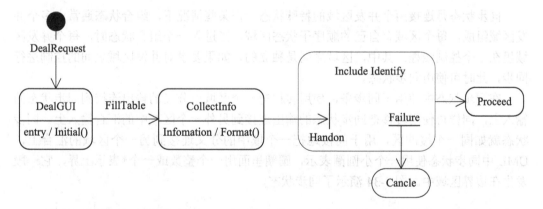

图 9-32 购物状态机图

在图中可以看到使用"Include Identify"就引用了子状态机"Indetify"，其中入口桩和出口桩分别为 InfoCheck 和 Failure。该图描述了网络购物简单的状态机图，其中确认输入信息由子状态机来描述，子状态机"Identify"的具体图形如图 9-33 所示。

该子状态机的作用是确认用户输入银行账号的真实性。如果检测结果是正确的，那么子状态机就在它的结束状态终结；否则，转移到状态 Failure。显式状态 Handon 的进入是通过子状态用符号里的一个桩的转移实现，该桩标有子状态机里的状态名。类似地，显式状态 Failure 的退出也是通过一个桩发出实现转移。

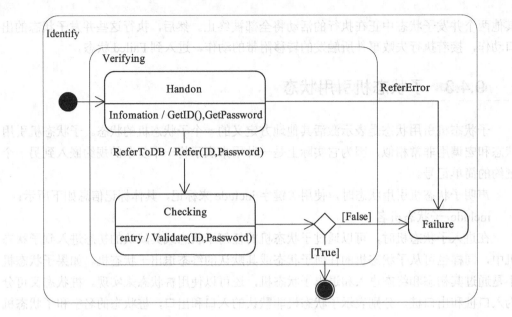

图 9-33 子状态机图

### 9.4.4 同步状态

同步状态是连接两个并发区域的特殊状态。在某些情况下，组合状态通常由多个并发区域组成，每个区域有自己的顺序子状态区域。当进入一个组合状态时，每个并发区域里在一个控制线程。其中，区域之间是独立的，如果要求对并发区域之间的控制进行同步，此时可使用同步状态。

在同步状态中使用了同步条，使用转移把一个区域里分叉的输出连接到同步状态的输入上，同样再使用转移把同步状态的输出连接到另外一个区域中的汇合输入上。同步状态就如同一个缓冲区，用于间接地把一个域中的分叉连接到另一个区域的汇合上，UML 中同步状态使用一个小圆圈表示，圆圈里面用一个整数或一个*表示上界，它一般发生在边界区域中。图 9-34 演示了同步状态。

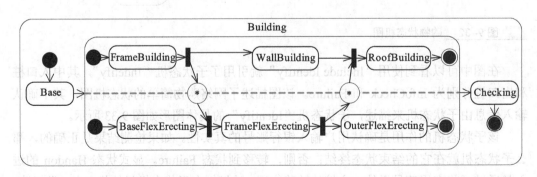

图 9-34 同步状态

上图演示了使用同步状态的状态机图，由于分叉和汇合在自己的区域里必须有一个输入和输出状态，因此同步状态不会改变每个并发区域的基本顺序行为，也不会改变形成组成状态的嵌套规则。

## 9.4.5 历史状态

在 UML 建模中，转移进入组成状态并经历了许多状态，建模人员也许会在后面的步骤中返回到某个状态。如果返回到一个简单状态，那么就会很容易实现；如果返回到一个组成状态，就没那么简单了，并且再次使用同样的组成状态机，状态机图会显得臃肿。使用历史状态就能解决这种问题，它允许组成状态记住从该组成状态出发的转移触发之前的最后一个活动子状态。

UML 状态机图中历史状态分为浅历史状态（简略历史状态）和深历史状态（详细历史状态）两种。浅历史状态保存并重新激活与它在同一个嵌套层次上记住的状态，如果一个转移从嵌套子状态直接退出组成状态，那么组成状态中的顶级封闭状态将被激活；深历史状态可以记住组成状态中嵌套层次更深的状态，要记忆深历史状态，转移必须从深历史状态中转出。浅历史状态标记符使用一个含有字母 H 的小圆圈表示，而深历史状态标记符使用内部含有 H* 的小圆圈表示，如图 9-35 所示。

如果转移从深历史状态转移到浅历史状态，并由此转出组成状态，那么深历史状态将记忆该浅历史状态。无论在哪种情况下，如果一个嵌套状态机到达一个终态，那么历史状态将会丢失其存储的所有状态。图 9-36 演示了一个使用历史状态的状态机图。

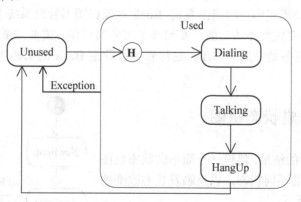

图 9-36　历史状态示例

该图只简单地描述了电话的使用状态，并没有判断和转移条件。Used 状态内的子状态是一个循环的过程，使用了一个历史状态用于记录这些状态。当对象第一次进入 Used 状态时，由于历史状态还没有记住历史，因此它首先激活状态 Dialing。如果对象处于 HangUp 状态的子状态 Talking 时发生了事件 Exception，那么控制将依次离开 Talking 和 HangUp 并执行它们的出口动作，并返回到 Unused 状态。

## 9.5 建造状态机图模型

本书以一个图书管理系统贯穿全书，前面已经建模图书管理系统的用例图、类图和活动图，本节将以前面章节中所建模图形为基础，建模图书管理系统的状态机图。建模状态机图可以按照以下五步进行：

（1）标识出需要进一步建模的实体。
（2）标识出每个实体的开始和结束状态。
（3）确定与每一个实体相关的事件。
（4）从开始状态建模完整状态机图。
（5）如果必要则指定组成状态。

上述步骤涉及多个实体，但要注意一个状态机图只代表一个实体。执行上面步骤时需要对每一个涉及到的实体遍历执行。

### 9.5.1 分析状态机图

第一步就是要确定需要进一步建模的实体，标识需要建模的对象。状态机图应用于复杂的实体，而不应用于具有复杂行为的实体。对于有复杂行为或操作的实体，使用活动图会更加适合。具有清晰、有序状态的实体最适合使用状态机图进一步建模。这里建模一个 Book 对象作为建模图书管理系统状态机图的演练目标。

标记出实体的开始状态和结束状态，需要知道实体是如何实例化，以及实体是如何开始的。Book 对象在图书馆系统中添加，并可以进行借阅时实例化。要想知道某个实体的结束状态，需要知道实体何时退出系统。Book 对象在图书管理系统中删除后退出系统。

事件用来最终完成实体的功能，要想确定实体的事件，需要知道事件的任务。对于 Book 对象，它的任务是借阅和归还。这样就可以确定 Book 对象的事件包括 Borrow 和 ReturnBook。

### 9.5.2 完成状态机图

利用前面分析的结果，建模一个简单的状态机图来描述 Book 对象的不同状态，以及触发状态改变的事件，如图 9-37 所示。

Book 对象用来表示该书是否为借阅状态。当 Borrow 事件发生，则图书状态从 Available 转移到 Borrowed 状态；当 ReturnBook 事件发生，图书从 Borrowed 状态转移到 Available 状态。

由于 Book 对象所具有的状态非常简单，经过检查不需要建模组成状态来进一步修饰某些状态，所以建模状态机图第五步就可免去，至此 Book 对象状态

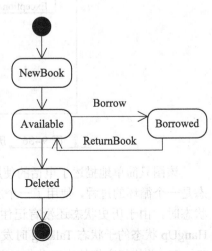

图 9-37　Book 对象状态机图

机图便建模完毕。

## 9.6 思考与练习

### 一、简答题

1. 简述状态机概念。
2. 简要介绍状态机图概念和用途。
3. 简要介绍状态机图中主要标记符状态、转移和决策点。
4. 简述事件和动作，以及它们之间的关系。
5. 简要说明顺序子状态和并发子状态的区别。
6. 说明同步状态和历史状态。

### 二、分析题

1. 通过阅读一个状态机图帮助读者加深对基本状态机图标记符的理解，帮助读者理解动作和事件的内在联系。阅读图9-38，回答下面的问题。

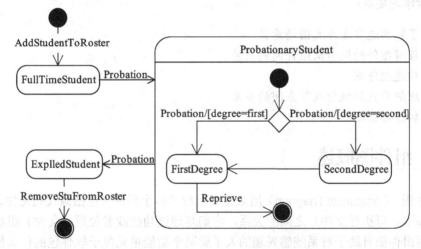

图 9-38　学生信息状态机图

2. 建模状态机图，建模一个销售系统。对于其中的实体 sale 类创建一个状态机图，用来描述如何接受订单、处理订单、记入货存清单并且成功完成处理。这里给出以下主要状态：

- EmptyOrder
- ValidOrder
- Processing
- Processed
- Canclled

依据状态机图创建步骤，利用上面状态组成完成的状态机图，并检测是否需要组成状态来完成完整功能。建模状态机图时需要注意，状态机图和活动图在外观上有相似之处，一定要注意区分两种图形之间的区别。

# 第 10 章　构造实现方式图

实现方式图包括组件图和部署图两种类型。构造实现方式图可以描述应该如何根据系统硬、软件的各个组件间的关系来布置物理组件。在完成系统的逻辑设计之后，接下来要考虑的就是系统的物理实现。对面向对象系统的物理实现进行建模需要构造组件图和部署图。构造组件图可以描述软件的各个组件以及它们之间的关系，构造部署图可以描述硬件的各个组件以及它们之间的关系。

实现方式图在 UML 建模的早期就可以进行构造，但直到系统使用类图完全建模之后，实现方式图才能完全构造出来。构造实现方式图可以让与系统有关的人员，包括项目经理、开发者以及质量保证人员等，了解系统中各个组件的位置以及它们之间的关系。概括地说，实现方式图有助于设计系统的整体架构。

**本章学习要点：**

- ➢ 了解构造实现方式图的意义
- ➢ 理解组件的概念及组件间的关系
- ➢ 构造组件图
- ➢ 理解节点的概念及节点间的关系
- ➢ 构造部署图

## 10.1　组件图概述

组件图（Component Diagram）用来建模系统的各个组件（包括源代码文件、二进制文件、脚本、可执行文件）之间的关系，它们是通过功能或者位置（文件）组织在一起的。使用组件图有助于对系统感兴趣的人了解某个功能单元位于软件包的什么位置，以及各个版本的软件包各包含哪些功能。组件图中通常会包含组件（Component）、接口（Interface）和依赖关系（Dependency）这 3 种元素。组件图中的每个组件都实现一些接口，并且会使用另一些接口。当组件间的依赖关系与接口有关时，可以用具有同样接口的其他组件进行代替。图 10-1 演示了租书管理系统中的组件图。

在图 10-1 中，镶嵌有两个小矩形的矩形方框是 UML 规范中的组件标识，带有箭头的虚线表示组件间的依赖关系。在学习了下面介绍的知识之后，你就可以看懂上面的这个组件图示例了。

组件图是系统实现视图的图形表示，一个组件图表示了系统实现视图的

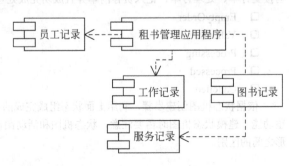

图 10-1　组件图示例

一部分，系统中的所有组件结合起来才能表示出完整的系统实现视图。组件图中也可以包含注释、约束以及包或子系统。如果需要以图形化方式表示一个基于组件的实例，可以在组件图中添加一个实例。

## 10.2 组件及其表示

组件是软件的单个组成部分，它可以是一个文件、产品、可执行文件或脚本等。通常情况下，组件代表了将系统中的类、接口等逻辑元素打包后形成的物理模块。

为了加深理解，下面比较一下组件与类之间的异同。组件和类的共同点是：两者都具有自己的名称，都可以实现一组接口，都可以具有依赖关系，都可以被嵌套，都可以参与交互，并且，都可以拥有自己的实例。它们的区别为：组件描述了软件设计的物理实现，即代表了系统设计中特定类的实现，而类则描述了软件设计的逻辑组织和意图。

每个组件都应有一个名称以标识该组件并区别其他组件。组件的名称位于组件图标的内部，如图 10-1 所示，"工作记录"、"图书记录"等都是组件的名称。组件的名称通常采用从系统的问题域中抽象出来的名词或者名词短语，有时，会依据所使用的目标操纵系统为组件添加相应的扩展名，比如 dll、java 等。跟对象名类似，组件名也有简单名称和路径名称两种类型。在图 10-1 所示的组件图示例中，几个组件的名称都是简单名称。在简单名称的前面加上组件所在包的名称，就构成了路径名称，如图 10-2 所示。

一般情况下，在构造组件图时会像图 10-1 那样只标识出组件的名称，但是也可以在组件标识中增添标记值或者表示组件细节的附加栏。

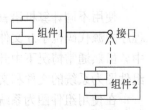

图 10-2　组件的路径名称

在对软件系统进行建模时，会使用以下 3 种类型的组件。

❑ 配置组件（**Deployment Component**）　配置组件是运行系统前需要配置的组件，它们是生成可执行文件的基础。例如，操作系统、数据库管理系统、Java 虚拟机等都属于配置组件。

❑ 工作产品组件（**Work Product Component**）　工作产品组件包括模型、源代码和用于创建配置组件的数据文件，例如，UML 图、动态链接库文件、Java 类和 JAR 文件，以及数据库表等都是工作产品组件。

❑ 执行组件（**Execution Component**）　执行组件是在系统运行时创建的组件，是可运行的系统产生的结果。COM+组件、.NET 组件、Enterprise Java Beans、Servlets、HTML 文档、XML 文档以及 CORBA 组件等都属于执行组件。

## 10.3 接口和组件间的关系

在组件图中也可以使用接口。通过使用接口，组件可以使用其他组件中定义的操作；而且，使用命名的接口可以防止系统中的不同组件直接发生依赖关系，这有利于组件的更新。

图 10-3 是一个包含接口的组件图示例。

如图 10-3 所示，组件图中接口的标识与类图中接口的标识

图 10-3　包含接口的组件图示例

是一样的，也是一个小圆圈；图中有两个组件和一个接口，组件和接口之间不同的连接线表示不同的关系，其中，接口和组件之间用实线连接表示它们之间是实现关系（Realization），用虚线箭头连接表示它们之间是依赖关系（Dependency）。

组件的接口可以分为导入接口和导出接口两种。图10-3中的接口对于组件1来说是导出接口，对于组件2来说是导入接口。导出接口是由提供操作的组件提供的，导入接口用于供访问操作的组件使用。

依赖关系不仅存在于组件和接口之间，而且存在于组件和组件之间。在组件图中，依赖关系代表了不同组件间存在的关系类型。组件间的依赖关系也用一个一端带有箭头的虚线表示，箭头从依赖的对象指向被依赖的对象。例如，在图10-1中，租书管理应用程序组件同时依赖于工作记录组件和员工记录组件。

组件也可以包含在其他的组件中，这可以通过在其他组件中建模组件来表示。虽然UML规范并没有限制嵌套组件的层次，但是，为了模型的清晰易读，通常不应过多地嵌套组件。

图10-4是一个包含嵌套组件的模型图。

图10-4　组件的嵌套

该模型演示了事务处理组件由3个独立的组件组成，即：数据访问、事务逻辑和用户接口，即系统的3个层次。

## 10.4　组件图的应用

组件图可以用来为系统的静态实现视图进行建模，通常情况下，组件图也被看作是基于系统组件的特殊的类图。在使用组件图为系统的实现视图进行建模时，可以为源代码建模、为可执行版本建模、为数据库建模等。下面分别对其进行介绍。

1. 为源代码建模

使用不同计算机语言开发的程序具有不同的源代码文件，例如，使用C++语言时，程序的源代码位于.h文件和.cpp文件中；使用Java语言时，程序的源代码位于.java文件中。虽然通常情况下由开发环境跟踪文件和文件间的关系，但是，有时候也有必要使用组件图为系统的文件和文件间的关系建模。

在使用组件图为系统的源代码建模时，可将源代码文件建模为构造型为"file"的组件；如果系统比较大，可以按照逻辑功能将源代码文件划分成不同的包；在建模时可以使用标记值描述源代码文件的一些附加信息，例如，作者、创建日期等；可以通过建模组件间的依赖关系来表示源代码文件之间的编译依赖关系。

如图 10-5 所示的组件图中包含了 3 个 Java 源文件，文件 DBModify.java 和 DBQuery.java 在访问数据库时需要使用 DBConnection.java 文件，所以，在文件 DBModify.java、DBQuery.java 和 DBConnection.java 之间存在依赖关系。如果 DBConnection.java 文件被修改，其他两个文件需要重新编译。

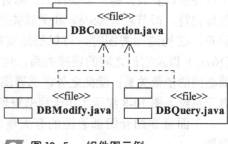

图 10-5　组件图示例

### 2. 为可执行版本建模

组件图可以用来描述构成软件系统的组件以及组件间的关系。在为可执行版本建模时，需要首先找出构成系统的所有组件；然后需要区分不同种类的组件，例如，库组件、表组件、可执行组件等；还需要确定组件间的关系。在如图 10-6 所示的组件图中，组件 ComponentA.dll 依赖于组件 ComponentB.dll。

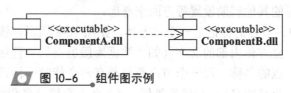

图 10-6　组件图示例

### 3. 为数据库建模

要为数据库建模，可以按照以下步骤进行：①识别出代表逻辑数据库模式的类；②确定如何将这些类映射到表；③将数据库中的表建模为带有 table 构造型的组件，为映射进行可视化建模。

在如图 10-7 所示的组件图中，组件 Course.mdb 代表 Access 数据库，组件 Student、Course 和 Elective 代表组成数据库 Course.mdb 的 3 个表。

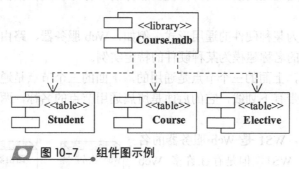

图 10-7　组件图示例

## 10.5　部署图

组件图用来建模软件组件，而部署图用来对部署系统时涉及到的硬件进行建模。构造部署图（Deployment Diagram）可以帮助系统的有关人员了解软件中各个组件驻留在什么硬件上，以及这些硬件之间的交互关系，另外，部署图还可以用来描述哪一个软件应该安装在哪一个硬件上。部署图中只有两个主要的标记符，即节点（Node）和关联关系（Association）标记符。在构造部署图时，可以描述实际的计算机和设备（Node）以及它们之间的连接关系，也可以描述部署和部署之间的依赖关系；除此之外，部署图中还可以包含包或者子系统。图 10-8 演示了用于租书管理系统的部署图。

下面将详细介绍部署图的有关概念以及如何构造部署图。

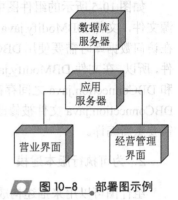

图 10-8 部署图示例

### 10.5.1 节点

节点用来表示一种硬件，例如，计算机、打印机、扫描仪等。通过检查对系统有用的硬件资源有助于确定节点。例如，可以考虑计算机所处的物理位置，以及在计算机无法处理时不得不使用的其他辅助设置等方面来考虑。

在 UML 规范中，节点的标记是一个立方体，如图 10-8 所示，该图中有四个节点，用四个立方体表示，立方体内部的文字（如"数据库服务器"、"营业界面"等）表示节点的名称。每一个节点都必须有一个能唯一标识自己并区别于其他节点的名称。与组件类似，节点名也有简单名和路径名之分，图 10-8 中的节点名为简单名，在简单名称的前面加上节点所在包的名称并用双冒号分隔就构成了路径名。一般情况下，在部署图中只显示节点的名称，但是也可以在节点标识中添加标记值或者表示节点细节的附加栏。如图 10-9 所示。

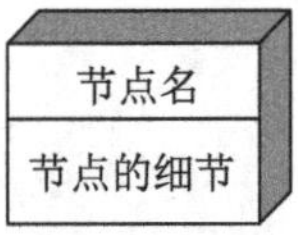

图 10-9 添加节点细节

部署图中的节点可以分为处理器和设备两种类型。处理器是具有计算能力并能够运行软件的节点。例如，服务器、工作站等都属于处理器。设备指的是不具有计算能力的节点，它们一般都是通过其接口为外部提供服务的。打印机、扫描仪等都属于设备类型的节点。

节点可以建模为某种硬件的通用形式，例如，Web 服务器、路由器、扫描仪等，也可以通过修改节点的名称建模为某种硬件的特定实例。

在图 10-10 中，上面的三个节点是通用的，下面的三个节点是通用节点的实例。节点实例的名称下面带有下划线，它的后面是所属通用节点的名称，两者之间用冒号进行分隔。

在图 10-10 中，WS1 是 Web 服务器的名称，图中只有一个 WS1，但是存在许多 Web 服务器。路由器节点和扫描仪节点都没有具体的名称，因为它们对模型来说并不重要，通过在名称和冒号下面增加一条下划线就可以知道它们是没有指定名称的实例化节点。

通过确定需要模型描述某个特定节点的

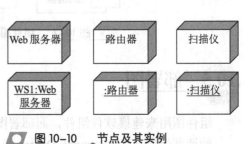

图 10-10 节点及其实例

信息还是所有节点实例的通用信息可以确定何时需要建模节点实例。

### 10.5.2 关联关系

在部署图中，不同节点之间的通信路径是通过关联关系（Association）表示的。图 10-8 中的实线就表示节点之间的关联关系，这种关系用来表示两种硬件（或者节点）通过某种方式彼此通信，通信方式使用与关联关系一起显示的固化类型来表示，如图 10-11 所示。

固化类型通常用来描述两种硬件之间的通信方法或者协议。

图 10-12 演示了 Web 服务器通过 HTTP 协议与客户端计算机进行通信，客户端计算机通过 Usb 协议与打印机进行通信。

图 10-11 节点间的关系与固化类型

图 10-12 使用固化类型表示通信协议

### 10.5.3 部署图的应用

通常情况下，建模人员使用部署图为嵌入式系统建模，为客户/服务器系统建模，或者为完全的分布式系统建模。

使用部署图为嵌入式系统建模，可参考如下策略：
① 找出对于系统来说必不可少的节点。
② 使用 UML 的扩充机制为系统定义必要的原型。
③ 建模处理器和设备之间的关系。
④ 精华和细化智能化设备的部署图。

图 10-13 是某嵌入式系统的一部分，是一个收银台的部署图。该收银台由处理器 Charge 和设备 Display、Moneybag、keyboard、Printer、Scanner、CreditCard 组成。

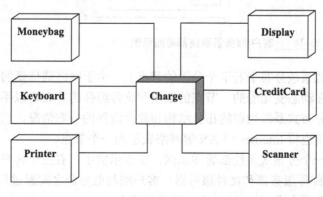

图 10-13 嵌入式系统部署图示例

在使用部署图为客户/服务器系统建模时需要考虑客户端和服务器端的网络连接以及系统的软件组件在节点上的分布情况。能够分布于多个处理器上的客户/服务器系统有几种类型，包括"瘦"客户端类型和"胖"客户端类型。对于"瘦"客户端类型来说，客户端只有有限的计算能力，一般只管理用户界面和信息的可视化；对于"胖"客户端类型来说，客户端具有较多的计算能力，可以执行系统的部分商业逻辑。可以使用部署图来描述是选择"瘦"客户端类型还是"胖"客户端类型，以及软件组件在客户端和服务器端的分布情况。

在为客户/服务器系统建模时，可以参考以下策略：
① 为系统的客户端处理器和服务器端处理器建模。
② 为系统中的关键设备建模。
③ 使用 UML 的扩充机制为处理器和设备提供可视化表示。
④ 确定部署图中各元素之间的关系。

图 10-14 是一个客户/服务器系统部署图示例。在该示例中，数据库 DataBase 所在的节点与服务器 WageServer 连接，客户端计算机和打印机也通过局域网连接到服务器，服务器与系统外的银行系统通过 Internet 相连接。

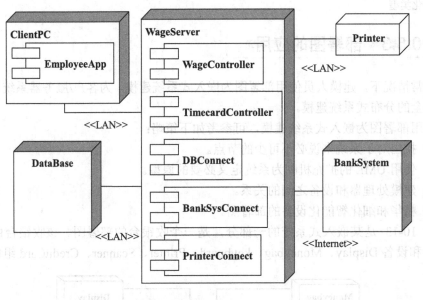

图 10-14　客户/服务器系统部署图示例

完全的分布式系统分布于若干个分散的节点上，由于网络通信量的变化和网络故障等原因，系统是在动态变化着的，节点的数量和软件组件的分布可以不断变化。可以使用部署图来描述分布式系统当前的拓扑结构和软件组件的分布情况。当为完全的分布式系统建模时，通常也将 Internet、LAN 等网络表示为一个节点。

图 10-15 是一个分布式系统部署图示例。在该示例中，有三个客户端节点示例，以及 Web 服务器、邮件服务器和文件服务器，客户端与服务器之间通过局域网连接起来，另外，局域网被表示为带有<<network>>原型的节点。

# 第10章 构造实现方式图

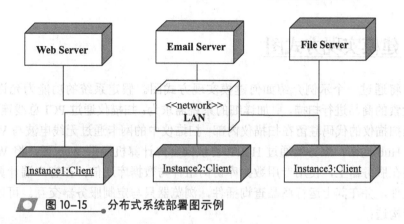

图 10-15　分布式系统部署图示例

## 10.6 组合组件图和部署图

通过组合组件图和部署图可以得到一个完整的实现方式图，它可以可视化地描述应在什么硬件上部署软件以及怎样部署。

在建模软件组件在相应硬件上的部署情况时，可使用的一种形式是将硬件和安装在其上的软件组件用依赖关系连接起来。如图 10-16 所示。

另一种形式是将软件组件直接绘制在代表其所安装的硬件的节点上。如图 10-17 所示。

在该示例中，添加了两个对象以演示它们驻留在什么地方，组件 GUI 和 BusinessLogic 都依赖于 User 对象，它们都驻留在客户端计算机上，客户端计算机通过 Internet 连接到服务器上。

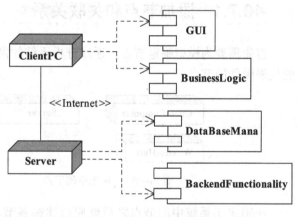

图 10-16　组合组件图和部署图示例一

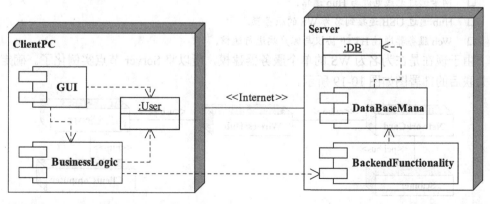

图 10-17　组合组件图和部署图示例二

## 10.7 建模实现方式图

本节将通过一个示例介绍如何建模实现方式图。假定系统的功能为允许用户通过 Web 对检索的商品进行扫描。更加详细的系统需求为：扫描仪通过 PCI 总线连接到网卡，用于控制扫描仪的代码驻留在扫描仪内部；扫描仪中的网卡通过无线电波与 Web 服务器 WS 中的 Hub 通信，服务器通过 HTTP 协议向客户计算机提供 Web 页；将 Web 服务器软件安装在服务器上，使用专用数据库访问组件与数据库通信；在客户端计算机上安装浏览器软件，并在其上运行商品查询插件，浏览器只与定制服务器交互。可以按照以下步骤进行构造：

① 建模节点。
② 建模通信关联。
③ 建模软件组件、类和对象等。
④ 建模依赖关系。

### 10.7.1 添加节点和关联关系

首先需要为模型确定节点，通过分析系统的需求描述，从中抽取出如图 10-18 所示的代表硬件的节点。

图 10-18　系统中的节点

在确定了系统中的节点之后就应该建模各节点之间的通信关联以及它们的通信类型，从系统需求描述中提取出的下列信息就是做上述工作的依据：

❑ 扫描仪通过 PCI 总线连接到网卡。
❑ 网卡通过无线电波与 Hub 通信。
❑ Hub 通过 USB 连接到名为 WS 的服务器。
❑ Web 服务器通过 HTTP 协议与客户端进行通信。

由于现在是在为名为 WS 的单个服务器建模，所以将 Server 节点实例化了。确定通信关联后的部署图如图 10-19 所示。

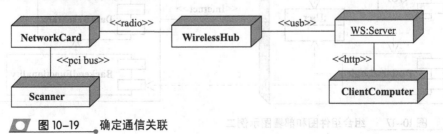

图 10-19　确定通信关联

## 10.7.2 添加组件、类和对象

下面要完成的任务是向部署图中添加组件、类和对象等元素。从系统需求描述中提取出的下列信息可以作为依据：

- 控制扫描仪的代码驻留在扫描仪内部（定为 ScanControl 组件）。
- Web 服务器软件（定为 ServerSoft 组件）。
- 专用的数据库访问组件（定为 DBAccess 组件）。
- 浏览器软件（定为 Browser 组件）。
- 商品查询组件（定为 CommodityQuery 组件）。

依据这些信息就可以向部署图中添加相应的组件了，另外，也把所用的数据库建模为一个对象。进一步完善后的部署图如图10-20所示。

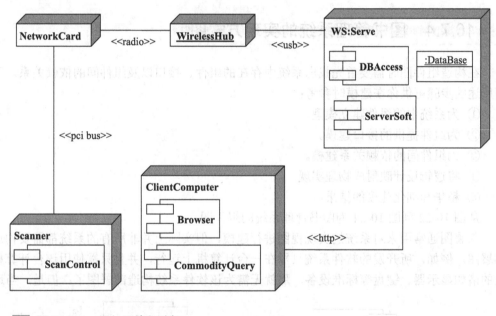

图 10-20 添加组件和对象

## 10.7.3 添加依赖关系

最后要做的是建模组件间的依赖关系。从系统需求描述中提取出的下列信息可以作为完成此项任务的依据：

- Web 服务器软件通过专用组件与数据库进行通信。
- 浏览器软件通过运行商品查询组件与 Web 服务器交互。

据此添加的依赖关系如图10-21所示。

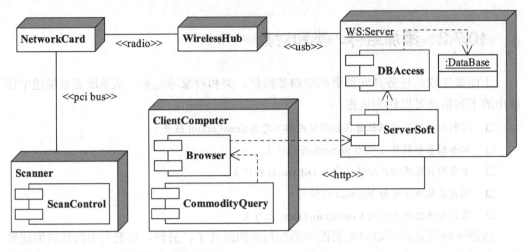

图 10-21　添加依赖关系后的部署图

### 10.7.4　图书管理系统的实现方式图

在构造组件图时需要首先找出系统中存在的组件、接口以及组件间的依赖关系。下面所述的步骤可供你在建模时参考：

① 为系统中的组件建立模型。
② 为组件提供的接口建模。
③ 为组件间的依赖关系建模。
④ 将逻辑设计映射成物理实现。
⑤ 精华和细化建模的结果。

从图 10-22 到图 10-24 为图书管理系统的组件图。

部署图通常用来对系统的实现视图进行建模，但实际上并非所有的系统都需要构造部署图。例如，所开发的软件系统只需在一台计算机上运行，并且只需使用该台计算机上的诸如显示器、键盘等标准设备，那就无需为该软件系统构造部署图了。但是，当运

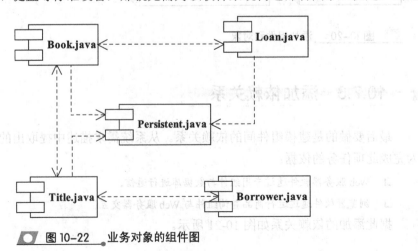

图 10-22　业务对象的组件图

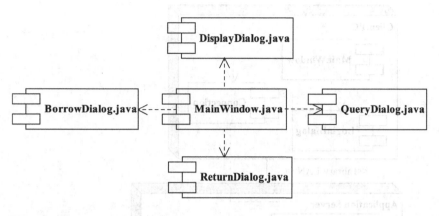

图 10-23　用户界面组件图一

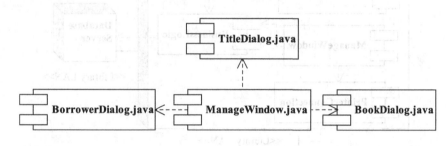

图 10-24　用户界面组件图二

行系统时所需的设备分布在多台处理器上时,就应当为该系统构造部署图,以帮助系统的有关人员理解软件和硬件的映射关系。

在构造部署图时,应当首先找出系统中的节点以及不同节点之间的关系,然后,可以参考以下步骤进行构造:

① 为系统中的节点建立模型。

② 为节点间的关联关系建模。

③ 为驻留在节点上的组件建模。

④ 为节点上不同组件间的关系建模。

⑤ 精华和细化建模的结果。

本书中介绍的图书管理系统被设计成基于局域网和数据库的系统。图书管理系统的部署图如图 10-25 所示。

如图 10-25 所示,部署图中有 4 个节点:ClientPC(客户端计算机)、Application Server(图书管理系统服务器)、DataBase Server(数据库服务器)和 Printer(打印机)。其中,Application Server 提供了借书、还书服务以及维护借阅者信息、图书标题信息、管理员信息等服务;DataBase Server 保存了系统中所有的持久数据。ClientPC、DataBase Server、Application Server 和 Printer 之间通过局域网进行连接。上图中的 BusinessLogic 组件包含了图 10-22 中的所有组件。

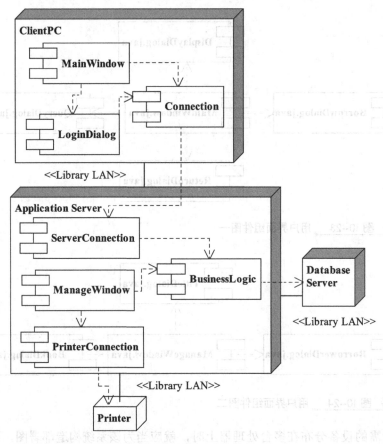

图 10-25  图书管理系统的部署图

## 10.8 思考与练习

**一、简答题**

1. 什么是组件图？为什么要构造组件图？组件间的关系是什么？
2. 什么是部署图？构造部署图的意义是什么？
3. 简述组件图与部署图的区别。
4. 简述构造实现方式图可遵循的步骤。
5. 列出在客户/服务器应用程序中出现的组件。

**二、分析题**

1. 阅读一个组件图。从图 10-26 所示的组件图中，识别出本章介绍的各种 UML 标记符，包括独立的组件、容器组件、内嵌组件以及组件之间的依赖关系。

2. 从图 10-27 所示的部署图中识别出本章介绍的各种 UML 标记符，包括通用的节点、实例化的节点以及节点之间的关联关系。

3. 建模实现方式图。

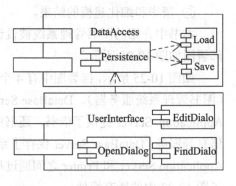

图 10-26  组件图示例

# 构造实现方式图

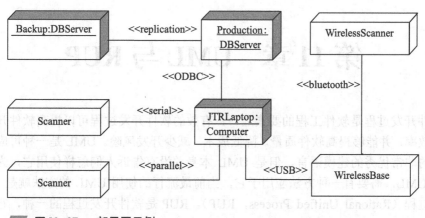

图 10-27　部署图示例

在本练习中将要根据下面列出的系统需求构造一个实现方式图。在此需要综合运用本章所学的关于组件图和部署图的 UML 标记符知识，以及本书前面介绍的类与对象的有关知识。

Yjy 系统的需求描述如下所示：

（1）Yjy 的实例通过 L1 线与 WS 服务器通信。Yjy 会将信息发送到 WS 服务器的接收请求软件。

（2）系统将维护一个 QueryByPortal 类和 QueryByCommodity 的实例，它们用于处理对服务器的请求。

（3）服务器将通过包含数据库访问组件的接收请求功能处理软件。

（4）数据库访问组件将会同时访问商品服务器和生产商服务器。WS 通过 Internet 访问这两个服务器。

（5）商品数据库的一个实例驻留在商品服务器上，生产商数据库的一个实例驻留在生产商服务器上，这两个服务器都通过运行在另一个应用程序服务器上的更新商品程序更新信息。

（6）应用程序服务器连接到商品服务器，商品服务器连接到生产商服务器，生产商服务器通过 Internet 连接到 WS。

（7）应用程序服务器还包括由更新商品程序使用的验证组件。

建模的步骤为：

（1）确定系统的节点。

（2）确定节点间的通信关联。

（3）确定软件组件、类和对象。

（4）确定组件间的依赖关系。

# 第 11 章 UML 与 RUP

软件开发过程是软件工程的要素之一，有效的软件开发过程可以提高软件开发团队的生产效率，并能够提高软件质量、降低成本、减少开发风险。UML 是一种可应用于软件开发的非常优秀的建模语言，但是 UML 本身并没有告诉人们怎样使用它，为了有效地使用 UML，需要有一种方法应用于它，当前最流行的使用 UML 的方法就是 Rational 的统一过程（Rational Unified Process，RUP）。RUP 是软件开发过程的一种，它为有效地使用统一建模语言 UML 提供了指导。

本章将介绍如何通过与 UML 紧密结合的 RUP 进行软件开发。

**本章学习要点：**

> 了解软件开发过程
> 了解 UML 与 RUP 的关系及使用 RUP 的原因
> 理解 RUP 的二维空间
> 理解 RUP 的各核心工作流程

## 11.1 理解软件开发过程

软件开发过程是指应用于软件开发和维护当中的阶段、方法、技术、实践和相关产物（计划、文档、模型、代码、测试用例和手册等）的集合。软件开发过程是开发高质量软件所需完成的任务的框架。软件工程是一种层次化的技术，如图 11-1 所示。

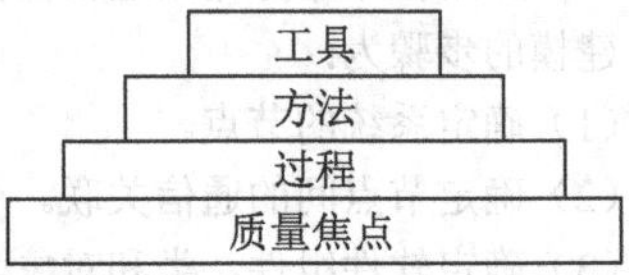

所有工程方法都以有组织的质量保证为基础，软件工程也不例外。软件工程的方法层在技术层面上描述了应如何有效地进行软件开发，包括进行需求分析、系统设计、编码、测试和维护。

图 11-1 软件工程的层次图

软件工程的工具层为软件过程和方法提供了自动或者半自动的支持。软件开发过程为软件开发提供了一个框架，该框架包含如下内容：

- ❑ 适用于任何软件项目的框架活动。
- ❑ 不同任务的集合。每个集合都由工作任务、阶段里程碑、产品以及质量保证点组成，它们使得框架活动适应于不同软件项目的特征和项目组的需求。
- ❑ 验证性的活动。例如，软件质量保证、软件配置管理、测试和评估，它们独立于任何一个框架活动，并贯穿于整个软件开发过程之中。

当前，软件的规模越来越大，复杂程度也越来越高，而且用户常常要求软件是具有交互性的、国际化的、界面友好的、具有高处理效率和高可靠性的，这都要求软件公司能够提供高质量的软件并尽可能地提高软件的可重用性，以及降低软件开发成本，提高软件开发效率。使用有效的软件开发过程可以为实现这些目标奠定基础。当前，比较流行的软件开发过程主要有：

- Rational Unified Process（Rup）。
- OPEN Process。
- Object-Oriented Software Process（OOSP）。
- Extreme Programming（XP）。
- Catalysis。

## 11.2 Rational 统一过程（RUP）

UML（Unified Modeling Language）仅仅是一种系统建模语言，它并没有告诉建模人员应该如何使用它，为了使用 UML，需要有一种方法应用于它，当前最流行的使用 UML 的方法就是 Rational 的统一过程（Rational Unified Process，RUP），也称为 Unified Process（统一过程）。

### 11.2.1 理解 RUP

软件开发过程是使软件从概念到成品所能遵循的一系列阶段，RUP 作为一种软件开发过程包含了以下四个阶段：初始阶段（Inception）、筹划阶段（Elaboration）、构建阶段（Construction）和转换阶段（Transition）。

#### 1. 初始阶段

RUP 的初始阶段是进行最初分析的阶段，用于确定要开发的系统，包括其内容和业务。在该阶段中，应当针对要设计的系统所能完成的工作与相关领域的专家以及最终用户进行讨论；应该确定并完善系统的业务需求，并建立系统的用例图模型。

#### 2. 筹划阶段

RUP 的筹划阶段是进行详细设计的阶段，用于确定系统的功能。设计人员应从在初始阶段建立的系统用例模型出发进行设计，以获得对如何构建系统的统一认识，然后应把系统分割为若干子系统，每个子系统都可以被独立建模。在该阶段中，应把在初始阶段中确定的用例发展成为对域、子系统以及相关的业务对象的设计。筹划阶段的工作是需要反复进行的，在这一阶段的最后，将会建立系统中的类以及类成员的模型。

#### 3. 构建阶段

RUP 的构建阶段是一个根据系统设计的结果进行实际的软件产品构建的过程，该过程是一个增量过程，代码在每个可管理的部分进行编写。在构建阶段可能会发现筹划阶段或者初始阶段工作中的错误或者不足，因而可能需要对系统进行再分析和再设计以修正错误或者完善系统。总之，在该阶段中，可能需要多次返回到构建阶段以前的阶段，尤其是筹划阶段，以进一步完善系统。

4. 转换阶段

在该阶段中,将会处理将软件系统交付给用户的事务。该阶段的完成并非意味着软件生命周期的真正结束,因为在这之后,还将需要对软件进行必要的维护和升级。

### 11.2.2 为什么要使用 RUP

在目前比较流行的软件开发过程中,RUP 是由发明 UML 的三位方法学家提出的,与其他软件开发过程相比,使用 RUP 可以更好地进行 UML 建模,而且,RUP 能够为软件开发团队提供指南、文档模板和工具,从而使软件开发团队能够最有效地利用当前软件开发实践中所获得的六大最好经验。

1. 迭代地开发软件

随着软件规模的扩大和软件复杂程度的增强,按照系统分析、设计、实现和测试的顺序线性地进行软件开发已很难行得通,而是需要使用迭代的方法,在多个迭代的基础上递增地实现完整的解决方案。RUP 支持迭代地开发软件,在生命周期的每个阶段都强调风险最高的问题,从而有效地降低了项目的风险系数。使用迭代的方法开发软件,便于系统用户的参与和反馈,从而能够有效地降低系统开发过程中的风险;并且,在每一次迭代过程结束时都能生成一个可执行的系统版本,这能使开发团队始终将注意力放在软件产品上;另外,迭代地开发软件还有利于开发团队根据系统需求、设计的改变而方便地调整软件产品。

2. 管理需求

RUP 描述了如何启发和组织系统所需要的功能和约束,以及如何为它们建档,如何跟踪和建档权衡与决策,并有利于表达商业需求和交流。RUP 所规定的用例能够非常有效地表达功能性需求,并以此驱动软件的设计、实现和测试,使软件产品充分地满足用户的需要。

3. 使用基于组件的架构

使用基于组件的架构技术能够设计出直观、能适应变化、有利于系统重用的灵活的架构。RUP 支持基于组件的软件开发,它提供了使用旧组件和新组件定义架构的系统方法。

4. 为软件建立可视化模型

RUP 可以指导建模人员可视化地为软件建模以表达系统架构以及组件的结构和行为,这可以描述系统元素是如何组织在一起的,有助于软件开发过程中不同层次、不同方面的人的沟通,并能保证系统各部件与代码相一致,维护设计与实现的一致性。使用 RUP 可以更好地进行 UML 可视化建模。

5. 验证软件质量

软件性能和可靠性的低下是影响软件使用的最重要的因素,因此,应根据基于软件

# UML 与 RUP

性能和软件可靠性的需求对软件质量进行评估。RUP 有助于进行软件质量评估，在 RUP 的每个活动中都存在软件质量评估，并可以让与系统有关的所有人员都参与进来。

#### 6．控制对软件的修改

对软件修改进行管理可以确保每个变化都是可接受的，在软件修改不可避免的环境中，跟踪软件修改的能力非常重要。RUP 描述了如何控制、跟踪和监视软件修改，从而保证了迭代开发过程的成功；RUP 还可以指导人们如何通过控制所有对软件制品（例如模型、代码、文档等）的修改来为所有开发人员建立安全的工作空间。

## 11.3 RUP 的二维空间

在 RUP 中，根据时间和核心工作流程，软件生命周期被划分为二维空间，也可以说 RUP 是沿着两个轴发展的。其中，水平轴（时间维）显示了 RUP 动态的一面，在 RUP 中，使用周期（Cycle）、阶段（Phase）、迭代（Iteration）等术语进行描述；垂直轴代表了 RUP 静态的一面，该维是按照内容组织的，包含了 RUP 的核心过程工作流程和核心支持工作流程，在 RUP 中使用活动（Activity）、产品（Artifact）、工作人员（Worker）和工作流（Workflow）等术语进行描述。

### 11.3.1 时间维

时间维是 RUP 随着时间的动态组织。RUP 将软件生命周期划分为初始阶段、筹划阶段、构建阶段和转换阶段四个阶段，每个阶段的结果都是一个里程碑，都要达到特定的目标。本章第 2 节的介绍已使读者对这四个阶段有了一个大概的了解，下面将对这四个阶段进行更加详细的介绍。

在 RUP 的初始阶段，需要为软件系统建立商业模型并确定系统的边界。为此，需要识别出所有与系统交互的外部实体，包括识别出所有用例、描述一些关键用例，除此之外，还需要在较高层次上定义这些交互。商业系统将包括系统验收标准、风险评估报告、所需资源计划和系统开发规划。

初始阶段的输出如下所示：
- 系统蓝图文档，包括对系统核心需求、关键特性、主要约束等的纲领性描述。
- 初始的用例模型（占完整模型的 10%～20%）。
- 初始的项目词汇表。
- 初始的商业案例，包括商业环境、验收标准（例如税收预测等）和金融预测。
- 初始的风险评估。
- 确定阶段和迭代的项目规划。
- 可选的商业模型。
- 若干个原型。

在初始阶段结束以前，需要使用如下评估准则对初始阶段的成果进行认真评估，只有达到了这些标准，初始阶段才算完成，否则，就应修正项目甚至取消项目。

- 风险承担人是否赞成项目的范围定义、成本/进度估计。
- 主要用例能够无歧义地表达系统需求。
- 成本/进度估计、优先级、风险和开发过程的可信度。
- 开发出的架构原型的深度和广度。
- 实际支出与计划支出的比较。

筹划阶段的主要任务是：分析问题域，建立合理的架构基础，制定项目规划，并消除项目中风险较高的因素。为此，应当对系统范围、主要功能需求和非功能需求有一个很好的理解。

筹划阶段的活动必须保证架构、需求和规划有足够的稳定性，充分降低风险，进而估计出系统的开发成本/进度。在筹划阶段，根据项目的范围、规模和创新性，可以在一个或者多个迭代中建立可执行的架构。

筹划阶段的输出是：

- 用例模型（占完整模型的80%以上），已识别出所有用例和角色，并完成了大多数用例的描述。
- 补充性需求，包括非功能性需求以及与特定用例无关的需求。
- 系统架构描述。
- 可执行的架构原型。
- 修正过的风险清单和商业案例。
- 整个项目的开发规划，包含了迭代过程和每次迭代的评价准则。
- 更新过的开发案例。
- 可选的用户手册（初步的）。

在筹划阶段结束之前，需要使用包含如下问题的评价准则进行评价：

- 软件的前景是否稳定。
- 系统架构是否稳定。
- 当前的可执行版本是否强调了主要风险元素并已有效解决。
- 构建阶段的规划是否足够详细和准确，并有可靠的基础。
- 如果根据当前的规划来开发整个系统，并使用当前的架构，是否所有的风险承担者都同意系统达到了当前的需求。
- 实际资源支出与计划支出是否都是可接受的。

在RUP的构建阶段，组件和应用程序的其余性能被开发、测试并被集成到系统中。构建阶段的主要工作是管理资源，控制运作，优化成本、进度和质量。

现实中的项目通常需要并行地构建，这样可以大大加速可发布版本的完成，但是这也增加了资源管理和工作流同步的复杂性。健壮的架构和易于理解的项目规划是息息相关的，软件架构最重要的一个质量因素就是易构造性，正因为此，才需要在筹划阶段平衡开发架构和规划。

构建阶段的输出是可以交付给用户使用的软件产品，它应该包括：

- 集成到适当平台上的软件产品。
- 用户手册。
- 对当前版本的描述。

在构建阶段结束以前需要使用包含如下问题的评价准则进行评价：

## UML 与 RUP

- 当前的软件版本是否足够稳定和成熟,并可以发布给用户。
- 是否所有风险承担者都做好了将软件交付给用户的准备。
- 实际支出和计划支出的对比是否仍可被接受。

在 RUP 的转换阶段,要将软件产品交付给用户。在软件产品交付给用户之后,通常会产生一些新的要求,例如开发新版本、修正某些问题、完成被推迟的功能部件等。在转换阶段中,需要系统的一些可用子集达到一定的质量要求,并有用户文档,包括:

- "beta 测试"确认新系统已达到用户的预期要求。
- 将新、旧系统同时运行。
- 对运行的数据库进行转换。
- 训练系统用户和系统维护人员。
- 进行新产品展示。

评价 RUP 的转换阶段需要回答如下两个问题:

- 用户对系统是否满意。
- 开发系统的实际支出和计划支出的对比是否仍可被接受。

RUP 中的每一个阶段都可以进一步细分为迭代,每个迭代都是一个完整的开发循环,在每一次迭代过程的末尾都会生成系统的可执行版本,每一个这样的版本都是最终版本的一个子集。系统开发增量式地向前推进,不断地迭代,直至完成最终的系统。

与传统的瀑布模型相比,采用迭代的方法进行软件开发具有更灵活、风险更小的特点。采用迭代方法时,可以更好地理解系统需求、构建健壮的系统架构,所交付的系统版本是逐步完善的。每顺序经历一次 RUP 工作流就是一次迭代,通过不断地迭代,实现了软件的增量式开发。每一次迭代都具有生成可执行版本的开发过程,也可以说一次迭代就是一次完整地经历所有 RUP 工作流的过程,这些工作流包括需求工作流、分析与设计工作流、实现工作流、测试工作流等。

与传统的瀑布模型相比,迭代过程具有如下所示的优点:

- 能够在系统开发的早期就降低风险。
- 降低了软件产品不能按照既定计划交付给用户的风险。
- 加快了系统开发的进度,并使软件具有更高的可重用性和整体质量。

实践证明,采用迭代方法开发的软件更易于根据用户需求的不断变化而做出调整,从而能够开发出充分满足用户需要的软件。

### 11.3.2 RUP 的静态结构

RUP 的静态结构是用工作人员、活动、产品和工作流等描述的,这些建模元素描述了什么人需要做什么,如何做,以及应该在什么时候做。

#### 1. 工作人员、活动和产品

在 RUP 中,工作人员是指个体或者工作团队的行为和责任,分配给工作人员的责任包括完成某项活动,以及是一组产品的负责人;某个工作人员的活动是承担这一角色的人必须完成的一组工作,活动通常用创建或者更新某些产品来表示,包括模型、类和规划等，诸如规划一个迭代、找出用例和角色、审查设计、执行性能测试等都是活动的例子；产品是一个过程所生产、修改或者使用的一组信息，是工作人员参与活动时的输入和完成活动时的输出，产品的形式主要有：

- ❑ 模型，例如用例模型。
- ❑ 模型元素，例如类、用例、子系统等。
- ❑ 文档，例如软件架构文档。
- ❑ 源代码。
- ❑ 可执行程序。

### 2. 工作流程

RUP 中的工作流程是由活动构成的活动序列，可分为核心过程工作流（Core Process Workflows）和核心支持工作流（Core Supporting Workflows）。RUP 中的核心过程工作流包括以下内容。

（1）商业建模（Business Modeling）

建立商业模型是为了确定系统功能和用户需要。商业建模工作流程描述了应如何针对新目标开发模型，并以此为基础在商业用例模型和商业对象模型中定义组织的过程、角色和责任。在商业建模工作流中需要建立如下模型：

- ❑ 上下文模型，该模型描述了系统在整个环境中所发挥的作用。
- ❑ 系统的高层需求模型，例如用例模型。
- ❑ 系统的核心术语表。
- ❑ 域模型，例如类图。
- ❑ 商业过程模型，例如活动图。

（2）需求分析（Requirements）

定义系统功能及用户界面，明确客户需要系统提供的功能，开发人员理解系统的需求，为项目预算及计划提供基础。需求工作流的目标是描述系统应该做什么，并使开发人员和用户就这一描述达成共识。为了达到这个目标，要对需要的功能和约束进行提取、组织、文档化；重要的是理解系统所解决问题的定义和范围。该工作流的主要结果是软件需求说明（SRS）。

（3）分析与设计（Analysis and Design）

把需求分析的结构转化为实现规格。分析和设计工作流将需求转化成未来系统的设计，为系统开发一个健壮的结构并调整设计使其与实现环境相匹配，优化其性能。分析设计工作的结果是一个设计模型和一个可选的分析模型。设计模型是源代码的抽象，由设计类和一些描述组成。设计类被组织成具有良好接口的包（Package）和子系统（Subsystem），而描述则体现了类的对象如何协同工作实现用例的功能。

（4）实现（Implementation）

实现工作流的内容包括用层次化的子系统形式描述程序的组织结构；用组件的形式实现系统中的类和对象，例如源文件、可执行文件、二进制文件等；将系统以组件为单元进行测试；将所有已开发的组件组装成可执行的系统。

（5）测试（Test）

验证各自子系统的交互与集成。确保所有的需求被正确实现并在系统发布前发现错误。测试工作流要验证对象间的交互作用，验证软件中所有组件的正确集成，检验所有的需求已被正确的实现，识别并确认缺陷在软件部署之前被提出并处理。RUP 提出了迭代的方法，意味着在整个项目中进行测试，从而尽可能早地发现缺陷，从根本上降低了修改缺陷的成本。测试类似于三维模型，分别从可靠性、功能性和系统性能来进行。

（6）部署（Deployment）

打包、发布、安装软件、升级旧系统；培训用户及销售人员，并提供技术；制定并实施测试。部署工作流的目的是成功地生成版本将软件分发给最终用户。部署工作流描述了与确保软件产品对最终用户具有可用性相关的活动，包含软件打包、生成软件本身以外的产品、安装软件、为用户提供帮助。在有些情况下，还可能包含有计划地进行测试、移植现有的软件和数据以及正式验收。

需要读者注意的是，虽然核心过程工作流看似瀑布模型中的几个阶段，但是在迭代过程中这些工作流是一次又一次地重复出现的，这些工作流在项目中被轮流执行，在不同的迭代中以不同的侧重点被重复。

RUP 中的核心支持工作流包括以下内容：

（1）项目管理（Project Management）

跟踪并维护系统所有产品的完整性和一致性。配置和变更管理工作流描绘了如何在多个成员组成的项目中控制大量的产物，同时提供准则来管理演化系统中的多个变体，跟踪软件创建过程中的版本。工作流描述了如何管理并行开发、分布式开发，如何自动化创建工程。同时也阐述了对产品修改原因、时间、相关人员的审计记录。

（2）配置和变更管理（Configuration and Change Management）

为计划、执行和监控软件开发项目提供可行性的指导；为风险管理提供框架。软件项目管理平衡各种可能产生冲突的目标，管理风险，克服各种约束并成功交付使用户满意的产品。其目标包括：为项目的管理提供框架，为计划、人员配备、执行和监控项目提供实用的准则。

（3）环境（Environment）

为组织提供过程管理和工具的支持。环境工作流的目的是向软件开发组织提供软件开发环境，包括过程和工具。环境工作流集中于配置项目过程中所需的活动，同样也支持开发项目规范的活动，提供了逐步的指导手册并介绍了如何在组织中实现过程。

## 11.4 核心工作流程

在上一节中已经对 RUP 中的工作流进行了概括性的介绍，本节将分别结合工作人员、产品和工作流这三个建模元素对 RUP 中的几个核心工作流进行详细介绍。

### 11.4.1 需求获取工作流

系统的用户对其所用系统在功能、性能、行为和设计约束等方面的要求就是软件的需求。需求获取就是通过对系统问题域的分析和理解而确定系统所涉及的信息、功能和系统行为，进而将系统用户的需求精确化、完全化。进行需求获取的任务主要是在 RUP 的初始阶段和筹划阶段完成的。

### 1. 工作人员

需求获取阶段的工作人员包括以下几类。

- **系统分析师（System Analyst）** 系统分析师是该工作流程中的领导者和协调者，主要负责确定系统的边界、确定系统的参与者和用例。系统分析师在该工作流程中负责的产品是系统的用例模型、参与者和术语表。系统分析师在该阶段的工作是宏观的，虽然系统的用例模型和参与者是由系统分析师确定的，但是具体的用例是由专门的用例描述人员完成的。
- **用例描述人员（Use Case Specifier）** 要能够开发出充分满足用户需要的软件，就必须准确而充分地确定系统需求，这项任务通常需要系统分析师协同其他相关人员共同完成，他们一起来对若干个用例进行详细的描述，这些人员被称为用例描述人员。
- **GUI 设计人员（GUI Designer）** GUI 设计人员负责设计系统与用户进行交互时的可视化界面。
- **架构工程师（Architect）** 架构工程师同样有必要参与需求获取工作流，因为这有助于描述用例模型的架构视图。

### 2. 产品

在 RUP 的需求获取工作流中，主要的 UML 产品如下所示。

- **用例模型（Use Case Model）** 用例模型主要包括系统的参与者、用例以及用例之间的关系。用例模型的构造有利于软件开发人员和系统用户之间的有效沟通，从而有利于充分而准确地确定用户需求。
- **参与者（Actor）** 参与者代表了系统为之服务或者与之交互的对象。
- **用例（Use Case）** 用例描述了系统所能提供的功能，一个功能可以用一个用例来表示，整个用例模型就描述了系统所能提供的完整功能。用例可以认为是一个类元，它具有属性和操作；用例可以用序列图和协作图进行详细描述。
- **架构描述** 系统的架构描述了系统所提供的关键功能的用例。
- **术语表** 每个领域都具有描述和表达该领域的独特术语，在需求获取工作流中需要理解和获取这些术语。术语表包括了主要的业务术语及其定义，这有利于所有的开发人员都使用统一的概念描述和表达系统，以便消除由于不同开发人员使用不同概念描述和表达同一事务所造成的不便甚至错误。
- **GUI 原型** 在需求获取工作流中，GUI 原型可以在系统用户的参与下确定，这样有助于设计出更好的用户界面。

### 3. 工作流

需求获取工作流主要包含如下五个活动：

① 确定参与者和用例。该项活动的内容包括确定系统的边界；描述将有哪些参与者会与系统进行交互，以及他们需要系统提供哪些功能；获取并定义术语表中的公用术语。如图 11-2 所示。确定参与者和用例的过程包括四个并发进行的步骤：确定参与者、确定用例、简要描述每个用例、构造用例模型。

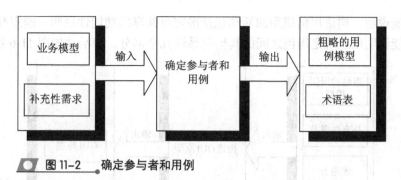

图 11-2　确定参与者和用例

② 区分用例优先级。区分用例优先级也就是确定用例模型中用例开发的先后次序,有些用例需要在早期的迭代中进行开发,而有些用例则应在后期的迭代中进行开发。区分用例优先级的活动如图 11-3 所示。

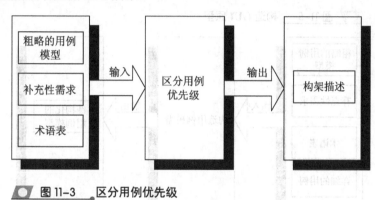

图 11-3　区分用例优先级

③ 详细描述用例。详细描述用例主要是详细描述事件流。该活动包括建立用例说明、确定用例说明中包括的内容、对用例说明进行形式化描述三个步骤。详细描述用例的活动如图 11-4 所示。

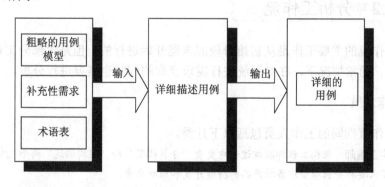

图 11-4　详细描述用例

④ 构造 GUI 原型。设计系统的用户界面是构造好用例模型之后需要做的工作。该活动由逻辑用户界面设计、实际用户界面设计和构造原型组成,如图 11-5 所示。

⑤ 构造用例模型。进行该活动是为了抽取通用的用例功能说明,这些用例功能说明可以被用以描述更详细的用例功能,以及抽取可以扩展具体用例说明的补充性或者可选

性用例功能说明。构造用例模型的活动包括确定可共享的功能性说明、确定补充性或者可选性功能说明以及确定用例之间的其他关系这几个部分。该活动如图 11-6 所示。

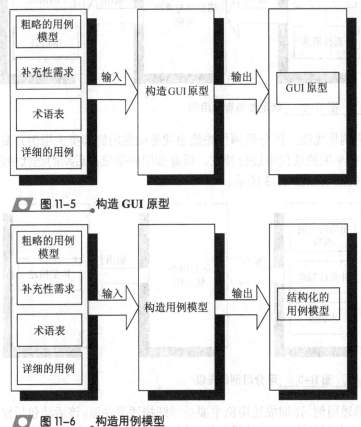

图 11-5　构造 GUI 原型

图 11-6　构造用例模型

## 11.4.2　分析工作流

分析工作流的主要工作是从初始阶段的末尾开始进行的，但是大部分工作是在筹划阶段进行的。通常情况下，在对系统进行需求获取的同时也需要进行分析。

### 1. 工作人员

分析工作流期间的工作人员包括以下几类。

- **架构工程师**　架构工程师在该过程中负责"分析模型"和"架构描述"两个 UML 产品，但是不需要对分析模型中各种产品的持续开发和维护负责。
- **用例工程师**　用例工程师的任务是完成若干用例的分析和设计，使这些用例实现相应的需求。
- **组件工程师**　在分析工作流中，组件工程师的任务是定义并维护若干个分析类，使它们都能实现相应用例实现的需求，并维护若干个包的完整性。

### 2. 产品

在 RUP 的分析工作流中，主要的 UML 产品如下所示。

- **分析模型** 该产品是由代表分析模型顶层包的分析系统表示的。
- **分析类** 分析类是对系统问题域所做的抽象，对应现实世界业务领域中的相关概念，对现实世界来说，分析类所作的抽象应是清晰而无歧义的。
- **用例实现的分析视图** 用例实现是由一组类组成的，这些类实现了相应用例中所描述的功能。分析类图是用例实现的关键部分，类图中类的实例可以协同实现若干用例所描述的功能。
- **分析包** 分析包用于对分析模型中的 UML 产品进行组织。分析包中可以包含用例、分析类、用例实现和其他分析包。
- **架构模型** 架构模型包含分析模型的架构视图。

#### 3. 工作流

分析工作流主要包含如下四个活动：

① 架构分析。进行架构分析是为了通过确定分析包、粗略的分析类和公用的需求粗略地勾画系统的分析模型和构架。如图 11-7 所示。

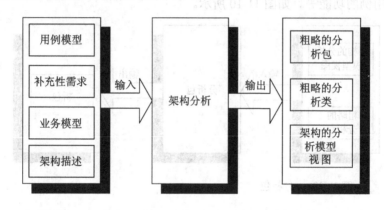

图 11-7 架构分析

② 分析用例。在该活动中要做的工作包括：确定粗略的分析类；将用例的功能封装到特定的分析类当中；获取用例实现中的特定需求。如图 11-8 所示。

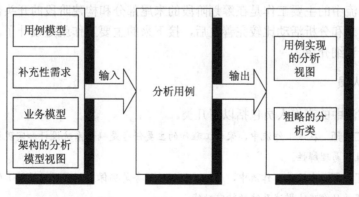

图 11-8 分析用例

③ 分析类。该活动的内容包括：根据分析类在用例实现中的角色确定分析类的职

责；确定分析类的属性和参与的关系；获取对应于分析类实现的特定需求。如图 11-9 所示。

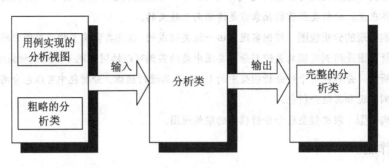

● 图11-9　分析类

④ 分析包。进行该活动是为了尽可能保证该分析包的独立性，使该分析包能够实现一定领域内用例的功能等。如图 11-10 所示。

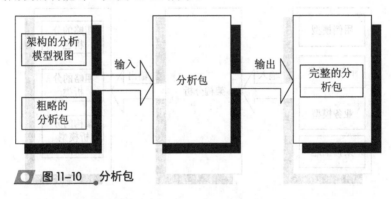

● 图11-10　分析包

在分析包活动中，通常需要定义该包与其他包的依赖关系，使该包包含合适的类。

### 11.4.3　设计工作流

设计工作流中的主要工作是在筹划阶段的末尾部分和构建阶段的开头部分完成的。在获取系统需求和分析活动比较完善之后，接下来的主要工作就是设计了。下面将对设计工作流进行详细介绍。

#### 1．工作人员

设计工作流中的工作人员包括以下几类。

- **架构工程师**　在该工作流中，架构工程师的主要任务是确保系统设计和实现模型的完整性、准确性和易理解性。
- **用例工程师**　在设计工作流中，用例工程师的任务是确保用例实现（设计）的图形和文本易于理解并且准确地描述系统的特定功能。
- **组件工程师**　组件工程师的任务是定义和维护设计类的属性、操作、方法、关系以及实现性需求，确保每个设计类都实现特定的需求。

## 2. 产品

在 RUP 的设计工作流中，主要的 UML 产品如下所示。

- **设计模型** 设计模型是用于描述用例实现的对象模型，由设计系统表示。
- **设计类** 设计类是对系统问题域和解域的抽象，是已完成规格说明并能被实现的类。架构设计师应当在设计工作流中确定类所具有的属性，并将分析类中相应的操作转化为方法。
- **用例实现** 该产品是实现用例的对象和设计类在设计模型内的协作，描述了特定用例的实现和执行情况。
- **设计子系统** 设计子系统可将设计模型中的产品组织成易于管理的功能块。设计子系统中的元素可以是设计类、用例实现、接口和其他的子系统。
- **接口** 接口用于描述设计类和子系统所提供的操作。
- **部署图** 在设计工作流中将生成初步的部署图，以描述软件系统在物理节点上的部署情况。

## 3. 工作流

设计工作流主要包含如下四个活动：

① 架构设计。在该活动中，需要识别节点及其网络配置、子系统及其接口，以及重要设计类，进而构造设计和实现模型及其架构。如图 11-11 所示。

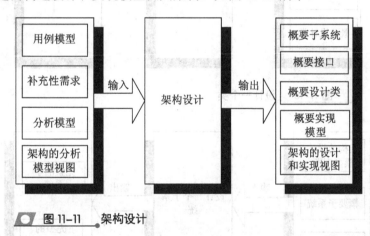

图 11-11 架构设计

② 设计用例。在该活动中，需要识别设计类或者子系统；把用例的行为分配到有交互作用的设计对象或者所参与的子系统；定义对设计对象或者子系统及其接口的操作需求；为用例获取实现性需求。如图 11-12 所示。

③ 设计类。设计类能够实现其在用例实现中以及非功能性需求中所要求的角色。

设计类应当包含以下内容：操作、属性、所参与的关系、实现操作的方法、强制状态、对任何通用设计机制的依赖、与实现相关的需求，以及需要提供的任何接口的正确实现。如图 11-13 所示。

④ 设计一个子系统。设计子系统的目的有如下三个：ⓐ保证该子系统尽可能独立于其他子系统或者它们的接口。ⓑ保证该子系统提供正确的接口。ⓒ保证该子系统提供其接口所定义操作的正确实现。如图 11-14 所示。

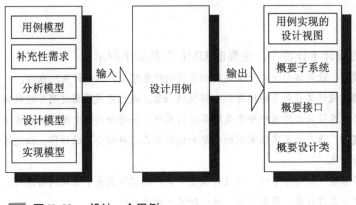

◆ 图 11-12　设计一个用例

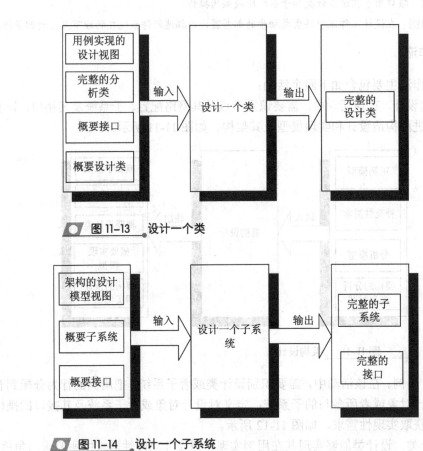

◆ 图 11-13　设计一个类

◆ 图 11-14　设计一个子系统

### 11.4.4　实现工作流

实现工作流是把系统的设计模型转换成可执行代码的过程，可以认为实现工作流的重点就是完成系统的可执行代码。实现工作流是 RUP 中构建阶段的重点。系统的实现模型只是实现工作流的副产品，系统开发人员应当把重点放在开发系统的代码上。

# UML 与 RUP

## 1. 工作人员

RUP 的分析工作流期间的工作人员包括以下几类。

- **架构设计师**　在实现工作流中，架构设计师主要负责确保实现模型的完整性、正确性和易理解性。架构设计师必须对系统实现模型架构以及可执行体与节点间的映射负责，但实现模型中各种产品的继续开发和维护不属于他的职责范围。
- **组件工程师**　组件工程师的任务是定义和维护若干组件的源代码，保证系统中的每个组件都能正确实现其功能，除此之外，组件工程师还应确保实现子系统的正确性。
- **系统集成人员**　系统集成人员主要负责规划在每次迭代中所需的构造序列，并在实现每个构造后对其进行集成。

## 2. 产品

在 RUP 的实现工作流中，主要的 UML 产品如下所示。

- **实现模型**　该产品是一个包含组件和接口的实现子系统的层次结构，它用于描述如何使用源代码文件、可执行体等组件来实现设计模型中的元素，以及组件的组织情况和组件之间的依赖关系。
- **组件**　常见的组件主要有：
  <<EXE>>，代表一个可以在节点上运行的程序。
  <<Database>>，代表一个数据库。
  <<Application>>，代表一个应用程序。
  <<Document>>，代表一个文档。

组件也就是系统中可替换的物理部件，它封装了系统实现并且遵循和提供若干接口的实现。也可以说，实现模型中的组件依赖于设计模型中的某个类。

- **实现子系统**　该产品可以把实现模型的产品组织成更易于管理的功能块。一个子系统可以包含组件或者接口，也可以实现和提供接口。
- **接口**　实现工作流必须要能够实现接口所定义的全部操作，提供接口的子系统也必须包含提供该接口的组件。
- **架构的实现模型**　该产品描述了对架构来说比较重要的产品，例如，实现模型的子系统、子系统接口以及它们之间依赖关系的分解、关键的组件。
- **集成构造计划**　在增量的构造方式中，每一步增量中需要解决的集成问题并不多，增量的结果被称为构造，它是系统的一个可执行版本，包括部分或者全部的系统功能。

## 3. 工作流

实现工作流主要包含如下五个活动：

① 架构实现。架构实现的过程主要包括：识别架构中的关键组件，例如可执行组件；在相关的网络配置中将组件映射到节点上。

该活动的输入和输出如图 11-15 所示。

② 系统集成。系统集成的过程主要包括：创建集成构造计划，描述迭代中所需的构造和对每个构造的需求；在集成测试前集成每个构造。

该活动的主要输入和输出如图 11-16 所示。

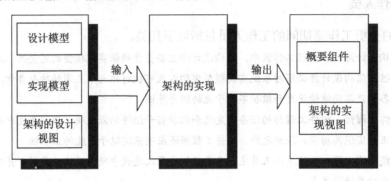

> 图 11-15　架构的实现

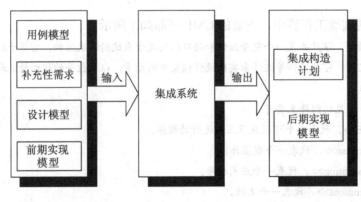

> 图 11-16　系统的集成

③ 实现一个子系统。实现一个子系统是为了保证一个子系统扮演它在每个构造中的角色。该活动的输入和输出如图 11-17 所示。

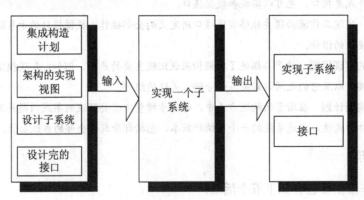

> 图 11-17　实现一个子系统

④ 实现一个类。进行该活动可以在一个文件组件中实现一个设计类，其过程主要包括：描绘出将包含源代码的文件组件；从设计类及其所参与的关系中生成源代码；实现设计类的操作；保证组件提供与设计类相同的接口。

# UML 与 RUP

该活动的输入和输出如图 11-18 所示。

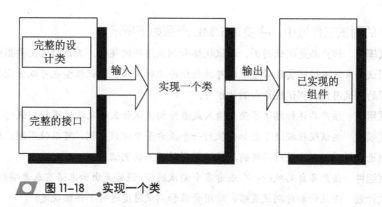

图 11-18　实现一个类

⑤ 执行单元测试。进行该活动是为了把已实现的组件作为个体单元进行测试。其主要输入和输出如图 11-19 所示。

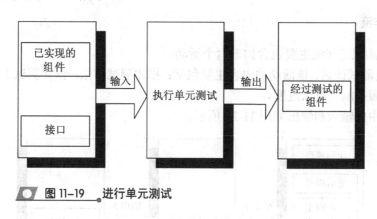

图 11-19　进行单元测试

## 11.4.5　测试工作流

在获取系统需求以及分析、设计、实现等阶段的工作都完成后，就需要认真查找软件产品中潜藏的错误或者缺陷，并进行更正和完善。测试工作流的工作量通常会占到系统开发总工作量的 40%以上。测试工作流贯穿于系统开发的整个过程，它开始于 RUP 的初始阶段，并是筹划阶段和构建阶段的重点。

### 1. 工作人员

RUP 的测试工作流期间的工作人员包括以下几类。

- **测试设计人员**　该类人员所进行的工作主要包括：决定测试的目标和测试进度；选择测试用例和相应的测试规则；对完成测试后的集成及系统测试进行评估。
- **组件工程师**　该类人员的任务是测试软件，以自动执行一些测试规程。
- **系统测试人员**　系统测试人员直接参与系统的测试工作，对作为完整迭代的结构的构造进行系统测试。

## 2. 产品

在 RUP 的测试工作流中，主要的 UML 产品如下所示。

- 测试模型　该产品是测试用例、测试规格和测试组件的集合。测试模型主要描述如何通过集成测试和系统测试对实现模型中的可执行组件进行测试。测试模型也可以管理将要在测试中使用的测试用例、测试规格和测试组件。
- 测试用例　该产品详细描述了使用输入或者结构测试什么以及能够进行测试的条件。
- 测试规程　测试规程描述了应如何执行一个或者多个测试用例。可以使用测试规则来对测试用例进行说明，也可使用同样的测试规则说明不同的测试用例。
- 测试组件　该产品自动执行一个或者多个测试规程，通常是由脚本语言或者编程语言开发的。
- 测试计划　测试计划对测试策略、所用资源和测试进度进行了详细规定。
- 缺陷　进行软件测试就是为了在软件交付使用前找出并改正系统存在的缺陷。
- 评估测试　评估测试是对系统测试工作所做的评估。

## 3. 工作流

RUP 的测试工作流主要包含如下六个活动：

① 制定测试计划。该活动的内容主要包括：描述测试方法；预计测试工作所需的人力和系统资源；制定测试进度。

该活动中的输入和输出如图 11-20 所示。

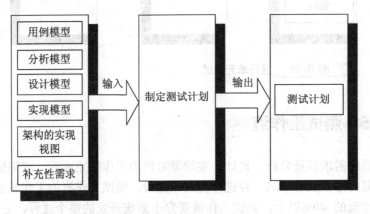

图 11-20　制定测试计划

② 测试设计。该活动的内容主要有：识别并描述每个构造的测试用例；识别并构造测试规程。

该活动中的输入和输出如图 11-21 所示。

③ 实现测试。进行该活动是要建立测试组件以使测试规程自动化。

该活动中的主要输入和输出如图 11-22 所示。

④ 进行集成测试。在该活动中，需要执行在迭代内创建的每个构造所需要的集成测试，并获取测试结果。

该活动中的输入和输出如图 11-23 所示。

# UML 与 RUP

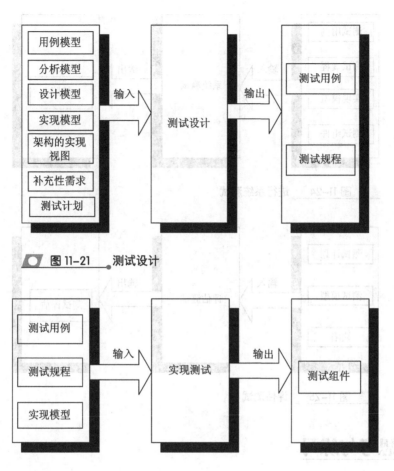

图 11-21 测试设计

图 11-22 实现测试

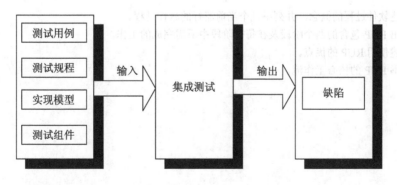

图 11-23 进行集成测试

⑤ 进行系统测试。进行系统测试是要执行在每一次迭代中需要的系统测试,并获取其结果。该活动中的输入和输出如图 11-24 所示。

⑥ 评估测试。进行评估测试是为了对一次迭代内的测试工作进行评估。
该活动中的输入和输出如图 11-25 所示。

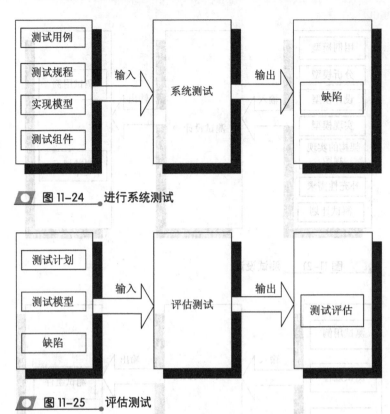

● 图 11-24  进行系统测试

● 图 11-25  评估测试

## 11.5 思考与练习

**简答题**

1. 简述软件过程的概念，并列举几个当前流行的软件过程。
2. 说出 RUP 包含的四个阶段及在每个阶段中所需完成的工作。
3. 简述使用 RUP 的优点。
4. 列举 RUP 的核心工作流。

# 第 12 章  UML 与数据库设计

在过去的几十年中，关系数据库模型征服了数据库软件市场，关系数据库技术为数据库行业做出了巨大贡献。尽管未来不再属于关系数据库模型，但是大型系统采用对象关系数据库技术或者对象数据库技术还需要若干年时间，还会有许多新的应用程序采用关系数据库技术。

随着面向对象技术的发展，许多建模人员都意识到了实体-关系模型的局限性；UML不仅可以完成实体-关系图可以做的所有建模工作，而且可以描述其不能表示的关系。本章将介绍 UML 模型到关系数据库的映射问题，主要涉及两个方面：模型结构的映射和模型功能的映射。

**本章学习要点：**

> 理解 UML 模型与数据库设计之间的关系
> 将 UML 模型中的类映射为数据库表
> UML 模型中关联关系的转换
> 进行关系约束的验证
> 了解如何用 SQL 语句实现数据库功能
> 将 UML 模型映射为关系数据库

## 12.1  数据库结构

从数据库技术诞生到现在，经历了多种结构，从早期的网状数据库、层次数据库，一直到现在比较流行的关系型数据库和面向对象的数据库。

在理想情况下，组织对象数据库的最好方式是直接存储对象及其属性、行为和关联。这种数据库称为面向对象数据库。面向对象数据库管理系统（ODBMS）在理论上是可用的，但还存在相对有限的有效性等问题。这就影响了这种系统的广泛应用。这里还有一个主要问题，传统型的数据库其理论已经相当成熟，其性能非常可靠并且已经被广泛应用，这导致了人们不愿意用他们非常有价值的资源来冒险。

在实际的应用中，常见的数据库组织方式是使用关系的形式。关系其实就是一张二维表格，表格的行代表了现实世界中的事物和概念，列表示这些事物或概念的属性。表中事物之间的关联由附加列或附加表来表示。

## 12.2  数据库接口

数据库接口将实现从业务层对象中获取数据，保存到数据库。该接口必须调用 DBMS所提供的性能来对对象及其关联进行操作，这些操作是独立于数据库结构的。

对于对象及其关联而言，一个对象需要有四种操作，关联需要两种操作，这些操作是独立于数据库的组织的。对象上的一般操作包括如下几种。

- ❑ Create   建立新对象。
- ❑ Remove   删除存在的对象。
- ❑ Store    更新已经存在的对象的一个或多个属性值。
- ❑ Load     读入对象的属性数据。

关联上的一般操作包括如下几种。

- ❑ Create   创建一个新的链接。
- ❑ Remove   删除已经存在的链接。

由于对象型数据库的有限性，因此在实际的应用中数据库通常是关系型的。这在数据库接口设计的过程中会出现几个问题。第一个问题就是业务模型中大多数对象都是持久的，这意味着几乎业务层中的所有对象都要求在数据库中是可见的，并且需要使用 DBMS 的操作。这就要求数据库操作是全局可见的。为此需要定义仅有一个静态类，当业务层中的对象需要访问数据时，就可通过相应的静态类实现。这种类型的静态类由于主要用于数据库的访问，因此也称为数据访问类。

另外，由于关系模型中的表是"平面"的，即表的每个单元仅包含一个属性值，并且不允许有重复出现的数据。这就要求一个类中所有对象都有同样数量的属性，并且每个属性有单一的数据类型，那么将对象模型转换到关系模型是很简单的。

## 12.3 数据库结构转换

在设计关系型数据库时，人们通常使用实体-关系模型来描述数据库的概念模型。与实体-关系模型相比，UML 的类图模型具有更强的表达能力。本节将介绍从 UML 类图模型到关系数据库的结构转换问题。

### 12.3.1 类到表的转换

在将 UML 模型中的类转换（也可称为映射）为关系数据库中的表时，类中的属性可以映射为数据库表中的 0 个或者多个属性列，但并非类中所有的属性都需要映射。如果类中的某个属性本身又是一个对象，则应将其映射为表中的若干列。除此之外，也可将若干个属性映射为表中的一个属性列。

通常情况下，应当为数据库中的每个表都定义一个主键，而将所有的外键都设计为对主键的引用。在将 UML 模型中的类映射为关系数据库中的表时，可使用如下所示的方法为表定义主键：

一是将对象标识符映射为表的主键。在将类映射为表时，可为表添加一个对象标识符列，该属性列就是表的主键。另外，在将类图中的关联关系映射为数据库表时，表的主键应由与该关联关系相关的类的标识符组成。

二是将类的一些属性映射为表的主键。

对于第一种方法，通常当类图中的类超过 30 个时，使用起来才能够显示出其优越性；

对于第二种方法，由于主键具有一定的内在含义，因而有利于数据库的调试和维护，当数据库应用的规模较小时，可以选用该方法，但是第一种也是可以的。

在将类映射为表时，对类之间继承关系的不同处理方式会对系统的设计有不同的影响；在处理类之间的继承关系时，可采用如下所示的方法。

### 1．将所有的类都映射为表

采用此种方法时，超类和子类都映射为表，它们共享一个主键，如图12-1所示。

其中，employeeID是表Employee、表Locoman和表TrainAttendant共享的主键，locomanID和trainAttendantID是外部键，它们是对主键employeeID的引用。

此种方法可以很好地支持多态性；要更新超类或者添加子类只需修改或者添加相应的表即可。

但是使用这种方法时，会导致数据库中表的数量过多，进而导致读写数据的时间过长。除此之外，还应为需要生成报表的数据库表增添视图，否则，在生成报表时会比较困难。

Employee table

| employeeID | name | employeetype |
|---|---|---|
| | | |

Locoman table

| locomanID(references Employee) | trainRating |
|---|---|
| | |

TrainAttendant table

| trainAttendantID(references Employee) |
|---|
| |

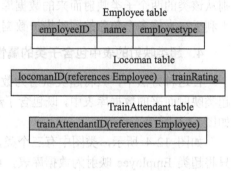

图12-1 类图与对应的数据库表

### 2．将有属性的类都映射为表

在使用这种方法时，只把具有属性的类映射为表，因而，这种方法可以减少数据库中表的数量。如图12-2所示。

### 3．子类映射的表中包含超类的属性

使用这种方法时，只将子类映射为数据库表，超类并不映射为数据库表。在从子类映射而来的数据库表中，属性列既有从子类属性映射而来的，也有从超类继承的属性映射而来的。使用这种方法也可减少数据库表的数量。如图12-3所示。

Employee table

| employeeID | name | employeetype |
|---|---|---|
| | | |

Locoman table

| locomanID(references Employee) | trainRating |
|---|---|
| | |

图12-2 类图与对应的数据库表

Locoman table

| locomanID | name | trainRating |
|---|---|---|
| | | |

TrainAttendant table

| trainAttendantID | name |
|---|---|
| | |

图12-3 类图与对应的数据库表

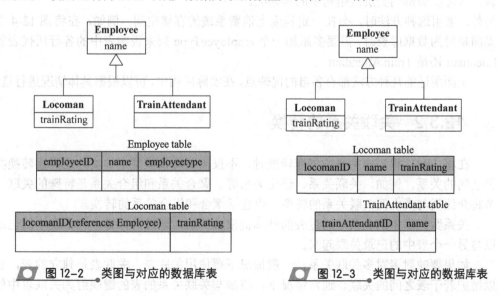

在图 12-3 中，只将子类 Locoman 和 TrainAttendant 映射为对应的数据库表，而没有将超类 Employee 映射为数据库表，并且，在从子类映射而来的数据库表中包含了从超类继承过来的属性。在表 Locoman 和表 TrainAttendant 中，locomanID 和 trainAttendantID 分别是它们的主键。

采用此种方法时，由于相关的数据通常位于同一个数据库表中，因而有利于报表的生成。

但是，这种方法也有缺点。例如，如果修改 Employee 类，向该类添加两个属性，则从该类的两个子类映射而来的数据库表也要做相应的修改。另外，使用这种方法时，不利于在支持多个角色的同时维护数据完整性。

#### 4. 超类映射的表中包含子类的属性

在这种方法中，只将超类映射为数据库表，而该超类的所有子类都不做映射。在从超类映射而来的数据库表中，既包含了超类的属性，也包含了该超类的所有子类的属性。如图 12-6 所示。

如图 12-4 所示，类图中有三个类，但只将超类 Employee 映射为数据库表，而将其所有子类的所有属性都映射到该表中。

可以看出，在这种方法中，因将同一继承层次中的所有类都映射到一个表中，所以减少了数据库表的数量，而且，这也有利于报表的生成。

但是，每当在类层次结构中的任何类中添加一个新属性时都要将该属性添加到表中。因而，这种方法导致了类层次结构中耦合性的增强，因为如果在一个地方出现了错误，就可能会影响类层次结构中的其他类。

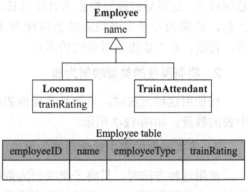

图 12-4　类图及对应的数据库表

另外，采用这种方法时，会在一定程度上浪费系统的存储空间。例如，在将图 12-4 中的类图映射为数据库表时，需要多添加一个 employeeType 列来说明表中的各行所代表的是 Locoman 还是 Train Attendant。

上面所述的几种方法都有各自的优缺点，在实际应用中，可以根据具体情况进行选用。

### 12.3.2　关联关系的转换

在将 UML 模型向关系数据库转换时，不仅需要转换模型中的类，还需要转换类与类之间的关系，例如，关联关系、泛化关系等。聚合关系和组合关系是特殊的关联，本节将介绍类与类之间关联关系的转换，也包括聚合和组合关系的转换。

关系数据库中的关系是通过表的外部键来维护的，通过外部键，一个表中的记录可以与另一个表中的记录关联起来。

如果要映射多对多关联关系，一般情况下要使用关联表。关联表是独立的表，它可以维护若干表之间的关联。通常情况下，将参与关联关系的表的键映射为关联表中的属性。常常将关联表所关联的表的名字的组合作为关联表的名字，或者将关联表所实现的关联的名字作为关联表名。图 12-5 演示了如何将多对多关联关系映射为表。表格中的"…"表示未写出的属性列，表中已列出的属性也是表的主键。

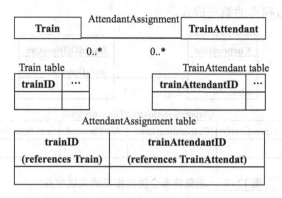

图 12-5　多对多关联的映射

在映射一对多关联关系时，有两种方法可以选用。第一种如图 12-6 所示。

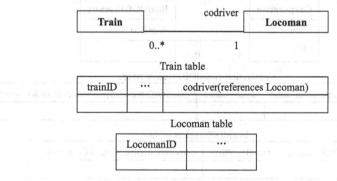

图 12-6　一对多关联的映射（1）

如图 12-6 所示，在映射一对多关联时，可将外部键放置在"多"的一边，而将角色名作为外部键属性名的一部分。

除此之外，还可以将一对多关联映射为关联表。如图 12-7 所示。

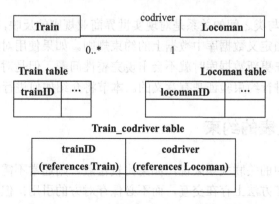

图 12-7　一对多关联的映射（2）

如果要映射的关联关系为一对一关联,则可将外部键放在任意一边。

当在关系数据库中实现关联关系时,应注意避免如下几种错误的映射:

① 合并。如图 12-8 所示,不能将多个类与相应的关联合并成一张数据库表,因为这样做违背了关系数据库的第三范式。

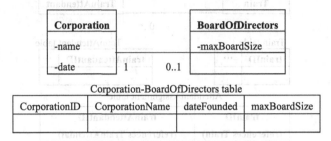

图 12-8 避免将多个类与相应的关联合并

② 实现一对一关联时将外部键放在两个数据库表中。如图 12-9 所示,两个表中都包含了外部键,这样并不能改善数据库的性能。

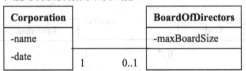

图 12-9 避免将外部键放在多个表中

## 12.4 完整性与约束验证

UML 模型中类与类之间的关系是对现实世界商业规则的反映,在将类图模型映射为关系数据库时,应当定义数据库中数据上的约束规则。如果使用对象标识符的方法映射数据库表的主键,在更新数据库时就不会出现完整性问题,但是对对象之间的交互和满足商业规则来说,进行约束验证是有意义的。本节将介绍如何进行关系约束的验证。

### 12.4.1 父表的约束

对于类图模型中的关联关系来说,如果比较松散,则通常不需要进行映射,也就是说,关联的双方只在方法上存在交互,而不必保存对方的引用;但是如果双方的数据存在耦合关系,则通常需要进行映射。

如图 12-10 所示，Coach 和 Footballer 之间具有强制对可选约束，该图演示了如何将它们映射成数据库表。

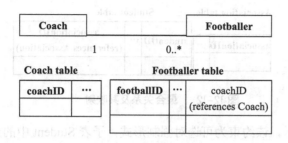

图 12-10　强制对可选约束及其映射

这时，父表上操作的约束有以下几种。

- 插入操作　由于强制对可选约束的父亲可以没有子女，所以父表中的记录可以不受限制地添加到表中。
- 修改键值操作　要修改父表的键值，必须首先修改子表中其所有子女的对应值，通常采用如下的步骤：
  ① 向父表中插入新记录，更新子表中原对应记录的外部键，然后删除父表中的原记录。
  ② 使用级联更新方法更新数据库。
- 删除操作　要删除父表记录，必须首先删除或者重新分配其所有子女。在 Coach-Footballer 关系中，所有的 footballer 都可以重新分配，可采用如下步骤：
  ① 首先删除子记录，再删除父记录。
  ② 先修改子记录的外部键，再删除父记录。
  ③ 采用级联删除方法更新数据库。

图 12-11 演示了具有可选对可选约束的关联，以及从其映射而成的数据库表。

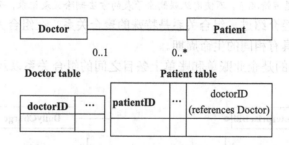

图 12-11　可选对可选约束及其映射

其中，Patient 表中的 doctorID 为外部键，并且该外部键的值可以为空。在这种情况下，Doctor 表和 Patient 表中的记录可以根据需要进行修改，它的处理方法与聚合关系的处理方法相同，接下来将对此进行介绍。

如前所述，聚合是一种特殊的关联，它描述了类与类之间的整体-部分关系。图 12-12 是一个聚合关系示例及从其映射而成的数据库表。

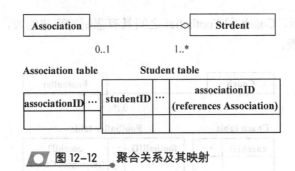

图 12-12 聚合关系及其映射

如图 12-12 所示，该约束为可选对强制形式，子表 Student 中的外部键 associationID 可以取空值。

在这种情况下，父表上操作的约束如下所示。

- 插入操作　在可选对强制约束中，必须在至少有一个子女被加入或者至少已存在一个合法子女的情况下，父亲才可以加入。例如，对于 Association 和 Student 之间的关系，一个新的 Association 只有在已经有学生时才可以加入，其他同等的可选条件是，要么该学生已经存在，要么可以创建一个学生，要么修改一个学生所在协会的值，也就是说，必须已经有学生存在。
  具体可使用如下所示的步骤：
  ① 首先向主表中添加记录，再修改子表的外键。
  ② 以无序的形式同时加入主表和子表记录，然后再修改子表的外键。
  在此需要读者注意的是，如果先加入子表记录，则可能无法将加入子记录的数据集保存到数据库中。
- 修改键值操作　执行这种操作的前提是，必须至少有一个子女被创建或者至少已经有一名子女存在。具体可采用如下所示的步骤：
  ① 在修改主表键值的同时将子表的外键置空。
  ② 将子表按照从父亲到儿子再到孙子的次序进行级联修改。
- 删除操作　通常情况下，不使用级联删除子表的方法删除父表记录，而是将子表的外键置空。

在本书前面已经介绍过，组合关系是特殊的聚合关系。在组合关系中，成员一旦创建，就与组合对象具有相同的生命周期。

图 12-13 演示的是企业账单和账单上条目之间的组合关系以及从其映射成的数据库表。

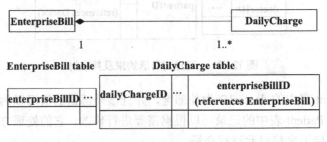

图 12-13 组合关系及其映射

如图 12-13 所示，子表 DailyCharge 的外部键 enterpriseBillID 是强制性的，不能取空

## UML 与数据库设计

值。从严格意义上说，它们之间的约束为强制对强制约束。

在这种情况下，父表上操作的约束如下所示。

- ❑ 插入操作　可以在向父表执行插入操作后再向子表添加记录，也可以通过重新分配子表来实施完整性约束。
- ❑ 修改键值操作　该操作执行前必须先更新子表对应的外键的值，或者先创建新的父表记录，再更新子表所对应的记录，使其与父表中的新记录关联起来，最后删除原父表记录。
- ❑ 删除操作　要删除父表中的记录，必须首先删除或者重新分配子表中所有相关的记录。

以上是以一对多关系为例介绍如何进行约束验证的，如果是一对一关系，则可以视为特殊的一对多关系；如果是多对多关系，则可以将其分解为两个一对多关系。

介绍了父表的约束之后，下面介绍子表的约束，以防止碎片的产生。

### 12.4.2　子表的约束

有时，要删除或者修改子表中的记录，必须在该记录有兄弟存在的情况下才能进行。在可选对强制、强制对强制约束中，就不能删除或者更新子表中的最后一个记录。在这种情况下，可以及时更新父表记录或者禁止这种操作。通过向数据库中加入触发器可以实现子表约束，但是更好的办法是在业务层中实现对子表的约束。表 12-1 总结了子表上操作的约束。

**表 12-1　子表的约束**

| 关系 | 类型 | 添加 | 修改 | 删除 |
|---|---|---|---|---|
| 关联 | 可选对可选 | 无限制 | 无限制 | 无限制 |
|  | 强制对可选 | 父亲存在或者创建一个父亲 | 具有新值的父亲存在或者创建父亲 | 无限制 |
| 聚合 | 可选对强制 | 无限制 | 有兄弟 | 有兄弟 |
| 组合 | 强制对强制 | 父亲存在或者创建一个父亲 | 具有新值的父亲存在（或者创建父亲）并且有兄弟 | 有兄弟 |

总之，一共有四种约束，分别为：可选对可选、可选对强制、强制对可选和强制对强制。在更新键值时可能会改变表之间的关系，而且也可能会违反约束，但是，不可以出现违反约束的操作，本节介绍的规则仅为具体实现提供了可能性，在具体的数据库应用中，要根据实际情况进行选择。

## 12.5　关于存储过程和触发器

存储过程是需要在数据库服务器端执行的函数/过程。在执行存储过程时，通常都会执行一些 SQL 语句，最终返回数据处理的结果，或者出错信息。总之，存储过程是关系数据库中的一个功能很强大的工具。

在实现 UML 类模型到关系数据库的转换时，如果没有持久层并且出现如下两种情况，就应该使用存储过程：

- 需要快速建立一个粗略的、不久后将抛弃的原型。
- 必须使用原有数据库,而且不适合用面向对象方法设计数据库。

使用存储过程时,也会出现一些缺点,如下所示:
- 如果出现存储过程被频繁调用的情况,则数据库的性能会大大降低。
- 由于编写存储过程的语言不统一,所以不利于存储过程的移植。
- 使用存储过程会降低数据库管理的灵活性。例如,在更新数据库时,可能不得不更新存储过程,这就增加了数据库维护的工作量。

触发器其实也是一种存储过程,通常被用来确保数据库的引用完整性。一般情况下,可以为表定义插入触发器、更新触发器和删除触发器,这样,当对表中的记录进行插入、更新和删除操作时,相应的触发器就会被自动激活。

通常情况下,触发器也是使用特定数据库厂商的语言编写的,所以可移植性也较差。但是,由于许多建模工具都能根据 UML 模型自动生成触发器,因而,只要从 UML 模型重新生成触发器,就可实现触发器的方便移植。

## 12.6 铁路系统 UML 模型到数据库的转换

为了更好地理解前面介绍过的将 UML 模型转换为关系数据库的有关规则,下面将使用它们将铁路系统的 UML 模型转换为关系数据库。

图 12-14 为铁路系统的 UML 类图模型,该模型由 RailwayStation、Train、Employee、Locoman 和 TrainAttendant 这五个类组成。

使用本章前面介绍过的相关转换规则,可将如图 12-14 所示的类图模型转换为如图 12-15 所示的关系数据库。类图模型中的 RailwayStation、Employee、Locoman、TrainAttendant 和 Train 类分别转换成关系数据库中的 RailwayStation 表、Employee 表、Locoman 表、TrainAttendant 表和 Train 表,另外,将多对多关联关系 AttendantAssignment 转换为 AttendantAssignment 表。

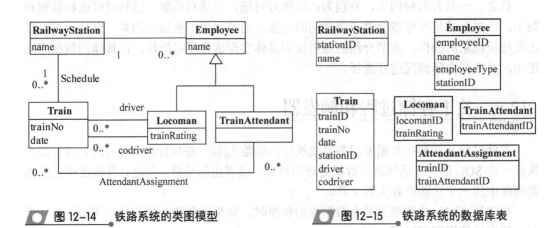

图 12-14　铁路系统的类图模型　　　　　图 12-15　铁路系统的数据库表

# UML 与数据库设计

该铁路系统数据库的结构可以用如下所示的 SQL 语句进行定义，并且，这些代码体现了本章前面所介绍的相关转换规则和完整性约束。

```
CREATE TABLE RailwayStation
    ( stationID integer CONSTRAINT nn_railwaystation1 NOT NULL,
    name text(20) CONSTRAINT nn_railwaystation2 NOT NULL,
    CONSTRAINT PrimaryKey PRIMARY KEY (stationID),
    CONSTRAINT uq_railwaystation UNIQUE(name)
    );
CREATE TABLE Train
    (trainID integer CONSTRAINT nn_train1 NOT NULL,
    trainNo text(8) CONSTRAINT nn_train2 NOT NULL,
    date datetime CONSTRAINT nn_train3 NOT NULL,
    stationID integer CONSTRAINT nn_train4 NOT NULL,
    driver integer CONSTRAINT nn_train5 NOT NULL,
    codriver integer CONSTRAINT nn_train6 NOT NULL
    CONSTRAINT PrimaryKey PRIMARY KEY (trainID)
    );
ALTER TABLE Train
    ADD CONSTRAINT fk_train1 FOREIGN KEY(stationID) REFERENCES
    RailwayStation
    ON DELETE NO ACTION;
ALTER TABLE Train
    ADD CONSTRAINT fk_train2 FOREIGN KEY(driver) REFERENCES
    Locoman
    ON DELETE NO ACTION;
ALTER TABLE Train
    ADD CONSTRAINT fk_train3 FOREIGN KEY(codriver) REFERENCES
    Locoman
    ON DELETE NO ACTION;
CREATE INDEX index_train1 ON Train(stationID);
CREATE INDEX index_train2 ON Train(driver);
CREATE INDEX index_train3 ON Train(codriver);
CREATE TABLE Employee
    (employeeID integer CONSTRAINT nn_employee1 NOT NULL,
    name text(20) CONSTRAINT nn_employee2 NOT NULL,
    employeeType CONSTRAINT nn_employee3 NOT NULL,
    stationID integer CONSTRAINT nn_employee4 NOT NULL,
    CONSTRAINT PrimaryKey PRIMARY KEY (employeeID)
    );
ALTER TABLE Employee
    ADD CONSTRAINT fk_employee1 FOREIGN KEY(stationID) REFERENCES
    RailwayStation
    ON DELETE NO ACTION;
CREATE INDEX index_employee1 ON Employee(stationID);
```

```
CREATE TABLE Locoman
    (locomanID integer CONSTRAINT nn_locoman1 NOT NULL,
    trainRating text(10),
    CONSTRAINT PrimaryKey PRIMARY KEY (locomanID)
);
ALTER TABLE Locoman
    ADD CONSTRAINT fk_ Locoman1 FOREIGN KEY(LocomanID) REFERENCES
    Employee
    ON DELETE CASCADE;
CREATE TABLE TrainAttendant
    (trainAttendantID integer CONSTRAINT nn_trainAttendant1 NOT NULL,
    CONSTRAINT PrimaryKey PRIMARY KEY (trainAttendantID)
);
ALTER TABLE TrainAttendant
    ADD CONSTRAINT fk_ trainAttendant1 FOREIGN KEY(trainAttendantID)
    REFERENCES
    Employee
    ON DELETE CASCADE;
CREATE TABLE AttendantAssignment
    (trainID integer CONSTRAINT nn_attendantAssignment1 NOT NULL,
    trainAttendantID integer CONSTRAINT nn_attendantAssignment2 NOT NULL,
    CONSTRAINT PrimaryKey PRIMARY KEY (trainID,trainAttendantID)
);
ALTER TABLE AttendantAssignment
    ADD CONSTRAINT fk_attendantAssignment1 FOREIGN KEY(trainID)
REFERENCES
    Train
    ON DELETE CASCADE;
ALTER TABLE AttendantAssignment
    ADD CONSTRAINT fk_attendantAssignment2 FOREIGN KEY(trainAttendantID)
REFERENCES
    TrainAttendant
    ON DELETE NO ACTION;
CREATE INDEX index_attendantAssignment1 ON AttendantAssignment
(trainAttendantID);
```

## 12.7 用 SQL 语句实现数据库功能

UML 对象模型在开发关系数据库应用程序中的作用主要包括如下几个：

- **定义数据库的结构** UML 对象模型通过定义应用程序中包含的对象以及它们之间的关系而定义了关系数据库的结构。
- **定义数据库的约束** UML 对象模型也对施加于关系数据库中数据上的约束进行了定义，在实现对应的关系数据库模型时，所定义的约束可以保证数据库中数据的引用完整性。

# 第12章 UML 与数据库设计

- **定义关系数据库的功能** 在 UML 的对象模型中，也可以定义关系数据库可实现的功能，例如，可以执行哪些种类的查询。

通过遍历 UML 对象模型，可以看出它所体现的数据库应用程序所具有的功能。使用 UML 对象约束语言 OCL 可以说明对象模型的遍历表达式，并且，这些用来说明对象模型遍历过程的遍历表达式可以直接转换为 SQL 语句。

对于图 12-15 所示的铁路系统 UML 模型，表 12-2 任意列举了几种遍历表达式，并给出了相应的说明和对应的 SQL 语句。

**表 12-2** 遍历铁路系统类图的 OCL 表达式和相应的 SQL 语句

| OCL 表达式 | 说明 | SQL 语句 |
|---|---|---|
| aTrain.codriver:Employee.name | 查询一次列车的副驾驶员 | SELECT Employee.name<br>FROM Train,Locoman,Employee<br>WHERE Train.trainID=:aTrain AND<br>Train.codriver=Locoman.locomanID AND<br>Locoman.locomanID=Employee.employeeID; |
| aRailwayStation.Train[getMonth(date)==aMonth].driver[trainRating==aTrainRating] | 查找指定月份内在同一条线路上驾驶并且达到指定出勤率的所有驾驶员 | SELECT Locoman.locomanID<br>FROM Train,Locoman<br>WHERE Train.stationID=:aStation AND<br>getMonth(Train.date)=:aMonth AND<br>Train.driver=Locoman.locomanID AND<br>Locoman.trainRating=:aTrainRating; |

在表 12-2 中，小圆点表示从一个对象定位到另一个对象，或者定位到对象的属性。方括号用以说明对象集合上的过滤条件。

## 12.8 思考与练习

**一、简答题**

1. 在图 12-16 所示的类图中，类 Resident 的每个实例必定是类 ChineseNational 或者 Foreigner 的一个实例。据此完成如下所示的练习。

（1）将该类图映射为关系数据库中的表，要求每个类对应一张表。

（2）将该类图映射为关系数据库中的表，要求每个具体类对应一张表。

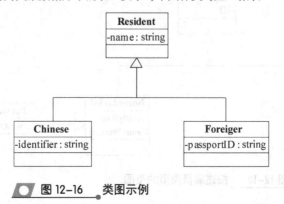

图 12-16 类图示例

(3) 将该类图映射为关系数据库中的表，要求整个类层次只对应一张表。

(4) 如果部分中国籍的居民拥有加拿大护照，但并非所有人都拥有，应该怎样修改类图以描述这种情况。

(5) 如何将修改后的类图映射为关系数据库中的表，要求：整个类层次只能对应一张表。

2. 图 12-17 给出了从面向对象模型到关系模型映射的元数据。据此完成如下所示的练习。

(1) 按该元数据所示的方法将类图 12-18 映射为数据库表。

(2) 假设名为段金锁的雇员是一个计时工，他的 ID 是 C2006，每小时 10 元报酬。现在他已上了 100 小时的班，并且加了 30 小时的班。试用数据库表描述段金锁的情况。

(3) 每个雇员都有一个师傅，师傅也是雇员。试修改（2）中的模型以包含此信息。上述的元数据映射支持这种信息吗？如果不支持，试修改该元数据。假设段金锁的师傅是名为尚生存的雇员，试用数据库表表示他们之间的关系。

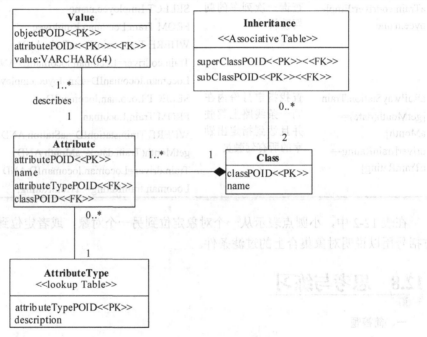

图 12-17　描述面向对象模型向关系模型转换的类图

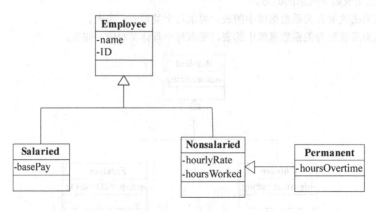

图 12-18　描述雇员类型的类图

# 第 13 章 对象约束语言

对象约束语言（Object Constraint Language，OCL），是一种在用户为系统建模时，对其中的对象进行限制的方式。它是 UML 可选的附加内容，可以用来更好地定义对象的行为，并为任何类元指定约束。

在对象约束语言中，对象代表了系统的组件，它定义了完善的项目，约束代表限制，而语言并非是指一种正式的计算机语言。OCL 是一种形式语言，是可以应用于任何实现方式的非正规语言。对象约束语言对 UML 中图形或其他组件都没有控制权，它只是在使用时返回值。OCL 并不能修改对象的状态，而是用来指示对状态的修改何时发生。

本章将详细介绍对象约束语言，包括对象约束语言的结构、语法、使用集合和 OCL 标准库等，展现给读者完整详尽的内容。

**本章学习要点：**

- ➢ 了解 OCL 的概念
- ➢ 理解 OCL 的结构
- ➢ 掌握 OCL 语法
- ➢ 掌握三种固化类型
- ➢ 掌握 OCL 数据类型和运算符
- ➢ 掌握 let 和 def 的功能和作用
- ➢ 理解集合类型
- ➢ 掌握并应用对集合的操作
- ➢ 熟悉 OCL 标准库

## 13.1 OCL 概述

UML 图（例如类图）通常不够精细，无法提供与规范有关的所有相关部分。这其中就缺少描述模型中关于对象的附加约束。这些约束常常用自然语言描述。而实践表明，这样做经常造成歧义。为了写出无歧义的约束，已经开发出几种所谓的"形式语言"。传统上的形式语言，缺点是仅适合于有相当数学背景的人员，而普通商务或系统建模者则难以使用。

OCL 的出现解决了这一问题，它是一种保留了易读易写特点的形式语言。OCL 不仅用来写约束，还能够用来对 UML 图中的任何元素写表达式。每个 OCL 表达式都能指出系统中的一个值或者对象。OCL 表达式能够求出一个系统中的任何值或者值的集合，因此它具有了和 SQL 同样的能力，由此也可得知 OCL 既是约束语言，同时也是查询语言。

OCL 任何表达式的值都属于一个类型，所以又称 OCL 为类型语言。这个类型可以是预定义的标准类型，例如 Boolean 或者 Integer，也可以是 UML 图中的元素，例如对象。也可以是这些元素组成的集合,例如对象的集合、包等等。

OCL 功能很多,可以用来定义系统建模功能的前置条件和后置条件。还可以用来描述 UML 图中使用的控制点,或者其他图中从一个对象到另一个对象的转移。另外,可以用 OCL 来描述系统的不变量(Invariant)。定义对象约束语言就是为建模提供清晰的方法,提供模型的约束。

## 13.2 OCL 结构

OCL 在两个层次上共同定义对象约束语言,一个是抽象语法(元模型),另一个是具体语法。元模型定义 OCL 概念和应用该概念的规则,具体语法则真正用于在 UML 模型中指定约束和进行查询。

### 13.2.1 抽象语法

抽象语法指 OCL 语言定义的概念层,在该层中抽象语法解释了类、操作等内容的元模型。例如,类被定义为"具有相同的特征、约束和语义说明的一组对象",并在该层将类解释为可与任何数目的特性(或属性)、操作、关系甚至嵌入类相关联。抽象语法只是定义了相类似的元模型,并没有创建一个具体的模型或对象。

OCL 要求清楚地区分 OCL 抽象语法和其他自抽象语法派生的所有具体语法。抽象语法还支持其他约束语言的发展,基于 MOF(Meta Object Facility,元对象设施标准)的 UML 基础结构元模型支持各种专业领域的建模,例如软件建模的 UML 语言、数据仓库领域建模的 CWM 语言等。

抽象语法使用的数据类型和扩展机制与 MOF/UML 基础结构元模型定义的相同,另外还有一些自己的数据类型和扩展机制。抽象语法还必须支持真正的查询语言,为此引入了一些新的概念,如元组(Tuple)用于提供 SQL 的表达式。

### 13.2.2 具体语法

与面向规则的语法相反,具体语法(即模型层语法)描述代表现实世界中一些实体的类,它应用抽象语法的规则,创建可以在运行时段计算的表达式。OCL 表达式与类元相关联,应用于该类元自身或者某个属性、操作或参数。不论哪种情况,约束都是根据其位移(Replacement)、上下文类元(Contextual Classifier)和 OCL 表达式的自身实例(Self Instance)来定义。

- ❑ **位移** 表示 UML 模型中使用 OCL 表达式所处的位置,即作为依附于某个类元的不变式、依附于某个操作的前置条件或依附于某个参数的默认值。
- ❑ **上下文类元** 定义在其中计算表达式的命名空间。如,前置条件的上下文类元是在其中定义该前置条件的操作所归属的那个类。也就是说,该类中所有模型元素(属性、关联和操作)都可以在 OCL 表达式中被引用。
- ❑ **自身实例** 自身实例是对计算该表达式对象的引用,它总是上下文类元的一个实例。也就是说，OCL 表达式对该上下文类元每个实例的计算结果可能不同。因此，OCL 可以用于计算测试数据。

除了以上介绍，OCL 具体语言还有许多应用，主要体现在以下几个方面：
- 作为一种查询语言。
- 在类模型中指定关于类和类型的不变式。
- 为原形和属性指定一种类型不变式。
- 为属性指定派生规则。
- 描述关于操作和方法的前置条件和后置条件。
- 描述转移。
- 为消息和动作指定一个目标和一个目标集合。
- 在 UML 模型中指定任意表达式。

具体语法在不断完善，直到目前具体语法中还有一些问题没有解决。在 UML 中前置条件和后置条件被看作是两个独立的实体。OCL 把它们看作是单个操作规范的两个部分，因此单个操作中的多个前置条件和后置条件的映射还有待解决。

## 13.3 OCL 表达式

OCL 表达式用于一个 OCL 类型的求值，它的语法用扩展的巴斯科范式（EBNF）定义。在 EBNF 中，"|"表示选择，"?"表示可选项，"*"表示零次或多次，"+"表示一次或多次。OCL 基本表达式的语法用 EBNF 定义如下：

```
PrimaryExpression:=literalCollection | literal
| pathName time Expression ? FeatureCallparameters?
|"("expression")" | ifExpression
Literal:=<string>|<number>|"#"<name>
timeExpression:="@"<name>
featureCallparameters:="("(declarator)?(actualParameterList)?")"
ifExpression:="if" expression "then" expression "else" expression "endif"
```

定义中说明了 OCL 基本表达式是一个 literal，literal 可以是一个字符串、数字或者是"#"后面跟一个模型元素或操作名；OCL 基本表达式可以是一个 literalCollection 型，它代表了 literal 的集合。

OCL 基本表达式可以包含可选路径名，后面的可选项中包括时间表达式（timeExpression）、限定符（Qualifier）或特征调用参数（featureCallParameters）；OCL 基本表达式还可以是一个条件表达式"ifExpression"。

OCL 表达式具有以下特点：
- OCL 表达式可以附加在模型元素上，模型元素的所有实例都应该满足表达式的条件。
- OCL 表达式可以附加在操作上，此时表达式要指定执行一个操作前应该满足的条件或一个操作后必须满足的条件。
- OCL 表达式可能指定附加在模型元素上的监护条件。

- COL 表达式的计算原则是从左到右。整体表达式的子表达式得到一个具体的值或一个具体类型的对象。
- COL 表达式既可以使用基本类型又可以使用集合类型。

## 13.4　OCL 语法

OCL 指定每一个约束都必须有一个上下文。上下文（Context）指定了哪一个项目被约束。OCL 是一个类型化的语言，因此数据类型扮演了重要角色，和高级语言 C++、Java 一样，OCL 也有多种数据类型。

### 13.4.1　固化类型

约束就是对一个（或部分）面向对象模型或者系统的一个或者一些值的限制。UML 类图中的所有值都可以使用 OCL 来约束。约束的应用类似于表达式，在 OCL 中编写的约束上下文可以是一个类或一个操作。其中需要指定约束的固化类型，而约束的固化类型可以由以下三项组成：

- invariant。
- pre-condition。
- post-condition。

invariant 为不变量，应用于类，不变量在上下文的生存期内必须始终为 True；pre-condition 为前置条件，前置条件约束应用于操作，它是一个在实现约束上下文之前必须为 True 的值；post-condition 为后置条件，后置条件约束应用于操作，它是一个在完成约束上下文之前必须为 True 的值；

下面是一个简单的 OCL 约束语句：

```
context Student inv:
  Numbers=40
```

上面语句要求 Student 类的 Numbers 值始终要等于 40。语句中 context 为上下文约束的关键字，而 inv 是代表不变量的关键字。

如果要表示操作的约束，需要使用操作的名称和完整的参数列表替换上下文的值，并且要有返回值。如下面语句所示：

```
context AddNewBorrower(SutdentID):Success
pre: StudentID.Numbers=10
post:StudentID<>BorrowerID
```

这段语句演示了如何指定操作的前置条件和后置条件约束，其中 pre:为前置条件约束的关键字，而 post:为后置条件约束的关键字，它们后面分别是约束。上面语句表示，在操作执行之前 AddNewBorrower()、StudentID 的位数必须为 10。执行完该操作后，要检测 StudentID 和 BorrowerID 必须不同。

## 13.4.2 数据类型、运算符和操作

对象约束语言是类型化语言，具有四种数据类型，分别如下。

- 整数（Integer） 可以是任何不带小数部分的值，如0、-1、1等。
- 实数（Real） 可以是任何数字，可以带有小数。如3.0、7.5、-3.0等。
- 字符串（String） 可以包含任何数量的字符或文本。
- 布尔（Boolean） 布尔型值只有两个：True和False。

除了数据类型外，OCL还定义了多种运算符，有些运算符已经在前面的例子中使用到。还有更多的运算符如表13-1所示。

表13-1 OCL运算符

| 运算符 | 含义 | 运算符 | 含义 |
| --- | --- | --- | --- |
| + | 加 | <> | 不等于 |
| - | 减 | <= | 小于等于 |
| * | 乘 | >= | 大于等于 |
| / | 除 | and | 与 |
| = | 等于 | or | 或 |
| < | 小于 | xor | 异或 |
| > | 大于 | | |

在程序设计语言中运算符也存在计算的优先级，与此相同，OCL中运算符同样也存在优先顺序，其顺序如表13-2所示，按从上到下排列其重要性顺序。如果要改变运算符优先顺序，可以使用括号。

表13-2 OCL运算符优先级

| 操作符 | 说明 |
| --- | --- |
| @pre | 操作开始的值 |
| . -> | |
| Not - | "-"是负号运算符 |
| * / | |
| If then else endif | 判断语句 |
| <,> <=,>= | |
| =,<> | |
| And,or,xor | |
| Implies | 此操作是定义在布尔类型上的操作 |

OCL中定义了多种操作，用于完成不同的功能。下面列举几个常用的例子操作。

- **max** 用于返回较大的数字。例：(4).max(3)=4。
- **min** 用于返回较小的数字。例：(4).max(3)=3。
- **mod** 取模值。例：3.mod(2)=1。
- **div** 整数之间除法，只能用于整数并且其结果也是整数。例：(3).div(2)=1。
- **abs** 取整数部分。例：(2.79).ads=2。

- round    按四舍五入原则取整数部分。例：(5.79).round=6。
- size()    取字符串的长度。例："XuSen".size()=5。
- toUpper()    返回字符串大写。例："XuSen".toUpper()="XUSEN"。
- concat()    连接两个字符串。例："XuSen".concat("Fraud")="XuSen Fraud"。

(4).max(3)=4 中的"."是 OCL 中访问 OCL 数据类型某个操作的标准方法。上面只是 OCL 中的一部分操作，这里列举出来只为大家能够对此有所了解，知道这些预定义操作存在，还有更多的操作将在以后的学习和实际建模中逐步接触。

OCL 是一种形式语言，同样也定义了一些关键字，OCL 中关键字如表 13-3 所示。

表 13-3  OCL 中关键字

| and | attr | context | def |
|---|---|---|---|
| else | inv | let | not |
| oper | or | endif | endpackage |
| if | Implies | In | package |
| post | pre | then | xor |

## 13.5 深入固化类型

前面曾经简单介绍固化类型的基本语法知识，本节将进一步讲解有关三种固化类型——invariant、pre-condition 和 post-condition 约束的更多知识。

### 13.5.1 属性约束建模

可以将属性的约束表示为不变式，不变式表达式是通过引用模型的元素，并使用逻辑运算符和算术运算符构造，表达式内创建的引用可以在 let 和 def 语句中再次使用。在计算 OCL 表达式时，必须引入仅在表达式中使用的中间值。使用 let 表达式可以定义变量，通过冒号赋予数据类型，甚至可以通过等号运算符赋予初始值。一旦该变量被定义，就可以在表达式的其他地方使用。当表达式完成时，该变量不再可使用。也就是说，表达式规定了该变量的使用范围，变量只在对其进行定义的表达式内可用。以下实例中，legthOfEmployment 仅在 context Employee 不变式中可用。

```
context Employee inv:
let legthOfEmployment:Integer= <expression> in
if lengOfEmployment > 50
then <expression>
else <expression>
endif
```

def 提供了在计算上下文类元的任何时候使用变量的方式。def 表达式的定义独立于其使用的位置，该定义一旦在上下文类元中创建，就可以在应用于同一上下文类元的任何表达式中使用。

属性定义使用关键字 def:attr：

```
context Agent
def:attr lengthOfEmployment:Integer= <expression>
```

操作定义使用关键字 def:oper：

```
context Agent
def: oper averageSalesPercentage(): Integer
```

### 13.5.2 对操作约束建模

前面介绍了使用前置条件和后置条件对操作进行约束建模。前置条件表示为当操作被激发时输入参数和模型状态的可接受值；后置条件表示操作完成时必须满足的条件，它表示为操作完成时检测该操作的结果值和模型的状态。使用前置条件和后置条件的一般形式如下所示：

```
context operateName(parameters) :return
pre:constraint
post:constraint
```

在实际应用中可以灵活使用一般形式。前置条件和后置条件不一定同时存在，可以只存在前置条件也可以只存在后置条件。如下面的一段 OCL 语句：

```
context Book::setBookStatus():Boolean
pre : status=BookStatus::Borrowed or status=BookStatus::Free
```

上面语句是对 Book 类中 setBookStatus()操作的约束，返回一个 Boolean 类型。语句中只有前置条件，并且使用了多个"::"。第一个"::"用于指定操作所属的类，前置条件中 BookStatus 是一个枚举型，Borrowed 和 Free 是枚举型的可取值。第二次"::"是标识枚举中的值。

前置条件和后置条件约束的写法也很灵活，上面的语句同样也可以写成下面两种表达形式：

```
context Book::setBookStatus():Boolean
pre :
status=" Borrowed " or status= " Free "

context Book::setBookStatus():Boolean pre :
status=" Borrowed " or status= " Free "
```

上面讲述的一些规则对于后置条件同样适用。后置条件表示为操作完成时检测该操作的结果值和模型的状态。例如，在 OCL 表达式中操作 setBookStatus()将属性值改变为 BookStatues :: None，当操作完成时，对该改动的检测结果应该是 Ture。如下面的语句所示：

```
context Book::setBookStatus():Boolean
```

```
post: status=BookStatues :: None
```

在 OCL 中还支持使用约束的名字。对于前置条件或后置条件而言，约束名字位于前置条件或后置条件关键字之后、冒号之前，语句中黑体 success 即为约束名字。如下面所示：

```
context Book::ReturnBook():Boolean
post success :CurrentBookStatues.status=BookStatues ::Free
```

## 13.6 使用集合

OCL 表达式的许多结果中包含不止一个值，这构成被 OCL 称为 Collection 的对象列表。OCL 中共定义了四种类型的对象列表，分别是：Collection（集合）、Set（集）、Bag（袋子）和 Sequence（序列）。它们之间的关系如图 13-1 所示。

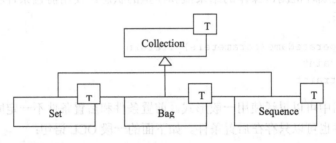

图 13-1 OCL 的 Collection 类

Collection 是一个抽象类型，Collection 的三个子类 Set、Bag 和 Sequence 也是抽象类型，它们不能被实例化。下面是对三种子类型的描述。

- **Set** 包含一组不重复的项且所有 Set 内所有的项都为同一类型，各项之间没有特定的顺序。
- **Bag** 包含一组同类型的项，Bag 内各项可以重复出现，各项之间没有特定的顺序。
- **Sequence** 包含一组同类型的项，各项在 Sequence 内可以重复出现，但各项之间有特定的顺序。这种顺序不是 Sequence 内各项自身的值，而是指序列内某一项的位移。

### 13.6.1 创建集合

集合可以通过字符显式地创建，创建集合时只需要写出创建集合的类型名称，后跟以列表值，各值项使用逗号隔开，并被花括号包括。创建集合如下所示：

```
Set{1,5,6,99}
Set{ 'Jim', 'Tim', ' xy'}
Sequence{1,3,94,0,1,3}
Sequence{ 'Jim', 'Tim', ' Jim'}
Bag{1,2,4,5,4}
Bag{ 'Jim', 'Tim', ' Tim'}
```

其中，Sequence 可以通过使用变量 Int-expr1 和 Int-expr2 指定范围来定义，即

Int-expr1…Int-expr2 的形式。将该范围表示置于花括号内，放在前面示例中值列表的位置。该表示形式如下所示：

```
Sequence{1...10}
Sequence{1,2,3,4,5,6,7,8,9,10}
```

以上两种创建序列的方式是相同的。第一种是采用了变量指定范围的形式创建序列，第二种采用一般形式来创建一个序列。

### 13.6.2 操作集合

为了便于操作集合，OCL 还定义了一些操作，这里只给出一些常用且重要的操作来示例，更多具体的操作会在 OCL 的标准库中介绍。操作如下所示。

- **select**　按照一定的规则选择符合规则的项，组成一个新的集合。
- **reject**　从集合中选择不满足规则的项，组成一个新的集合。
- **forAll**　指定一个应用于集合中每个元素的约束。
- **exists**　确定某个值是否存在于集合中的至少一个或多个成员中。
- **isEmpty**　操作判断集合中是否有元素。
- **count**　判断集合中等于 count 参数的元素个数，并返回该数值。
- **iterate**　访问集合中的每个成员，对每个元素进行查询和计算。

Collection 的操作是通过集合名称和操作之间的箭头符号 "->" 来访问的。例如下面的语句：

```
Collection->select()
Set->iterate()
```

下面的语句演示了 select 操作的具体含义，在 set{1,2,3,4,5}中根据 x<3 规则重新组成一个新的 set{1,2}，如下语句所示：

```
(set{1,2,3,4,5})->select(x|x<3)=set{1,2}
```

reject 操作的含义与 select 相反，如下面语句所示：

```
(set{1,2,3,4,5})->reject(x|x<3)=set{4,5}
```

下面语句演示了 forAll 操作的使用方法：

```
(set{1,2,3,4,5})->forAll(x|x>0)=True
```

exists 操作根据条件判断是否存在满足条件的元素，如下面语句所示：

```
(set{1,2,3,4,5})->exists(x|x>5)=False
```

count 返回元素中与给定元素相同的个数，如下面语句所示：

```
(set{1,2,3,2,4,5})->count(2)=2
```

select、reject、collect、forAll 和 exists 五个操作的参数相同，具有四种形式，包括

三种标准形式和一种简写形式。

- 第一种形式中，操作使用布尔型来计算集合的每个成员，如下所示：

```
context Book
inv:BookStatus->select(status=BookStatus::Borrowed)
```

上面的语句创建了当前图书中所有状态为 Borrowed 的图书集合。

- 第二种参数形式在访问所有成员时使用变量容纳集合的每个成员，然后对该变量中容纳的成员计算布尔表达式。如下所示：

```
collection->select(v|Boolean expression)
```

这种形式可以通过变量对成员的属性进行访问，下面语句说明了这一点：

```
context Book
inv:BookStatus->select(e|e.status=BookStatus::Borrowed)
```

- 第三种参数形式中，变量被赋予一种类型，该类型必须与集合的类型相一致，如下所示：

```
collection->select(v:Type|Boolean expression)
```

下面的语句为第三种参数形式的使用方式：

```
context Book
inv:BookStatus->select(e:Book|e.status=BookStatus::Borrowed)
```

- 第四种参数形式为 iterate 操作提供访问集合中所有成员并累积信息的简写形式。该形式如下面语句所示：

```
collection ->iterate
(element:Type1; accumulator:Type2=<initial value expression>|
<evaluation expression>)
```

上面的语句中，结果表示为 accumulator 变量的一个值，element 为一个迭代器，用于访问所有成员。语句描述了访问 collection 的所有成员，对每个类型为 Type1 的 element，计算<evaluation expression>并将结果保存在类型为 Type2 的变量 accumulator 中，其中 accumulator 是使用初始值表达式<initial value expression>来初始化。

## 13.7 使用消息

OCL 支持对已有操作的访问，也就是说，OCL 可以操作信号和调用信号，来发送消息。针对信号的操作，OCL 提供了三种机制。

- 第一种机制 "^"　　"^"为 hasBeenSent 已经发送的消息。该符号表示指定对象已经发送了指定的消息。
- 第二种机制 OclMessage　　OclMessage 是一种容器，用于容纳消息和提供对其特征的访问。
- 第三种机制 "^^"　　它是已发送符号 "^" 的增强形式，允许访问已经发送消息的集合，所有的消息被容纳在 OclMessage 中。

## 对象约束语言

使用"^"符号可以确定消息是否已经发送。此时需要指定目标对象、"^"符号和应该被发送的消息。例如,当某个代理操作 terminate()完成执行时,该代理的当前合约应该已经发送消息 terminate()。也就是说,当系统中止一个代理时,就必须确保代理的合约也被中止。如下面语句所示:

```
context Agent:terminate()
post:curentContract()^terminate()
```

消息可以包含参数,当操作指定参数时,表达式中传递的值必须符合参数的类型。如果参数值在计算表达式之前未知,就在该参数的位置上使用问号并提供其类型,如下面语句所示。

操作声明:

```
Agent terminate(date:Date,vm:Employee)
Contract terminate(date:Date)
```

OCL 表达式:

```
context Agent:terminate(?:Date,?:Employee)
post:currentContract()^terminate(?:Date)
```

上面语句表示消息 terminate()已经被发送到当前的合约对象,但这里没有给出参数的具体含义,此时不用关心参数值是什么。

"^^"消息运算符支持对包含已发送消息的 Sequence 对象的访问。该集合中所有消息都在一个 OclMessage 之内。如下面语句所示:

```
context Agent:terminate(?:Date,?:Employee)
post:currentContract()^^terminate(?:Date)
```

上面语句中表达式产生一个 Sequence 对象,该对象容纳在对代理执行 terminate 操作期间发送到与代理实例相关联的所有合约的消息。

OCL 提供了 OclMessage 表达式,用于访问消息自身。OclMessage 实际上是一个容器,提供一些有助于计算操作执行的预定义操作,如下所示。

- **hasReturned()**  布尔型。
- **result()**  被调用操作的返回类型。
- **isSignalSent()**  布尔型。
- **isOperationCall()**  布尔型。

上面列举的只是一部分操作,有关 OclMessage 预定义的更多操作,将在 13.9 节"OCL 标准库"中详细介绍。

使用 OclMessage 可以访问被使用^^消息运算符的前一个表达式返回的消息。为建立 OclMessage,使用 let 语句创建类型为 Sequence 的变量来容纳从^^消息运算符得来的该 Sequence。

运算声明如下:

```
Agent terminate(date:Date,vm:Employee)
Contract terminate(date:Date)
```

OCL 表达式如下：

```
context Agent::terminate(?:Date,?:Employee)
post:let message:Sequence(OclMessage)=
contracts^^terminate(?:Date) in
message->notEmpty and
message->forAll(contract|
contract.terminateionDate=agent.terminationDate and
contract.terminateionVM=agent.terminationVM)
```

该表达式计算发送到所有合约的消息，以检查日期和剧院经理属性是否已被正确设置到与代理中的值相一致。

在 OCL 表达式中，操作和信号之间的一个重要区别是操作有返回值，而信号没有返回值。这里再次说明"."和"->"的使用场合："."是在调用对象的属性时使用；而"->"符号是在 Collection 类型包括 Bag、Set 和 Sequence 调用特性或操作时使用。

OCL 语法提供了 hasReturned()操作来检查某个操作是否完成执行。当 hasReturned()操作的结果为"真"时，由于操作产生的值是可以访问的，因此 OCL 表达式可以继续；如果 hasReturned()操作结果为"假"时，表示检测不到操作的结果，OCL 表达式应该中止。上面语句中，如果操作没有完成执行，语句 message->notEmpty 之后将引用不存在的值，添加 message.hasReturned()操作将阻止以下语句在没有可以引用的值时执行。

```
context Agent::terminate(?:Date,?:Employee)
post:let message:Sequence(OclMessage)=
contracts^^terminate(?:Date) in
message.hasReturned() and
message->motEmpty and
message->forAll(contract|
contract.terminateionDate=agent.terminationDate and
contract.terminateionVM=agent.terminationVM)
```

## 13.8 元组

元组是对一组数据元素，如文件中的一个记录或数据库中的一行等内容的定义，每个元素被赋予名称和类型。元组可以使用字符或基于表达式的赋值来创建。在 OCL 中，元组是使用被花括号包围的一系列"名称-类型"对和可选值来定义的，其定义形式如下所示：

```
Tuple{name:String= 'Jim',age:Integer=23}
```

元组只是将一组值集合在一起的一种途径，然后元组必须被赋予一个变量。以下表达式使用 def 表达式来创建一个代理类元上下文内叫 sales 的新属性。

```
context Agent
def:attr sales:Set
```

```
(sale(venue:Venue,performance:Performance,soldSeats:Integer,perfCommis-
sion:Integer))
```

表达式中 sales 是一个属性，sale 是元组的名称。表达式定义了一个包含每次演出时代理销售信息的元组 Set。后面的表达式定义如何为每个元组设定值。

## 13.9 OCL 标准库

OCL 标准库（Standard Library）定义用于组成 OCL 表达式的所有可用的 OCL 类型，每种类型都有一组可用于该类型对象的操作，有时还会有属性。OCL 中预定义的标准类型包括基本类型和集合类型，OCL 的标准类型分布呈现一种层次结构，如图 13-2 所示。

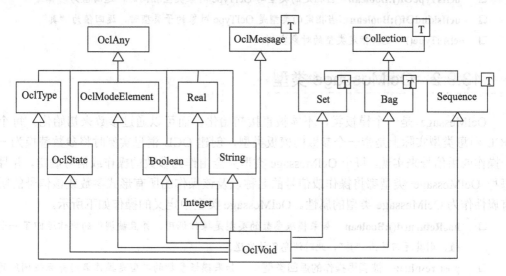

图 13-2　OCL 标准类型层次结构

从图中可以看到 OclMessage 类型和 Collection 类型，以及 Collection 类型的子类 Set、Bag 和 Sequence 都是模板类。接下来就对 OCL 标准库中所有内容进行详细讲解。

### 13.9.1 OclVoid 和 OclAny 类型

OclVoid 类型是与所有其他类型相一致的一种类型，它只有一个叫 OclUndefined 的实例，应用于未定义类型的任何特性调用，除了 oclIsUndefined()返回"真"，其他都会产生 OclUndefined。

❑ **oclIsUndefined(): Boolean**　如果对象与 OclUndefined 相同，那么 oclIsUndefined()的计算结果为"真"。

OclAny 类型是一个 UML 模型里所有类型和 OCL 标准库的父类，它包括了诸多子类，例如 Real、Boolean、String、OclState 和 Integer 等，如图 13-2 所示。模型里所有的子类都继承由 OclAny 定义的特性。下面是对所有 OclAny 中操作的描述。

❑ **=(object:OclAny):Boolean**　如果 self 与 object 是同一对象，则返回值为"真"。

```
post:result = (self = object)
```

- **<>(object:OclAny):Boolean**  如果 self 是一个与 object 不同的对象，则返回值为"真"。

```
pre:result = (self <> object)
```

- **oclIsNew():Boolean**  只能用在后置条件中，检查是不是由表达式创建的。如果 self 是在执行该操作期间创建的，也就是说它在前置条件中不存在，那么 oclIsNew()的返回值为"真"。
- **oclIsUndefined():Boolean**  如果 self 与 OclUndefined 相等，则该操作返回值为"真"，否则返回值为"假"。
- **oclType()**  返回 OclType 对象的类型。
- **oclIsTypeOf():Boolean**  当指定的类型与 OclType 对象类型相同时，返回值为"真"。
- **oclIskindOf():Boolean**  当指定的类型是 OclType 对象的子类型时，返回值为"真"。
- **oclAsType()**  返回指定类型的对象实例。

### 13.9.2 OclMessage 类型

OclMessage 是一个模板类，不能被直接初始化，而可以通过参数来初始化。每个 OCL 消息类型实际上是带一个参数的模板类型，创建 OCL 消息实例时将参数替换为一个操作或用信号来实现。每个 OclMessage 类型完全由作为参数的操作或信号确定，并且每种 OclMessage 类型都将操作或信号的名称以及该操作的所有形式参数或该信号的所有属性作为 OclMessage 类型的属性。OclMessage 类型中定义的操作如下所示。

- **hasReturned():Boolean**  如果模板参数的类型是操作调用，并且被调用的操作返回了一个值，则其返回值为"真"，此时消息已被发送。
- **post:result():<<被调用操作的返回类型>>**  如果模板参数的类型是操作调用并且被调用的操作返回了一个值，则返回被调用操作的结果。
- **isSignalSent():Boolean**  如果 OclMessage 代表发送一个 UML 信号，操作返回值为"真"。
- **isOperationCall():Boolean**  如果 OclMessage 代表发送一个 UML 操作调用，该操作返回值为"真"。

### 13.9.3 集合类型

前面也对集合类型有过概述，集合（Collection）是 OCL 标准库中所有集合类型的父类。所有子类包括 Set、Bag 和 Sequence。每种类型都是带有一个参数的模板类型，具体集合类型是通过将该参数替换为某种类型来创建的。

#### 1．Collection 类型

Collection 类型中每个对象的出现叫做一个元素，如果某个元素在集合中出现两次，那么应该算做两个元素。Collection 对所有子类型都具有相同语义，其中的某些操作可以在子类型中被重载来提供其他后置条件或更加具体的返回值。Collection 中定义的操作如

下所示。

- **size():Integer** 返回集合中元素的数目。

    ```
    set{1,5,2,6,4}
    collection->size() = 5
    bag{'Jim', 'Tim', 'Game' 'Game'}
    collection->size() = 4
    ```

- **includes(object:T):Boolean** 如果 object 是集合 self 中的元素，则该操作返回值为"真"，否则返回值为"假"。

    ```
    set{1,5,2,6,4}
    collection->includes(2) = True
    Sequence{10.5,40,72}
    collection->includes(90) = False
    ```

- **excludes(object:T):Boolean** 如果 object 不是集合 self 中的元素，则该操作返回值为"真"，否则返回值为"假"。

    ```
    set{1,5,2,6,4}
    collection->excludes(2) = False
    bag{'Jim', 'Tim', 'Game' 'Game'}
    collection->excludes('Gim') = True
    ```

- **count(object:T):Integer** 操作返回集合中元素 object 出现的次数。该操作被 Collection 子类型重载，其使用方法如下面语句所示：

    ```
    set{1,5,2,6,4}
    collection->count(2) = 2
    bag{'Jim', 'Tim', 'Game' 'Game'}
    collection->count('Jim') = 1
    Sequence{10.5,40,72}
    collection->count(10.5) = 1
    ```

- **includesAll(Coll:Collection(T)):Boolean** 该操作判断集合 self 中是否包含另一集合 Coll 中所有的元素。如果包含则返回值为"真"，否则返回值为"假"。

    ```
    set{1,5,2,6,4}
    collection->includesAll(set{2,6}) = True
    Sequence{10.5,40,72}
    collection->includesAll(sequence{90,72}) = False
    ```

- **excludesAll(Coll:Collection(T)):Boolean** 该操作判断集合 self 中是否不包含另一集合 Coll 中所有的元素。如果不包含则返回值为"真"，否则返回值为"假"。

    ```
    set{1,5,2,6,4}
    collection->excludesAll(set{1,2}) = False
    bag{'Jim', 'Tim', 'Game' 'Game'}
    collection->excludesAll(bag{'Gim'}) = True
    ```

- **isEmpty():Boolean** 判断集合是否为空。如果为空则返回值为"真"，否则返回值为"假"。

```
bag{'Jim', 'Tim', 'Game' 'Game'}
collection->imEmpty() = False
```

- **notEmpty():Boolean**　判断集合是否为不空。如果集合不空返回值为"真",否则返回值为"假"。

```
bag{'Jim', 'Tim', 'Game' 'Game'}
collection->notEmpty() = True
```

- **sum():T**　集合中所有元素相加,前提为集合中的元素必须支持加法运算。其返回类型为集合的参数类型,并且满足加法的结合律和交换律。

```
set{1,5,2}
collection->sum() = 8
```

- **Iterate()**　在 Collection 上迭代进行计算。

```
set{1,5,2,6,4}
collection->iterate(elem; number:Integer=0|number+1) = 5
```

### 2. Set 类型

Set 类型是不包括重复元素的对象组,Set 类型中的元素是无序的,它是数学上"集合"的概念。Set 本身是元类型 SetType 的一个实例。Set 类型是 Collection 的一个子类,它重载了部分 Collection 定义的操作,对于这部分操作本节中不再详细介绍,请参见 Collection 中对操作的讲解。定义在 Set 类型上的操作如下所示。

- **=(s:Set(T)):Boolean**　如果集合 self 和集合 s 中元素相同,则返回结果为"真"。

```
set{1,2,5}->=(set{1,2,5}) = True
```

- **-(s:Set(T)):Set(T)**　描述了 self 与 s 的差集,由 self 中不属于 s 的元素组成。

```
set{1,2,5}->-(set{1,2}) = set{5}
```

- **Union(s:Set(T)):Set(T)**　该操作为 self 与 s 两个集的并集。返回一个 Set 型。

```
set{1,2,5}->union(set{6,7}) = set{1,2,5,6,7}
```

- **union(s:Bag(T)):Bag(T)**　该操作是 self 与 Bag 类型 s 的并集,最后返回的是一个 Bag 类型。

```
set{1,2,5}->union(bag{'Jim', 'Tim'}) = Bag{1,2,5, 'Jim', 'Tim'}
```

- **including(object:T):Set(T)**　如果 object 在 self 中不存在的话,将 object 追加到集合中组成一个新的集。

```
set{1,2,5}->including(9) = set{1,2,5,9}
```

- **excluding(object:T):Set(T)**　如果 object 不在 self 中存在的话,将 object 从 self 中删除。

```
set{1,2,5}->excluding(5) = set{1,2}
```

- **intersection(bag:Bag(T)):Bag(T)**　描述 self 集与 bag 的交集,返回一个 Bag 型。

```
set{'Jim', 'Tim'}->intersection(bag{'Tim'}) = bag{'Tim'}
```

- **intersection(set:Set(T)):Set(T)**  描述 self 集与 set 的交集，返回一个 set 型。

```
set{'Jim', 'Tim'}->intersection(bag{'Jim'}) =set{'Jim'}
```

- **select(OclExpression)**  返回 set 中表达式为真的元素组成的 set。

```
set{1,5,6}->select(x>3) = set{5,6}
```

- **reject(OclExpression)**  返回 set 中表达式为假的元素组成的 set。

```
set{1,5,6}->reject(x<3) = set{5,6}
```

- **symmetricDifference(s:Set(T)):set(T)**  由 self 和 s 中所有元素组成的集，但不包含 self 和 s 中共有的元素。

```
set{'Jim', 'Tim'}->symmetricDifference(set{'Jim', 'Gim'}) = set{'Tim', 'Gim'}
```

- **collect(OclExpression)**  返回对 set 中每个成员应用表达式所得到的所有元素组成的 set。

```
set{-1,1,5,6}->collect(x<3 and x>0) = set{1}
```

- **asBag()**  返回包含 self 中所有元素的一个 Bag。

```
set{1,5,6}->asBag() = Bag{1,5,6}
```

- **asSequence()**  返回包含 self 中所有元素的一个 Sequence，这些元素没有顺序。

```
set{1,5,6}->asSequence() = sequence{1,5,6}
```

### 3. Bag 类型

袋子（Bag）是允许元素重复的集合。一个对象可以在袋子中出现多次，袋子中的各元素没有顺序。袋子本身是元类型 BagType 的一个实例。定义在 Bag 类型上的操作与 Set 类型上的操作大致相同，如下所示。

- **=(bag:Bag(T)):Boolean**  如果 self 和 bag 中的元素相同，且各元素出现的次数也相同，那么结果返回"真"，否则返回"假"。
- **union(bag:Bag(T)):Bag(T)**  self 与 bag 的并集，结果返回一个 Bag。
- **union(set:Set(T)):Bag(T)**  self 与 set 的并集，结果返回一个 Bag。
- **intersection(bag:Bag(T)):Bag(T)**  self 与 bag 的交集，返回一个 Bag 类型。
- **intersection(set:Set(T)):Set(T)**  self 与 set 的交集，返回一个 Set 类型。
- **including(object:T):Bag(T)**  如果 self 中不包含 object，那么将 object 添加到 self 中所有元素之后组成新的袋子。
- **excluding(object:T):Bag(T)**  如果 self 中包含 object，那么将 object 从 self 中删除，组成新的袋子。
- **count(object:T):Integer**  返回 self 中 object 元素出现的次数。
- **asSequence():Sequence(T)**  包含 self 中所有元素的一个 Sequence，这些元素没有顺序。

- **asSet():Set(T)**: 包含 self 中所有元素的一个 Set，这些元素没有重复。

### 4. Sequence 类型

Sequence 类型和 Bag 类型相类似，也可以包含重复元素，不过 Sequence 类型中的元素是有序的。定义在 Sequence 类上的操作一部分与 Set 和 Bag 相同，但也具有自己独特的操作，如下所示。

- **=(s:Sequence(T)):Boolean**  如果 self 中包含元素与 s 中元素相同，而且顺序也一样，则其返回值为"真"，否则返回值为"假"。

    ```
    sequence{1,5,6,1,3}->=(sequence{1,5,6}) = False
    ```

- **count(object:T):Integer**  self 中元素 object 出现的次数。

    ```
    sequence{1,5,6,1,5,1}->count(1) = 3
    ```

- **union(s:Sequence(T)):Sequence(T)**  self 中所有元素与 s 的并集，并且顺序不变。s 中元素跟在 self 元素后面，组成新的 Sequence。

    ```
    sequence{1,5,6}->union(sequence{1,6}) = sequence{1,5,6,1,6}
    ```

- **append(object:T):Sequence(T)**  追加元素 object 于 self 集所有元素之后，组成新的 Sequence。

    ```
    sequence{1,5,6}->append(7) = sequence{1,5,6,7}
    ```

- **prepend(object:T):Sequence(T)**  追加元素 object 于 self 集所有元素之前，组成新的 Sequence。

    ```
    sequence{1,5,6}->prepend(7) = sequence{7,1,5,6}
    ```

- **insertAt(index:Integer,object):Sequence(T)**  将元素 object 插入 self 所有元素的 index 位置，组成新的 Sequence。

    ```
    sequence{1,5,6}->insertAt(2,19) = sequence{1,19,5,6,}
    ```

- **subSequence(lower:Integer,upper:Integer):Sequence(T)**  将 self 中元素由起始位置 lower 到终止位置 upper 之间的元素组成新的 Sequence。

    ```
    sequence{1,5,6,7,4,8}->subSequence(2,5) = sequence{5,6,7,4}
    ```

- **at(i:Integer):T**  返回 Sequence 中位置为 i 的元素。

    ```
    sequence{1,5,6}->at(2) = 5
    ```

- **indexOf(object):Integer**  对象 object 在 Sequence 中的位置，返回一个整数。

    ```
    sequence{1,5,6}->indexOf(5) = 2
    ```

- **first():T**  返回 Sequence 中第一个元素。

    ```
    sequence{1,5,6}->first() = 1
    ```

- **last():T**  返回 Sequence 中最后一个元素。

```
sequence{1,5,6}->last() = 6
```

- **collect(OclExpression)**  Sequence 中所有满足 OclExpression 元素所组成的新 Sequence 序列。

```
sequence{1,5,6}->collect(x/3=2) = sequence{6}
```

- **select(OclExpression)**  其功能类似于 collect()。

```
sequence{1,5,6}->select(x>3) = sequence{5,6}
```

- **reject(OclExpression)**  去除 Sequence 中满足 OclExpression 的所有元素组成的新 Sequence 序列。

```
sequence{1,5,6}->reject(x>3) = sequence{1}
```

- **including(object:T):Sequence(T)**  如果序列 self 中不存在 object，则将 object 追加到 self 所有元素之后，组成新的 Sequence 序列。

```
sequence{1,5,6}->including(7) = sequence{1,5,6,7}
```

- **excluding(object:T):Sequence(T)**  如果序列中包含 object，则从序列 self 中删除 object，组成新的 Sequence。

```
sequence{1,5,6}->excluding(5) = sequence{1,6}
```

### 13.9.4 模型元素类型

模型元素类型是一种枚举类型，它们允许建模人员引用在 UML 模型中定义的元素。模型元素类型中某些特性可被用于在使用对象之前计算该对象。使用这些特性的标准操作提供途径用以检测对象的类型和它是不是另一类型对象的子类。

#### 1. OclModeElement 类型

OclModeElement 类型是一个枚举型，UML 模型中的每个元素都有一个对应的枚举名称，定义在该类型的操作如下所示。

- **=(object:OclModeElementType):Boolean**  如果 self 是一个与 object 相同的对象，则操作返回值为"真"，否则为"假"。
- **<>(object:OclMeodeElementType):Boolean**  如果 self 是一个与 object 不相同的对象，则操作返回值为"真"，否则为"假"。

#### 2. OclType 类型

标准库中有几个预定义特性应用于所有对象，即 OclType 类型和 OclState 类型。OclType 类型包含一个对与上下文对象相关联类的元类型引用。它是一个枚举型，UML 模型中的每个类元都有一个对应的枚举名称。

- **=(object:OclType):Boolean**  如果 self 是一个与 object 相同的类型，则返回值为"真"，否则为"假"。

- ❑ **<>(object:OclType):Boolean**　如果 self 是一个与 object 不相同的类型，则返回值为"真"，否则为"假"。

### 3. OclState 类型

OclState 类型包含一个对上下文对象当前状态的引用。OclState 类型是一个枚举型，UML 模型中的每个状态都有一个对应的枚举名称。

- ❑ **=(object:OclState):Boolean**　如果 self 是一个与 object 相同的状态，则返回值为"真"，否则为"假"。
- ❑ **<>(object:OclState):Boolean**　如果 self 是一个与 object 不相同的状态，则返回值为"真"，否则为"假"。
- ❑ **oclInState(s:State)**　该操作用于确定对象的当前状态，s 的值是依附于对象类元状态机制状态名。

## 13.9.5　基本类型

在 OCL 标准库中定义的基本类型包括实型（Real）、整型（Integer）、字符串（String）和布尔型（Boolean）。它们都是 UML 核心包中元类的实例。

### 1. 实型

标准类型实型（Real）代表数学中实数的概念，由图 13-2 中可以看到整型是实型的一个子类，所以可以使用整型作为实型的参数。

- ❑ **+(r:Real):Real**　返回 self 与 r 相加的值。
- ❑ **-(r:Real):Real**　返回 self 与 r 相减的值。
- ❑ **\*(r:Real):Real**　返回 self 与 r 相乘的值。
- ❑ **/(r:Real):Real**　返回 self 除以 r 的值。
- ❑ **-:Real**　self 的负值。
- ❑ **abs():Real**　self 的绝对值。
  
  -1.abs()=1
- ❑ **round():Integer**　依据四舍五入原则取整数值。
  
  8.57.round()=9　8.47.round()=8
- ❑ **floor():Integer**　取实型值的整数部分。
  
  8.57.floor()=8　8.47.floor()=8
- ❑ **max(r:Real):Real**　返回 self 和 r 两值较大的数。
  
  8.57.max(8.65)=8.65
- ❑ **min(r:Real):Real**　返回 self 和 r 两值较大的数。
  
  8.57.min(8.65)=8.57
- ❑ **<(r:Real):Boolean**　如果 self 小于 r 值，返回值为"真"，否则返回值为"假"。
- ❑ **>(r:Real):Boolean**　如果 self 大于 r 值，返回值为"真"，否则返回值为"假"。
- ❑ **<=(r:Real):Boolean**　如果 self 小于或等于 r 值，返回值为"真"，否则返回值为"假"。
- ❑ **>=(r:Real):Boolean**　如果 self 大于或等于 r 值，返回值为"真"，否则返回值为"假"。

## 2. 整型

整型为实型的一个子类，在实型中定义的大部分操作在整型中也适用，这里只介绍一些只适用于整型的操作。如下所示。

- **div(i:Integer):Integer** 整除。
  
  8.div(3)=2
- **mod(i:Integer):Integer** 取模。
  
  3.mod(2)=1

## 3. 字符串

标准类型 String 代表能够成为 ASCII 或 Unicode 的字符串。定义在字符串类型上的操作，如下所示。

- **size():Integer** 返回字符串中字符的个数。
  
  'Game'.size()=4
- **concat(s:String):String** 返回两个字符串相连接后新的字符串。
  
  'Game'.concat('Over') = 'GameOver'
- **substring(lower:Integer,upper:Integer):String** 取子字符串，子字符串的位置从 lower 开始到 upper 结束。
  
  'GameOver'.substring(1,4) = 'Game'
- **toInteger():Integer** 把字符串转化为整型值。
- **toReal():Real** 把字符串转化为实型值。

## 4. 布尔型

标准类型布尔型 Boolean 的值只有两个，即"真"（True）和"假"（False），标准库中也定义了许多操作，如下所示。

- **or(b:Boolean):Boolean** self 与 b 中一个值为"真"，则返回值为"真"，否则返回值为"假"。
  
  True or False = True
- **xor(b:Boolean):Boolean** 如果 self 或 b 有一个是"真"，而且 self 和 b 不同时为"真"，返回值为"真"否则为"假"。
  
  True xor False = True
- **and(b:Boolean):Boolean** 如果 self 和 b 都是"真"，返回值为"真"，否则返回值为"假"。
  
  True and False = False
- **not:Boolean** 非运算，如果 self 为"假"，则结果为"真"，否则相反。
  
  not True = False
- **implies(b:Boolean):Boolean** 如果 self 为"假"，或 self 为"真"而 b 也为"真"时，则结果为"真"。

## 13.10 思考与练习

**一、简答题**

1. 简要描述对象约束语言。
2. 介绍对象约束语言的结构。
3. 简单说明 OCL 中的固化类型。
4. 列举几个 OCL 中的关键字。
5. 举例说明 let 和 def 的使用方法。
6. 简单介绍 Collection 类型。

**二、计算题**

1. 计算

(set{True,False,True,False})->union(bat{True})

2. 计算

(set{'Tom', 'Rock', 'Basket'})->including('Jim')

3. 计算

(set{'Tom', 'Rock', 'Basket'})->excluding('Tom')

4. 计算

(set{1,2,3,6,7})->asBag()

5. 计算

(bag{'Tom', 'Tom', 'Tom'})->asSet()

6. 计算

(bag{True,False,False,True})->intersection(bag{True})

7. 计算

(sequence{'T', 'B', 'A', 'N'})->first

8. 计算

(sequence{'T', 'B', 'A', 'N'})->last

9. 计算

(sequence{'T', 'B', 'A', 'N'})->append('Z')

10. 计算

(sequence{'T', 'B', 'A', 'N'})-> prepend('Z')

11. 计算

set{1,5,2,6,4,20}

collection->iterate(elem; number:Integer=0|number+1)

12. 计算

(sequence{-1,-2,7,9,8,2,5})->collect(elem<5 and elem>0)

## 三、阅读

1. 阅读下面的语句，并回答语句后面的问题。

```
context Compiler inv:
   System::OSVersion>=2000
   System::FreeHDSpace>=1500
   Libraries->includes(CoreLibraries)
context Compiler::Compile(projectName,files,options):Success
   pre:projectName.size<>0
   pre:files.size<>0
   pre:if(options->includes(debug)) then options->includes(debugversion)
   post:(Success=True) or
     ((Success=False) and (Errors::Description=self.Error))
```

（1）列出不变量约束。
（2）列出前置条件。
（3）列出后置条件。

2. 阅读下面的语句，并回答后面的问题。

Let 定义变量　　def 定义属性或操作

```
context File
inv:let legthOfFileName:Integer
   if (lengOfEmployment = 0)
   then showMessage(Error)
   endif
context Project
   def:attr projectName:String
   def:oper getProjectNmae():String
```

（1）列出上面语句中定义的变量。
（2）说明变量的作用范围。
（3）列出语句中定义的属性及其类型。
（4）列出语句中定义的操作及其返回类型。

# 第 14 章  UML 扩展机制

为了避免 UML 语言整体的复杂性，UML 并没有吸收所有面向对象的建模技术和机制，而支持自身的扩展和调整。这就是扩展机制（Extensibility Mechanism），通过该扩展机制用户可以定义使用自己的元素。UML 扩展机制由三部分组成：构造型（Stereotype）、标记值（Tagged Value）和约束（Constraint）。在许多情况下 UML 用户利用该扩展机制对 UML 进行扩展，使其能够应用到更广泛的领域。

扩展的基础是 UML 元素，扩展的形式是给这些元素的变形添加一些新的语义。新语义可以有三种形式：重新定义、增加新的使用限制和对某种元素的使用增加一些限制。

本章将从 UML 的体系结构入手，讲述 UML 的四层元模型体系结构以及定义 UML 的元模型，并介绍所有标准的 UML 扩展，如构造型、标记值和约束等，还将说明用户自定义机制如何扩展 UML。

**本章学习要点：**

- 理解 UML 四层体系结构
- 掌握四层体系结构间的关系
- 了解元元模型层和元模型层
- 理解 UML 核心语义
- 掌握构造型的表示方法
- 熟悉 UML 标准构造型
- 掌握标记值表示方法
- 了解 UML 标准标记值
- 掌握约束的表示方法
- 理解 UML 标准约束

## 14.1  UML 的体系结构

按照面向对象的问题解决方案以及建立系统模型的要求，UML 语言从四个抽象层次对 UML 语言的概念、模型元素和结构进行了全面定义，并规定了相应的表示法和图形符号。UML 的四层体系结构就从这四个抽象层次演化而来。

### 14.1.1  四层体系结构

UML 具有一个四层的体系结构，每个层次是根据该层中元素的一般性程序划分的。从一般到具体，四层分别为：元元模型层（Metametamodel）、元模型层（Metamodel）、模型层（Model）和用户模型层（Usermodel）。图 14-1 为 UML 四层体系结构的示意图。

❑ **元元模型层（Metametamodel）**  通常称为 M3 层，位于四层体系结构的最上层。它是 UML

# UML 扩展机制

的基础，表示任何可以被定义的事物。该层具有最高的抽象级别，这一抽象级别用来形式化概念的表示，并指定元元模型定义语言。一个元元模型中可以定义多个元模型，而每个元模型也可与多个元元模型相关联。元元模型上的元元对象的例子有：元类、元属性和元操作等。

- □ **元模型层（Metamodel）** 又称为 M2 层，它包括了所有组成 UML 的元素。这一层中每个概念都是元元模型层中概念的实例。元模型的主要责任是定义描述模型的语言。一般来

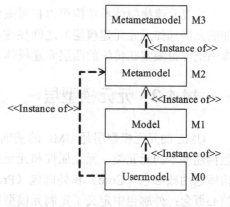

图 14-1　UML 的四层体系结构

说，元模型比元元模型更加精细，尤其表现在定义动态语义时。在元模型上元对象的例子有：类、属性、操作和构件等。

- □ **模型层（Model）** 又称为 M1 层，它由 UML 的模型构成。该层主要用于解决问题、解决方案或系统建模，层中每个概念都是元模型中概念的实例。这一抽象级别主要是用来定义描述信息论域的语言。

- □ **用户模型层（Usermodel）** 通常又称为 M0 层，它位于层次的最底部。该层的每个实例都是模型层和元模型层概念的实例。该抽象级别的模型通常叫做对象或实例模型。用户模型层的主要作用是描述一个特定的信息。

UML 四层体系结构又称为元模型建模，该建模的一个特征是定义的语言具有自反性。即语言本身能通过循环的方式定义自身。当一个语言具有自反性时，就不需要去定义另一个语言来规定其语义。

当在模型中创建一个类的时候，其实创建了一个 UML 类的实例。同时，一个 UML 类也是元元模型中的一个元元模型类的实例。为了更清晰地理解四层元模型层次结构，请参照图 14-2。

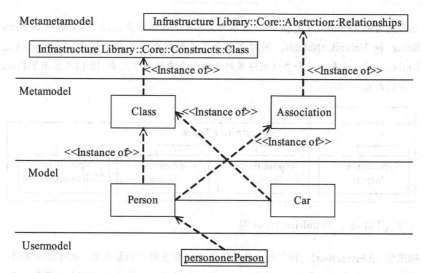

图 14-2　四层体系结构模型

尽管元建模型体系结构可以扩展成含有附加层的结构，但是这一般是没有用的。附加的元层（如元元元建模层）之间往往很相似并且在语义上也没有明显的区别。因此，本书把讨论限定在传统的四层元建模体系结构上。

## 14.1.2 元元模型层

UML 的元元模型层是 UML 的基础结构，基础结构由包 Infrastructure 表示。元元模型描述基本的元元类、元元属性和元元关系，它们都用于定义 UML 的元模型。基础结构库包由核心包（Core）和外廓包（Profile）组成。核心包包括了建立元模型时所用的核心概念；外廓包中定义了定制元模型的机制。图 14-3 为 Infrastructure 包的结构。

### 1. Core 包

Core 包中定义了四个包，它们分别是：Primitive Types（基本类型包）、Abstractions（抽象包）、Basic（基础包）和 Constructs（构造包）。四个包间的关系如图 14-4 所示。

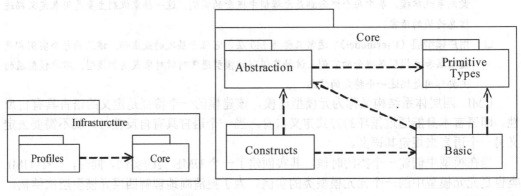

图 14-3　Infrastructure 包结构　　　图 14-4　Core 包结构图

❑ **基本类型包（Primitive Types）**　基本类型包中定义了许多数据类型，包括 Integer、Boolean、String 和 UnlimitedNatural，同时也包含了少数在创建元模型时常用已定义的类型。其中 UnlimitedNatual 表示一个自然数组成的无限集合中的一个元素。图 14-5 显示了 Primitive Types 包中的内容。

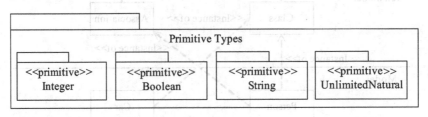

图 14-5　Primitive Types 包

❑ **抽象包（Abstraction）**　抽象包中包括很多元模型重用的抽象元类，也可以用来进一步特化抽象元类。抽象包可以分为 20 多个小包，这些包说明了如何表示建模中的模型元素，其中最基础的包只是含有 Element 抽象类的 Element 包。

# UML 扩展机制

- **基础包（Basic）** 基础包是开发复杂建模语言的基础，它具有基本的指定数据类型的能力。
- **构造包（Constructs）** 构造包包括用于面向对象建模的具体元类，它不仅组合了许多其他包的内容，还添加了类、关系和数据类型等细节。

### 2. Profiles 包

Profiles 包又称为外廓包，它定义了一种可以针对一个特定的知识领域改变模型的机制，这种机制可用于对现存的元模型进行裁减使之适应特定的平台。外廓包的存在依赖于核心包。Profiles 包可以当作 UML 的一种调整，比如针对建筑领域建模而改写的 UML。扩展 UML 是基于 UML 添加内容，而正是 Profiles 包说明了允许设计者添加的内容。

## 14.1.3 元模型层

UML 的元模型层是元元模型层的实例，它由 UML 包的内容来规定，又可以将 UML 中的包分为结构性建模包和行为性建模包。包之间存在相互依赖，形成循环依赖性，该循环依赖性是由于顶层包之间的依赖性概括了其子包之间所有的联系。子包之间是没有循环依赖性的，图 14-6 显示了 UML 中包的结构。

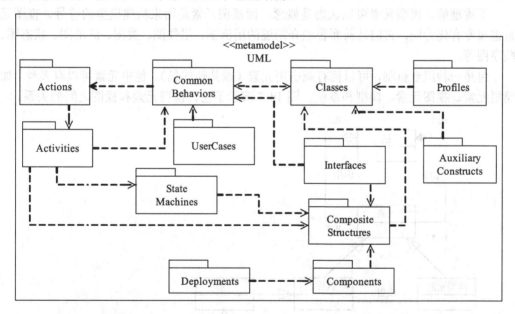

图 14-6 元模型层 UML 包的结构

UML 中包有很多，如图 14-6 所示。包名表明了该包的内容，这里只选择几个比较重要的包作详细介绍。

- **Classes 包** 该包为类包，包括了类及类之间关系的规范。包中元素和 Infrastructure Library::Core 包中的抽象包（Abstractions）和构造包（Constructs）相关联。Classes 包通过那些包合并为 Kernel 包并复用了其中的规范。
- **CommonBehaviors 包** 普通行为包，该包中包含了对象如何执行行为、对象间如何通信以及对时间的消逝建模的规范。

- **UseCases 包**  用例包，包中有关于参与者、用例、包含关系和扩展关系等的正式规范。UseCases 使用来自 Kernel 和 CommonBehavior 包中的信息，并规范了捕获一个系统功能需求的图。
- **CompositeStructure 包**  该包中除了包含组成结构图的规范以外，对端口和接口作了正式说明。
- **AuxiliaryConstructs 包**  该包负责处理模型外观，它所处理的东西是模板和符号。

## 14.2　UML 核心语义

要实现用户自定义扩展，必须熟悉 UML 语义，至少要熟悉 UML 核心语义。在定义自己的扩展之前了解一下基本的 UML 核心语义是非常有帮助的。这里将简单介绍 UML 核心语义，这将有助于对 UML 底层模型的理解。

元素是 UML 大多数成分的抽象基类，它是一个基础，在此之上可以附加一些其他机制。元素又可以被专有化为：模型元素、视图元素、系统和模型。模型元素是被建模系统的一个抽象，如类、消息、节点和事件等。视图元素是一个映射，单个模型元素或一组模型元素的文字或图形映射，它可以是文字或图形符号。

不难理解，模型元素可以认为是概念，而视图元素是用来构建模型的符号。视图元素也被专有化为图，它们是前面曾经介绍过的用例图、组件图、类图、活动图、状态图、顺序图等。

包是一种组合机制，可以拥有或引用元素（或其他的包）。包中元素可以有多种，如模型元素、视图元素、模型和系统。图 14-7 演示了包、模型元素和视图之间的关系。

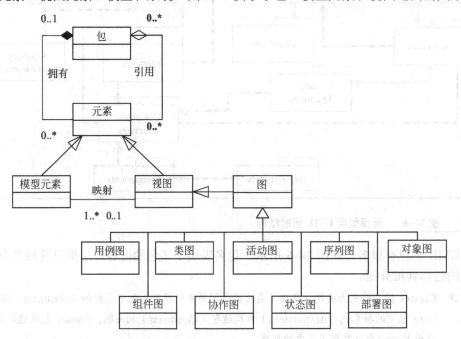

图 14-7　包、元素和视图关系图

# UML 扩展机制

从图中可以看到，一个包拥有或引用元素，元素可以是模型元素或视图元素，还可以是其他元素如系统或模型等。视图元素是模型元素的映射，视图元素映射一个或一组模型元素。其中视图还可以被专有化为多种图，如用例图、类图、活动图、状态图等。

模型元素被专有化后对系统建模非常有用。大多数元素都有相对应的视图来表示它们。但某些模型元素就没有相应的表达元素，如模型元素的行为就无法在模型中可视化地描述。模型元素被专有化为多种 UML 使用的建模概念，如下所述。

- **类型** 类型是一组具有相同操作、抽象属性和关系以及语义实例的一个描述。它被专有化为原始类型、类和用例，其中类又可被专有化为活动类、信号、组件和节点。所有类型的子类都有一个相应的视图元素。
- **实例** 一种类型所描述的某一个单个成员，类的实例就是对象。
- **笔记** 附加在一个元素或一组元素中的注释。笔记没有语义，模型元素的笔记对应相应的视图元素。
- **值** 类型定义域里的一个元素。类型定义域是某个类型的定义域，定义域是数学范畴，如 1 属于整数的类型定义域。
- **构造型** 建模元素的一种类型，用于扩展 UML 的语义。构造型必须以 UML 中已经定义的元素为基础，可以扩展语义，但不能扩展元素的结构。UML 中定义有标准的构造型。
- **关系** 模型元素之间的一种语义连接。关系被专有化为通用化、相关性、关联、转移和链接等。通用化是更通用元素和更专有元素之间的一种关系。专有元素与通用元素完全一致还包含其他信息，在所有使用更通用元素实例的场合，都可以使用更专有化元素的实例；相关性是两个模型元素之间的一种关系；关联描述了一组链接的一种关系；链接是对象组之间的一种语义连接。转移是两个活动或状态之间的关系。在状态图和活动图中对转移介绍的十分详细，它就是关系的专有化。
- **标记值** 把性质明确定义为一个名-值对。UML 预定义了一些标签，相应的视图元素是一个性质表。性质普遍应用于与元素有关的任意值，包括类的属性、关联和标记值。
- **成员** 类型或类的一部分，表示一个属性或操作。
- **约束** 一条语义或限制。UML 中定义了一些标准的约束，约束也有其对应的视图元素。
- **消息** 对象之间的一种通信，传递有关将要进行活动的信息。可以认为接收消息是一个事件，不同的消息对应不同的视图元素。
- **参数** 变量的规格说明，可以被传递、修改和返回。可以在消息、操作和事件中使用参数。状态图中事件触发器中曾经使用了参数。
- **动作** 是对信号或操作的调用，代表一个计算或执行过程，具有对应的视图元素。活动图中活动就是动作的代表。
- **关联角色** 类型或类在关联中所扮演的角色，有对应的视图元素。如在类图中两类之间的关联类型。
- **状态顶点** 转移的源或目标状态。
- **协作** 支持一组交互的环境。
- **事件** 时间或空间的一个显著发生。事件有对应的视图元素。
- **行为** 行为是一个可见的作用及结果。
- **链接角色** 关系角色的实例。

所有的元素都可能与其他元素有相关关系，所有元素的子类包括各类构造型、约束和标记值等也将继承这种相关关系。元素具有零个或一个构造型，零个或多个标记值，对约束有一种派生相关关系。具体来说，类图中可以定义多个属性、多个操作。类与类之间更可以设定关联等，这些全都说明了元素之间存在的相关关系。

另外，值得注意的是：并不是所有的元素都可以被专有化或通用化。只有可通用化的元素才能被专有化或通用化，可通用化元素包括构造型、包和类型。可通用化元素的子类也是可通用化的；类型包括原始类型、类和用例等子类；类有活动类、信号、组件和节点等子类，因此这些类都是可被专有化或通用化的。

## 14.3 构造型

构造型是一种优秀的扩展机制，它把 UML 中已经定义元素的语义专有化。并且能够有效地防止 UML 变得过于复杂。构造型扩展机制不是给模型元素增加新的属性或约束，而是在原有模型元素的基础上增加新的语义或限制。构造型在原来模型元素的基础上添加了新的内容，但并没有更改模型元素的结构。

### 14.3.1 表示构造型

构造型可以基于所有种类的模型元素，类、节点、组合、注释、关联、泛化和依赖等都可以用来作为构造型的基类。表示构造型时，将构造型名称用一对源码括号括起来，然后放置在构造型模型元素名字的邻近。构造型可以有自己的图形表示符号，如数据库可以用圆柱形图标表示，图 14-8 演示了构造型图标。

可以使用在元素名称之前放置构造型名称的方式来表示一个特定的构造型元素，也可以用代表构造型的一个图形图标表示，还可以将两种方式结合起来。只要一个元素具有一个构造型名称或与它相连的图标，那么该元素就被当作指定构造型的一个元素类型被读取。

图 14-8 构造型及构造型图标

### 14.3.2 UML 标准构造型

UML 中已经预定义了多种标准构造型，用户在这些标准构造型的基础上定义自己的构造型。这里详细列出标准构造型以供读者参考，如表 14-1 所示。

表 14-1 标准构造型

| 名称 | 对应元素 | 语义 |
| --- | --- | --- |
| <<actor>> | 类 | 该类定义了一组与系统交互的外部变量 |
| <<association>> | 关联角色 | 通过关联可访问对应元素 |
| <<becomes>> | 依赖 | 该依赖存在于源实例和目标实例之间，它指定源和目标代表处于不同时间点并且具有不同状态和角色的实例 |

续表

| 名称 | 对应元素 | 语义 |
|---|---|---|
| <<bind>> | 依赖 | 该依赖存在于源类和目标模板之间，它通过把实际值绑定到模板的形式参数创建类 |
| <<call>> | 依赖 | 该依赖存在于源类和目标操作之间，它指定源操作激活目标操作。目标必须是可以访问的，或者目标操作在源操作的作用域内 |
| <<constraint>> | 注释 | 指明该注释是一个约束 |
| <<constructor>> | 操作 | 该操作创建它所附属的类元的一个实例 |
| <<classify>> | 依赖 | 该依赖存在于源实例和目标类元之间，指定源实例是目标类元的一个实例 |
| <<copy>> | 依赖 | 该依赖存在于源实例和目标实例之间，它指定源和目标代表具有相同状态和角色的不同实例。目标实例是源实例的精确副本，但复制后两者不相关 |
| <<create>> | 操作 | 该操作创建一个它所附属的类元的实例 |
|  | 事件 | 该事件表明创建了封装状态机的一个实例 |
| <<declassify>> | 依赖 | 该依赖存在于源实例和目标类元之间，它指定源实例不再是目标类元的实例 |
| <<destroy>> | 操作 | 操作销毁它所附属类元的一个实例 |
|  | 事件 | 事件表明销毁封装状态机类的一个实例 |
| <<delete>> | 精化 | 该精化存在于源元素和目标元素之间，指明元素不能够进一步精化 |
| <<derived>> | 依赖 | 该依赖存在于源元素和目标元素之间，它指定源元素是从目标元素派生的 |
| <<destructor>> | 操作 | 该操作销毁它所附属类元的一个实例 |
| <<document>> | 组件 | 代表文档 |
| <<enumeration>> | 数据类型 | 该数据类型指定一组标识符，这些标识符是数据类型实例的可能值 |
| <<executable>> | 组件 | 组件代表能够在节点上运行的可执行程序 |
| <<extends>> | 泛化 | 该泛化存在于源用例和目标用例之间，它指定源用例的内容可以添加到目标用例中。该关系指定内容加入点到要添加的源用例应该满足的条件 |
| <<façade>> | 包 | 包中只包含对其他包所属的模型元素的引用，它自身不包含任何模型元素 |
| <<file>> | 组件 | 该组件代表包含源代码或数据的文档或文件 |
| <<framework>> | 包 | 该包主要由模式构成 |
| <<friend>> | 依赖 | 该依赖存在于不同包的源元素和目标元素之间，它指定无论目标元素声明的可见性如何，源元素都可以访问目标元素 |
| <<global>> | 关联角色端 | 关联端的实例在整个系统中都是可访问的 |
| <<import>> | 依赖 | 该依赖存在于源包和目标包之间，它指定源包接收并可以访问目标包的公共内容 |
| <<implementation class>> | 类 | 该类定义另一个类的实现，但这种类并非类型 |
| <<inherits>> | 泛化 | 该泛化存在于源类元和目标类元之间，它指定源实例是目标类元的一个实例 |

续表

| 名称 | 对应元素 | 语义 |
| --- | --- | --- |
| <<instance>> | 类 | 该类定义一个操作集合,这些操作可用于定义其他类提供的服务。该类可以只包含外部的公共操作而不包含方法 |
| <<invariant>> | 约束 | 该约束附属于一组类元或关系,它指定一个条件,对于类元或关系,这个条件必须为真 |
| <<local>> | 关联角色端 | 关联端的实例是操作中的一个局部变量 |
| <<library>> | 组件 | 该组件代表静态或动态库,静态库是程序开发时使用的库,该库连接到程序;动态库是程序运行时使用的库,程序在执行时访问该库 |
| <<metaclass>> | 类元 | 该类是某个其他类的元类 |
|  | 依赖 | 该依赖存在于源类元和目标类元之间,它指定目标类元是源类元的元类 |
| <<parameter>> | 关联角色端 | 关联端的实例是操作中的参数变量 |
| <<postcondition>> | 约束 | 该约束指定一个条件,在激活操作之后,该条件必须为真 |
| <<powertype>> | 类元 | 该类元是元类型,它的实例是另一种类型的子类型,就是说该类元是包含在泛化关系中的判别式类型 |
|  | 依赖 | 该依赖存在于源类元和目标类元之间,它指定目标类元源泛化组的强类型 |
| <<precondition>> | 约束 | 该约束附属于操作,它指定一个操作要激活该操作,条件必须为真 |
| <<private>> | 泛化 | 该泛化存在于源类元和目标类元之间,在源类元中,继承目标类元的特性是隐藏的或是私有的 |
| <<process>> | 类元 | 该类元表示具有重型控制流的活动类,它是带有控制表示的线程并可能由线程组成 |
| <<query>> | 操作 | 该操作不修改实例的状态 |
| <<realize>> | 泛化 | 该泛化存在于源元素和目标元素之间,它指定源元素实现目标元素。如果目标元素是实现类,那么该关系暗示操作继承,而不是结构的继承;如果目标元素是接口,那么源元素支持接口的操作 |
| <<refine>> | 依赖 | 该依赖存在于源元素和目标元素之间,它指定这两个元素位于不同的语义抽象级别。源元素精化目标元素或由目标元素派生 |
| <<requirement>> | 注释 | 该注释指定它所附属元素的职责或义务 |
| <<self>> | 关联角色端 | 因为是请求者,所以对应的实例是可以访问的 |
| <<send>> | 依赖 | 该依赖存在于源操作和目标信号类之间,它指定操作发送信号 |
| <<signal>> | 类 | 该类定义信号,信号的名称可用于触发转移。信号的参数显示在属性分栏中。该类虽然不能有任何操作,但可以与其他信号类存在泛化关系 |
| <<stereotype>> | 类元 | 该类元是一个构造型,它是一个用于对构造型层次关系建模的原模型类 |
| <<stub>> | 包 | 该包通过泛化关系不完全地转移为其他包,也就是说继承只能继承包的公共部分而不继承包的受保护部分 |
| <<subclass>> | 泛化 | 该泛化存在于源类元和目标类元之间,它用于对泛化进行约束 |
| <<subtype>> | 泛化 | 该泛化存在于源类元和目标类元之间,它表明源类元的实例可以被目标类元的实例替代 |
| <<subsystem>> | 包 | 该包是有一个或多个公共接口的子系统,它必须至少有一个公共接口,并且其任何实现都不能是公共可访问的 |

续表

| 名称 | 对应元素 | 语义 |
|---|---|---|
| <<supports>> | 依赖 | 该依赖存在于源节点和目标组件之间,它指定组件可存于节点上,即节点支持或允许组件在节点上执行 |
| <<system>> | 包 | 该包表示从不同的观点描述系统的模型集合,每个模型显示系统的不同视图。该包是包层次关系中的根节点,只有系统包可以包含该包 |
| <<table>> | 组件 | 该组件表示数据库表 |
| <<thread>> | 类元 | 该类元是具有轻型控制流的活动类,它是通过某些控制表示的单一执行路径 |
| <<top level package>> | 包 | 该包表示模型中的顶级包,它代表模型的所有非环境部分。在模型中它处于包层次关系的顶层 |
| <<trace>> | 依赖 | 该依赖存在于源元素和目标元素之间,指定这两个元素代表同一概念的不同语义级别 |
| <<type>> | 类 | 该类指定一组实例以及适用于对象的操作,类可以包括属性、操作和关联,但不能有方法 |
| <<update>> | 操作 | 该操作修改实例的状态 |
| <<use case model>> | 包 | 该包表示描述系统功能需求的模型,它包含用例以及与参与者的交互 |
| <<uses>> | 泛化 | 该泛化存在于源用例和目标用例之间,它用于指定源用例的说明中包含或使用目标用例的内容。关系用来提取共享行 |
| | 依赖 | 该依赖存在于源元素和目标元素之间,它用于指定下列情况:为了正确地实现源模型的功能,要求目标元素存在 |
| <<utility>> | 类元 | 该类元表示非成员属性和操作的命名集合 |

### 14.3.3 数据建模

在进行数据建模时通常使用的建模工具是 ERWin、Power Designer 和 ERStudio 等。而 UML 具有强大的功能,同样可以使用 UML 进行数据建模。此时就需要使用扩展机制,对于关系型数据库来说,可以用类图描述数据库模式,用类描述数据库表,用操作描述触发器和存储过程。

进行数据库设计时有一些关键概念需要使用 UML 来表示,它们是模式、主键、外键、域、关系、约束、索引、触发器、存储过程和视图等。从某种意义上说,使用 UML 进行数据库建模就是要确定如何使用 UML 中的元素来表示这些概念,同时引用完整性、范式等要求。这里只简单给出使用构造型来表示这些概念,更多具体内容需要读者自行研究,如表 14-2 所示。

**表 14-2 数据库概念对应 UML 元素**

| 数据库中的概念 | 构造型 | 对应元素 |
|---|---|---|
| 数据库 | <<database>> | 组件 |
| 模式 | <<schema>> | 包 |
| 表 | <<table>> | 类 |
| 视图 | <<view>> | 类 |

续表

| 数据库中的概念 | 构造型 | 对应元素 |
|---|---|---|
| 域 | <<domain>> | 类 |
| 索引 | <<index>> | 操作 |
| 主键 | <<PK>> | 操作 |
| 外键 | <<FK>> | 操作 |
| 唯一约束 | <<Unique>> | 操作 |
| 检查约束 | <<check>> | 操作 |
| 触发器 | <<trigger>> | 操作 |
| 存储过程 | <<SP>> | 操作 |
| 表间非确定性关系 | <<Non-Identifying>> | 关联，聚合 |
| 表间确定性关系 | <<Identifying>> | 组合 |

### 14.3.4 Web 建模和业务建模扩展

Web 应用程序建模时需要利用 UML 的扩展机制对 UML 的建模元素进行扩展，对 Web 建模主要是利用了 UML 的构造型这个扩展机制，在类和关联上定义一些构造型以解决 Web 应用系统建模的问题。其中 WAE（Web Application Extension for UML）扩展方法影响比较大。WAE 定义了一些常见的 Web 建模元素的版型，如果我们在开发中遇到 WAE 没有提供的版型，完全可以根据 UML 的扩展机制定义自己的构造型。

用 UML 进行业务建模时同样需要对 UML 做一些扩展，可以通过在 UML 的核心建模元素上定义版型来满足业务建模的需要。目前用的比较多的是 Eriksson 和 Penker 定义的一些版型，称为 Eriksson-Penker 业务扩展。Eriksson-Penker 扩展方法主要是利用 UML 的扩展机制对 UML 的核心元素进行扩展，这些扩展可分为以下几个方面的内容：业务过程方面的元素、业务资源方面的元素、业务规则方面的元素、业务目标方面的元素以及其他一些元素。

业务模型的特点通常需要外部模型和内部模型才能表现，内部模型是描述业务内部事务的对象模型，外部模型是描述业务过程的用例模型。业务模型建模的构造型，如表 14-3 所示。

**表 14-3　业务模型建模构造型**

| 名称 | 应用元素 | 语义 |
|---|---|---|
| <<use case model>> | 模型 | 该模型表示业务的业务过程与外在部分的交互。该模型将业务过程描述为用例，将业务的外在部分描述为参与者，并描述外在部分与业务过程之间的关系 |
| <<use case system>> | 包 | 该包是包含用例包、用例、参与者和有关系的顶级包 |
| <<use case package>> | 包 | 该包包含用例、参与者和关系 |
| <<object model>> | 模型 | 该模型表示对象系统的顶级包，用于描述业务系统的内部事务 |
| <<organization>> | 子系统 | 该子系统是实际业务的组织单元，由组织单元、工作单元、类和关系组成 |
| <<object system>> | 子系统 | 该子系统是包含组织单元、类和关系的对象模型中的顶级子系统 |

## UML 扩展机制

续表

| 名称 | 应用元素 | 语义 |
|---|---|---|
| <<work unit>> | 子系统 | 该子系统包含的一个或多个实体为终端用户构成了面向任务的视图 |
| <<worker>> | 类 | 该类定义了参与系统的人，在用例实现时，工作者与实体交互并操作实体 |
| <<case worker>> | 类 | 该类定义直接与系统外部参与者交互的工作者 |
| <<internal worker>> | 类 | 该类定义与系统内其他工作者和实体交互的工作者 |
| <<entity>> | 类 | 该类定义了被动的、自身并不能启动交互的对象，这些类为交互中包含的工作者之间进行共享提供了基础 |
| <<communicate>> | 关联 | 该关联表示两个交互实例之间的关系：实例之间通过发送和接收消息进行交互 |
| <<subscribes>> | 关联 | 该关联表示原订阅者和目标发行者类之间的关系：订阅者指定一组事件，当发行者中发生其中一个事件时，发行者就要通知订阅者 |
| <<use case realization>> | 协作 | 该协作实现用例 |

## 14.4 标记值

性质通常用于表示元素的值，增加模型元素的有关信息。标记值明确地把性质定义成一个"名-值"对，这些"名-值"对存储模型元素相关信息。机器通过这些信息以某种方式处理模型。例如模型中性质可以作为代码生成的参数，告诉代码生成器生成何种类型的代码。

使用标记值的目的是赋予某个模型元素新的特性，而这个特性不包括在元模型预定义的特性中。与构造型类似，标记值只能在已存在的模型上扩展，而不能改变其定义结构。

### 14.4.1 表示标记值

标记值用字符串表示，字符串有标记名、等号和值。标记值把性质明确地定义成一个"键-值"对，其中键为标记。每个标记代表一种性质，并且能够应用于一个以上的元素，性质都用大括号括起来，一个标记对应一个值，如下所示：

```
{tag=value} or {tag1=value1,tag2=value2} or {tag}
```

标记是布尔标记的情况下，如果此时省略了值则默认取真。除了布尔型以外的其他类型的标记都必须明确写出值，值并没有语法限制，可以使用任何符号表示。图 14-9 列出了标记值的实例。

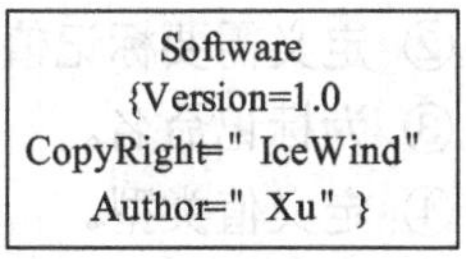

Software
{Version=1.0
CopyRight=" IceWind"
Author=" Xu" }

图 14-9 使用标记值

### 14.4.2 标记值应用元素

文献（Documentation）是给元素实例进行建档的标记，其值是字符串。通常这个标记值是单独显示的，并不与元素放在一起。如在某些软件或工具中，其值是显示在一个性质或文献窗口中。如抽象类的文献标记值可以将该类描述为：

```
This class can inherit only.
```

对于类型、实例、操作和属性共有九种标记值可以使用，它们分别如下。

- ❏ **不变性（Invariant）** 应用于类型，它指定了类型实例在整个生命周期中必须保持一种性质，这个性质通常是对于该类型实例必须有效的一种条件。
- ❏ **后置条件（Postcondition）** 应用于操作，它是操作结束后必需为真的一个条件，该值没有解释通常也不显示在图中。
- ❏ **前置条件（Precondition）** 应用于操作，它是操作开始时必需为真的一个条件。通常把不变性、后置条件和前置条件结合起来使用。
- ❏ **责任（Responsibility）** 应用于类型，责任指定了类型的责任，它的值是一个字符串，表示了对其他元素的义务。责任通常是用其他元素的义务描述的。
- ❏ **抽象（Abstract）** 抽象标记值应用于类，表明该类不能有任何对象。该类用来继承和专有化成其他具体的类。
- ❏ **持久性（Persistence）** 应用于类型，将类型定义成持久性说明该类对象可以存储在数据库或文件中。并且在程序的不同执行过程之间，该对象可以保持它的值或状态。
- ❏ **语义（Semantics）** 应用于类型和操作，语义是类型或操作意义的规格说明。
- ❏ **空间语义（Space Semantics）** 应用于类型和操作，空间语义是类型或操作空间复杂性意义的规格说明。
- ❏ **时间语义（Time Semantics）** 应用于类型和操作，时间语义是类型或操作时间复杂性意义的规格说明。

位置（Location）的值是节点或组件，它为模型元素和组件添加标记值。位置用于说明某个模型元素位于哪个组件或位于哪个节点中。

### 14.4.3 自定义标记值

标记值是由"键"（即标记）和"值"（即某种类型）组成，可以连接到任何元素上，用来为这些元素加上一些新的语义。标记值是有关模型和模型元素的附加信息，在最终的系统中是不可见的。自定义标记值时可以按照以下步骤进行：

① 确定要定义标记值的目的。
② 定义需要标记值的元素。
③ 为标记命名。
④ 定义值类型。
⑤ 根据使用标记值对象（人或机器）的不同，适当定义标记值。
⑥ 在文档中给出一个以上使用该标记值的例子。

自定义标记值也十分简单，如在一个类中某个操作 Show Information 和加在任何元素上的 Author。其中前者用于指明操作显示何种信息，而后者说明该元素的作者是谁。

```
{Show Information="System Information"}
```

```
{Author="XuSen"}
```

## 14.4.4 UML 标准标记值

前面曾经介绍 UML 中预定义的标准构造型，同样 UML 中也预定义了标准标记值。在自定义标记值时，可以通过标准标记值进行扩展。标准标记值如表 14-4 所示。

表 14-4 标准标记值

| 名称 | 应用元素 | 语义 |
| --- | --- | --- |
| Documentation | 任何建模元素 | 指定元素的注解、说明和注释 |
| Location | 类元 | 指定类元所有组件 |
| | 组件 | 指定组件所在节点 |
| Persistence | 属性 | 指定模型元素是持久的。如果模型元素是暂时的，当它或它的容器被销毁时，它的状态同时被销毁；如果模型元素是持久的，当它的容器被销毁时，其状态保留，仍可以被再次调用 |
| | 类元 | |
| | 实例 | |
| Responsibility | 类元 | 指定类元的义务 |
| Semantics | 类元 | 指定类元的意义和用途 |
| | 操作 | 指定操作的意义和用途 |

## 14.5 约束

约束是元素的一种语义条件或限制，它应用于元素。一条约束应用于同一种类的元素，因此一条约束可能涉及许多元素，但它们都必须是同一类元素。约束的每个表达式有一种隐含的解释语言，这种语言可以是正式的数学符号，如集合的符号；可以是一种基于计算机的约束语言，如 OCL；也可以是一种编程语言，如 C、C++等；还可以是伪代码或非正式的自然语言。

### 14.5.1 表示约束

约束是一种限制，这种限制限定了该模型元素的用法或语义。与构造型相类似，约束出现在几乎所有 UML 图中，它定义了保证系统完整性的不变量。约束定义的条件在上下文中必须保持为真。

**1. 对通用化约束**

完整、不相交、不完整和覆盖是四种应用于通用化的约束，它们只能被应用于子类。这四种约束都是语义的约束，被大括号包围，约束之间使用逗号隔开。

完整通用化约束指定了一个继承关系中的所有子类，不允许增加新的子类；不完整通用化约束与完整通用化约束相反，以后可以增加新的子类，一般情况下不完整通用化为默认值；覆盖是指在继承关系中任何继承的子类可以进一步继承一个以上的子类，可以说同一个父类可以有多个子类并且可以循环继承。在类型中使用通用化约束，如果没有共享，则使用一条虚线通过所有的继承线，并在虚线旁边添加约束，如图 14-10 所示。

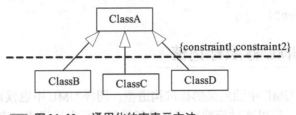

● 图 14-10　通用化约束表示方法

### 2．对关联约束

对关系有两种默认约束：隐含约束和或约束。隐含约束表明关联是概念的，而不是物理的。隐含的关联连接类，但对象之间并没有关系。隐含关联中的对象之间也没有物理连接，而是通过其他一些机制产生联系，比如对象或查询对象的全局名。

或约束指定一组关联对它们链接有约束，或约束指定的一个对象只连接到一个关联类的对象。或约束是以{or}的形式出现，其使用方法如图 14-11 所示。

Person 和 Company 可以有 0 个或多个 Contract，一个 Contract 可以由一个或多个 Company 拥有。如果没有或约束，一个或多个 Person 以及一个或多个 Company 可以拥有 Contract。这将影响语义，允许一个 Contract 同属于不同的任何人。

### 3．对关系角色约束

有序约束是唯一对关联角色的标准约束，一个有序的关联指定关联里的链接之间有一定隐含顺序，此时可以使用{ordered}来进行约束。如图 14-12 所示。

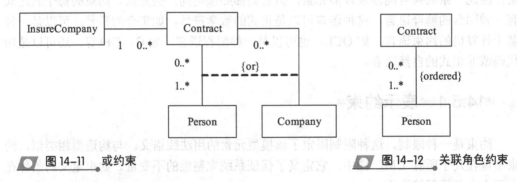

● 图 14-11　或约束　　　　　　　　　● 图 14-12　关联角色约束

该图中显示了 Contract 和 Person 之间的关联关系，只有定制了保险才能得到保险合同。图中{ordered}为定义的约束条件，它指定了关联角色链接之间有明确的顺序，顺序可以在大括号中显示出来，如可以添加为{ordered by time}。对于 UML 中其他元素的约束表示方式将在标准约束中介绍。

## 14.5.2　UML 标准约束

UML 中同样预定义了一些标准约束，用户可以扩展 UML 中的标准约束来创建自定义的约束。标准约束如表 14-5 所示。

UML 扩展机制

表 14-5　标准约束

| 名称 | 应用元素 | 语义 |
| --- | --- | --- |
| Abstract | 类 | 该类至少有一个抽象操作，且不能被实例化 |
|  | 操作 | 该操作提供接口规范，但不能提供接口的实现 |
| Active | 对象 | 该对象拥有控制线程并可以启动控制活动 |
| Add only | 关联端 | 可以添加额外的链接，但不能修改或删除链接 |
| Association | 关联端 | 通过关联，对应实例是可以访问的 |
| Broadcast | 操作信号 | 按照未指定的顺序将请求同时发送到多个实例 |
| Class | 属性 | 该属性有类作用域，类的所有实例共享属性的一个值 |
|  | 操作 | 该操作有类作用域，可应用于类 |
| Complete | 泛化 | 对一组泛化而言，所有子类型均已指定，不允许其他子类型 |
| Concurrent | 操作 | 从并发线程同时调用该操作，所有的线程可并发执行 |
| Destroyed | 类角色 | 模型元素在用户执行期间被销毁 |
|  | 关联角色 |  |
| Disjoint | 泛化 | 对一组泛化而言，实例最多只可以有一个给定子类型作为类型，派生类不能与多个子类型有泛化关系 |
| Frozen | 关联端 | 在创建和初始化对象时，不能向对象添加链接，也不能从对象中删除或移动链接 |
| Guarded | 操作 | 可同时从并发线程调用此操作，但只允许启动一个线程，其他调用被阻塞，直至执行完第一个调用 |
| Global | 关联端 | 关联端的实例在整个系统中可访问 |
| Implicit | 关联 | 该关联仅仅是表示法或概念形式，并不用于细化模型 |
| Incomplete | 泛化 | 对一组泛化而言，并未指定所有的子类型，其他子类型是允许的 |
| Instance | 属性 | 该属性具有实例作用域，类的每个实例都有该属性的值 |
|  | 操作 | 该操作具有实例作用域，可应用于类的实例 |
| Local | 关联端 | 关联端的实例是操作的局部变量 |
| New | 类角色 | 在交互执行期间创建模型元素 |
|  | 关联角色 |  |
| New destroyed | 类角色 | 在交互执行期间创建和销毁模型元素 |
|  | 关联角色 |  |
| Or | 关联 | 对每个关联实例而言，一组关系中只有一个是显示的 |
| Ordered | 关联端 | 响应元素形成顺序设置，其中禁止出现重复元素 |
| Overlapping | 泛化 | 对一组泛化而言，实例可以有不止一个给定子类型，派生类可以与一个以上的父类型有泛化关系 |
| Parameter | 关联端 | 实例可作为操作中的参数变量 |
| Polymorphic | 操作 | 该操作可由子类型覆盖 |
| Private | 属性 | 在类的外部，属性和操作不可访问。类的子类不可以访问这些特性 |
|  | 操作 |  |
| Protected | 属性 | 在类的外部，属性和操作不可访问。类的子类可以访问这些特性 |
|  | 操作 |  |
| Public | 属性 | 无论在类的外部还是该类的子类，都可以访问类的特性 |
|  | 操作 |  |
| Query | 操作 | 该操作不修改实例的状态 |
| Self | 关联端 | 因为是请求者，所以对应实例可以访问 |

续表

| 名称 | 应用元素 | 语义 |
|---|---|---|
| Sequential | 操作 | 可同时从并发线程调用操作，但操作的调用者必须相互协调，使得任意时刻只有一个对该操作的调用是显著的 |
| Sorted | 关联端 | 对应的元素根据它们的内部值进行排序，为实现指定的设计决策 |
| Transient | 类角色 关联角色 | 在交互执行期间创建和销毁模型元素 |
| Unordered | 关联端 | 相应的元素无序排列，其中禁止出现重复元素 |
| Update | 操作 | 该操作修改实例的状态 |
| Vote | 操作 | 由多个实例所有返回值中多数来选择请求的返回值 |

### 14.5.3 自定义约束

约束是 UML 的扩展机制之一，与构造型和标记值相同的用户也可以自定义约束。自定义的约束通过条件或语义限制来影响元素的语义。所以当自定义约束时，一定要仔细分析约束所带来的影响。自定义约束时需要做好以下工作：

- ❏ 描述需要约束的元素。
- ❏ 分析该元素的语义影响。
- ❏ 给出一个或多个使用该约束的例子。
- ❏ 说明如何实现约束。

## 14.6 思考与练习

**一、简答题**

1. 概括介绍 UML 体系结构。
2. 简要说明元元模型层的内容。
3. 概括说明 UML 核心语义并举两例。
4. 简要概括扩展机制的三种类型。
5. 简要介绍构造型的表示方法，并列举两例说明标准构造型。
6. 概括介绍标记值的表示方法，并列举两例说明其应用元素。
7. 简要描述对关联角色约束的表示方法，并画图说明。

# 第 15 章　UML 模型的实现

软件系统的各种 UML 模型只是模型，并非可执行的系统，因此，要使用软件，必须将其转换为可执行的系统，这就是 UML 模型的实现。现在，已有一些 UML 建模工具（例如 Rational Rose 等）可以根据 UML 模型自动生成软件系统的主要框架代码，在此基础上，系统开发人员可以再补充必要的系统细节。本章将介绍用 C++代码实现 UML 模型的基本原理和方法，因为类图模型是最基本、最重要，并且也是最常使用的 UML 模型，因此，本章主要介绍如何用 C++代码实现 UML 类图模型，包括类图中类的实现和各种关系的实现。

**本章学习要点：**

> 将 UML 模型中的类映射为 C++类
> UML 模型中关联关系的 C++实现
> UML 模型中聚合与组合关系的 C++实现
> UML 模型中泛化关系的 C++实现
> 用 C++语言实现 UML 模型中的接口和包

## 15.1　类的实现

在 C++语言中，类的一般组成是：数据成员集合、成员函数集合、可见性和类名。类的定义由类头和类体两部分组成，类头通常放在扩展名为.h 的文件中，而类体放在扩展名为.cpp 的文件中。因而，在将 UML 模型中的类映射为 C++类时，应分别创建一个.h 文件和.cpp 文件，在.h 文件中给出数据成员和成员函数的声明，而在.cpp 文件中填写类体的框架，类体中的某些具体实现细节由编程人员添加。

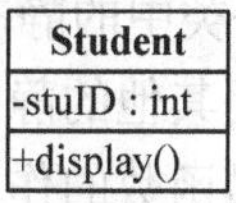

图 15-1 显示的是 UML 模型中的一个类，该类定义了一个属性 stuID 和一个操作 display()，属性为私有的，操作为公有的。

从该类映射成的 C++类如下所示：

图 15-1　UML 模型中的一个类

```
//Student.h
class Student
{
  public:
    Student();
    ~Student();
    void display();
  private:
    int stuID;
};
```

```
//Student.cpp
#include "Student.h"
Student::Student()
{
    ...
}
Student::~Student()
{
    ...
}
void Student::display()
{
    ...
}
```

C++类 Student 由头文件 Student.h 和实现文件 Student.cpp 组成。在头文件中给出了数据成员 stuID 的定义和成员函数（方法）display()的原型声明；在实现文件中给出了成员函数的框架。

上面所举的这个例子只是非常简单的情况，关于 UML 类（UML 模型中的类）向 C++类（用 C++语言定义和实现的类）的映射，还有一些较复杂的细节，下面将详细介绍。

在 UML 模型中，符号"+"可以表示类中的特性和操作对外部可见，符号"–"表示只在本类中可见，符号"#"表示只在本类以及本类的派生类中可见。相应地，在 C++语言中，关键字 public、private 和 protected 可用来表示类中数据成员或者成员函数的可见性。

在 UML 模型中，如果属性带有下划线，则表示该属性为静态属性。这一类静态属性拥有单独的存储空间，类的所有对象都共享该空间。静态属性的定义必须出现在类的外部，并且只能够定义一次。类似地，如果 UML 类中的操作带有下划线，则表示该操作为静态操作。这一种操作是为类的所有对象而非某些对象服务的。静态操作将映射为 C++类中的静态成员函数，它们不能访问一般的数据成员，只能访问静态数据成员或者调用其他的静态成员函数。在 C++中，关键字 static 可用来说明静态数据成员或者静态成员函数的作用域。

在 UML 模型中，如果类的操作名以斜体表示或者操作名后面的特性表中有关键字 abstract，则表示该操作为抽象操作。该类操作在基类中没有对应的实现，其实现是由派生类去完成的。包含抽象操作的类是不能被实例化的抽象类。在 C++中，与抽象操作对应的机制为虚函数。

如果 UML 类的名字以斜体表示，或者类名之后的特性表中具有关键字 abstract，则该类就是抽象类。这时，如果该类中不包含抽象方法，在用 C++实现时应将构造函数的可见性设为 protected 类型。

UML 类中操作名后的特性表中可能具有关键字 query 或者 update，如果 query 为真，则表明该操作不会修改对象中的任何属性，也就是说，该操作只对对象中的属性进行读操作；如果 update 为真，则表示该操作可对对象中的属性进行读访问和写访问。相应地，在 C++中，如果一个成员函数被声明为 const 函数，那么该函数就只能对对象中的数据成员进行读操作。而如果成员函数没有被声明为 const 函数，则该函数将被看作要修改对象的数据成员。

UML 类中的操作可以有 0 个或者多个形式参数。如果形式参数名前具有关键字 in，则表示在方法体内只能对其进行读访问；如果具有关键字 out，则表示在方法体内可对其进行写操作，该参数为输出参数；如果具有关键字 inout，则表示在方法体内可对该参数进行读写操作。在 C++中，可使用关键字 const 来规定函数参数的可修改性。如果用 const 对某个函数形参进行限制，那么在函数体内就不能再对其进行写访问，否则，编译程序就会报错。

如果在 UML 类中没有使用衍型<<constructor>>和<<destructor>>修饰操作，则通常会自动生成默认的构造函数与析构函数。在 C++中，复制构造函数使用相同类型的对象引用作为它的参数，以用于根据已有类创建新类。如果 UML 类中具有抽象操作，也就是对应的 C++类中包含虚函数，则在映射时应自动生成虚析构函数。

综上所述，在将 UML 类映射为 C++类时，可遵循如下所示的规则：

- 可将 UML 类中的 "+"、"-" 和 "#" 修饰符分别映射为 C++类中的 public、private 和 protected 关键字。
- 将 UML 类中带有下划线的特性或者操作映射为 C++类中的静态数据成员或者静态成员函数。
- 从 UML 类映射而成的 C++类中应该具有默认的构造函数和析构函数。
- 如果 UML 类中操作的特性表中具有关键字 abstract 或者操作名用斜体表示，那么就应将该操作映射为 C++类中的纯虚成员函数，相应的析构函数应为虚析构函数。
- 如果 UML 类中操作的特性表中 query 特性为真，则应将该方法映射为 C++类中的 const 成员函数。
- 如果 UML 类中操作的特性表中 update 属性为真，则应将该方法映射为 C++类中的非 const 成员函数。
- 如果 UML 类的名字以斜体表示或者类名后的特性表中具有 abstract 关键字，则将相应构造函数的可见性设置为 protected。

通常情况下，在 UML 模型中，不仅包含若干个类，而且类与类之间还存在这样那样的关系，例如，关联关系、聚合关系、泛化关系等，这时，不仅需要将 UML 类映射为 C++类，而且还需要映射类与类之间的关系。

## 15.2 关联关系的实现

在用 C++语言实现 UML 的类图模型时，类之间的关联关系可通过嵌入指针来实现。关联端点上的角色名可实现为相关类的属性（对象指针），可见性通常使用 private。关联角色在类中的具体实现受关联多重性的影响：如果多重性为 1，则相应类中应包含一个指向关联对象的指针；若多重性大于 1，在相应类中应包含由关联对象指针构成的集合；若关联多重性大于 1 而且有序，则相应类中应包含有序的关联对象指针集。除此之外，相应的类中还应包含对指针进行读写的成员函数，以维护类之间的关联关系。

### 15.2.1 一般关联的实现

这里的一般关联指的是单向关联、双向关联、强制对可选关联、强制对强制关联、可选对可选关联以及多对多关联等，下面将具体介绍如何使用 C++语言实现它们。

对于单向关联，在实现时可将关联角色作为位于关联尾部的类的属性，并且还应在相应类中包含对该属性进行读写的函数。

对于双向关联，在实现时可将关联角色作为所有相关类的属性，并在每个类中都包含对这些属性进行读写的函数，还要将每个类都声明为其他类的友元类。

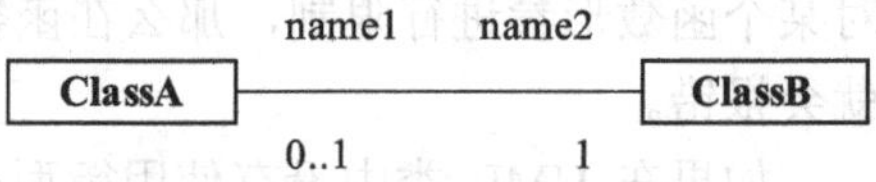

例如，对图 15-2 所示的二元关联关系，ClassA 和 ClassB 的 C++实现如下所示：

图 15-2　二元关联示例

```
//ClassA.h
...
class ClassA
{
    friend class ClassB;
  public:
    ...
    void setName2(ClassB *newName2);
    const ClassB* getName2()const;
  protected:
    ...
  private:
    ...
    ClassB *name2Ptr;
};
...
//ClassB.h
...
#ifndef CLASSA_H
#include "ClassA.h"
#endif
...
class ClassB
{
    friend class ClassA;
  public:
    ...
    void setName1(ClassA *newName1);
    const ClassA* getName1() const;
    ...
  protected:
    ...
  private:
```

```
    ...
    ClassA* name1Ptr;
};
...
```

在实现如图 15-3 所示的强制对可选关联映射时，需要在类 ClassA 中添加一个指向类 ClassB 对象的指针，在类 ClassB 中添加一个指向类 ClassA 对象的指针。在该关联中，类 ClassA 对类 ClassB 而言是强制的，因而，在创建类 ClassB 对象时应在其中设置指向类 ClassA 对象的指针，并且应当在类 ClassB 的构造函数中进行。

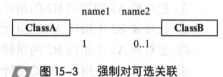

图 15-3　强制对可选关联

用 C++ 语言实现类 ClassB 的头文件如下所示：

```
//ClassB.h
...
class ClassB
{
    friend class ClassA;
public:
    ClassB(const ClassA& name1);
    ...
};
...
```

假设类 ClassA 的一个对象以强制对可选的方式与类 ClassB 的对象关联，那么在更新时，应先将类 ClassB 的对象和未与任何类 ClassB 的对象关联的类 ClassA 的对象关联起来，然后，将原类 ClassA 对象中指向类 ClassB 对象的指针置空。

如果要实现如图 15-4 所示的强制对强制关联，类 ClassA 和类 ClassB 中都应包含一个指向对方对象的指针。因为从类 ClassA 到类 ClassB 和从类 ClassB 到类 ClassA 的关联都是强制的，所以在这两个类中都应包含以对方的对象为参数的构造函数，以确保关联的语义，但这在逻辑上又是行不通的，因而，应当在其中一个类中包含一个不以另一个类的对象为参数的构造函数。关联的语义将由编程人员来确保。

在图 15-5 中，类 ClassA 和类 ClassB 具有可选对可选关联关系，在用 C++ 实现时，这两个类中都应包含一个指向对方对象的指针；而如果要更新这种关联，则应先删除原有的关联。

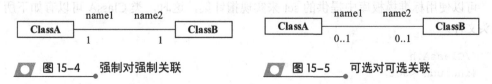

图 15-4　强制对强制关联　　　　　图 15-5　可选对可选关联

在图 15-6 中，对象 A1 与 B1 之间、A2 与 B2 之间原来都具有可选对可选关联关系（图中的箭头表示指针），后来要在对象 A2 和 B1 之间建立可选对可选关联关系，可采取的步骤如下所示：

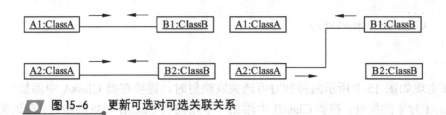

图 15-6　更新可选对可选关联关系

① 把对象 A1 中指向 B1 的指针置空。
② 把对象 B2 中指向 A2 的指针置空。
③ 把对象 A2 中指向 B2 的指针修改为指向对象 B1。
④ 把对象 B1 中指向 A1 的指针修改为指向对象 A2。

在图 15-7 中，类 ClassA 和类 ClassB 之间具有可选对多的关联关系，在用 C++实现时，需要在类 ClassA 中添加指向类 ClassB 对象的指针集合，向类 ClassB 中添加一个指向类 ClassA 对象的指针。

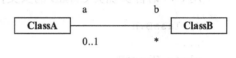

图 15-7　可选对多关联示例

如果要更新这种关联关系，应当先删除类 ClassB 的对象与类 ClassA 的老对象之间的关联关系（假设它原来与类 ClassA 的其他对象之间具有关联关系），然后，将一个指向类 ClassB 对象的指针加入到类 ClassA 的某个对象的指针集合中。

在图 15-8 中，对象 A1 中包含了指向对象 B1、B2 和 B3 的指针集合，对象 A2 中的指针集合为空，假设要在对象 A2 和 B3 之间建立关联关系，可采用如下所示的步骤：

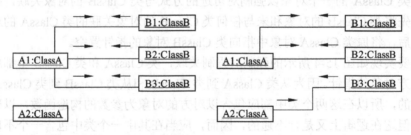

图 15-8　修改可选对多关联关系

① 将指向对象 B3 的指针从 A1 的指针集中删除。
② 将 B3 中指向 A1 的指针改为指向对象 A2。
③ 将一个指向 B3 的指针添加到 A2 的指针集中。

可以使用标准模板库中提供的 set 来实现指针集，这时，类 ClassA 可以有如下所示的头文件：

```
//ClassA.h
#include <set>
#include "ClassB.h"
using namespace std;
...
class ClassA
```

```
{
    friend class ClassB;
public:
    ClassA();
    ~ClassA();
    ...
    const set<ClassB*>& getptrSet() const;
    void addClassB(ClassB* b);
    void removeClassB(ClassB* b);
    ...
private:
    set<ClassB*> ptrSet;
};
...
```

在图 15-9 中，类 ClassA 与类 ClassB 之间具有强制对多关联关系，在实现时，需要在类 ClassA 中添加一个指向类 ClassB 对象的指针集合，并向类 ClassB 中添加一个指向类 ClassA 对象的指针。

类 ClassA 与类 ClassB 之间强制对多关联关系的更新方法与更新可选对多关联的方法类似，只是在这两个类中都不能有删除对象指针的方法。

在图 15-10 中，类 ClassA 与类 ClassB 之间具有多对多关联关系，在用 C++实现时，应当向类 ClassA 中添加一个指向类 ClassB 对象的指针集，向类 ClassB 中添加一个指向类 ClassA 对象的指针集。除此之外，类 ClassA 中还应包含能将指向类 ClassB 对象的指针添加到类 ClassA 对象指针集中的方法，在类 ClassB 中也要包含类似的方法。

图 15-9　强制对多关联示例　　　图 15-10　多对多关联示例

如果要修改多对多关联关系，则需要修改关联两端对象中的指针集。例如，在图 15-11 所示的关联关系中，如果要将对象 A2 和对象 B3 关联起来，可采用如下所示的步骤：

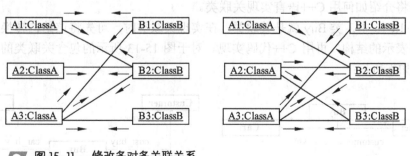

图 15-11　修改多对多关联关系

① 将一个指向对象 B3 的指针添加到对象 A2 的指针集中。
② 将一个指向 A2 的指针添加到对象 B3 的指针集中。

如果要删除关联关系,也应修改关联两端对象中的指针集。

### 15.2.2 有序关联的实现

在图 15-12 中,类 ClassA 与类 ClassB 之间存在有序的可选对多关联关系,在映射为 C++ 代码时可通过使用标准模板库中的 list 来实现。类 ClassA 可以有如下所示的头文件:

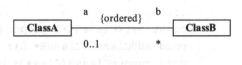

图 15-12　有序关联

```
//ClassA.h
#include <list>
#include "ClassB.h"
using namespace std:
...
class ClassA
{
    friend class ClassB;
public:
    ClassA();
    ~ClassA();
    const list<ClassB*>& getptrSet() const;
    void addClassB(ClassB* b);
    void removeClassB(ClassB* b);
    ...
private:
    list<ClassB*> ptrSet;
};
...
```

### 15.2.3 关联类的实现

本节将介绍如何用 C++ 语言实现关联类。

在图 15-13 中,类 Buy 就是关联类。在实现关联类时,可先将该结构转换为用普通关联关系表示的结构,再用 C++ 代码实现。对于图 15-13 所示的包含关联类的类图,其 C++ 实现如下所示:

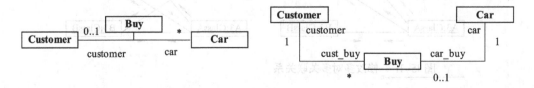

图 15-13　关联类及其实现

## UML 模型的实现

```cpp
//Buy.h
...
class Buy
{
    friend class Customer;
    friend class Car;
  public:
    Buy(const Customer& customer,const Car& car);
    ~Buy();
    ...
    void setCustomer(Customer* newCustomer);
    const Customer* getCustomer() const;
    void setCar(Car* newCar);
    const Car* getCar() const;
  protected:
    ...
  private:
    ...
    Customer* customerPtr;
    Car *carPtr;
};
...
//Customer.h
...
class Customer
{
    friend class Buy;
  public:
    ...
    const CmapPtrToPtr& getCarSet() const;
    void addCar(Buy* newCar);
  protected:
    ...
  private:
    ...
    CmapPtrToPtr car_buySet;
};
...
//Car.h
...
class Car
{
    friend class Buy;
  public:
    ...
    void setCustomer(Buy* newCustomer);
    const Buy* getCustomer()const;
  protected:
```

```
    ...
  private:
    ...
    Buy* cust_buyPtr;
};
...
```

### 15.2.4 受限关联的实现

受限关联是一种特殊的关联，在受限关联中，限定符这一端的类的对象中存在一张表，表中的每一项为指向另一端的类对象的指针，限定符用来作为进行表查询的关键字。例如，在图 15-14 中，类 Customer 的对象中具有存储了指向 Car 对象指针的表，其中的 CarID 是查询的关键字，查询后的结果是一个由指向 Car 对象的指针构成的集合。

要表示限定符端的类中的表，一般情况下使用指针字典，但是在具体实现时会受到非限定符端多重性和 C++类库的影响。可使用 C++标准模板库中的 map 或者 Multimap 来存放<键，值>对，对 map 而言，键与值是一一对应的，键是值的索引，而在 Multimap 中，一个键可对应多个值。如果非限定符端的多重性是 1、0..1 或者是 1、0..1 并且有序，可使用 Map 实现；如果非限定符端的多重性是*或者是*并且有序，则可用 Multimap 实现。

限定符名称对应于指针字典中的键，数据类型则对应于键的类型。如果使用 map 实现指针字典，一个键对应一个对象指针；如果使用 Multimap 实现，一个键就对应一个对象指针集。

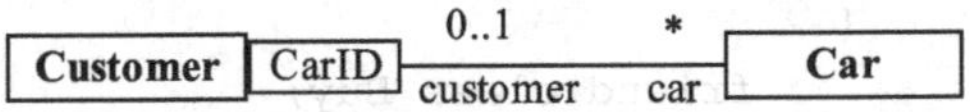

图 15-14 中类 Customer 的 C++实现如下所示：

图 15-14 受限关联示例

```
//Customer.h
#include <map>
#include <set>
#include <string.h>
#include "Car.h"
using namespace std;
...
class Customer
{
  public:
    ...
    const set<Car*>& getCarSet(String CarID) const;
    void addCar(String CarID,Car* newCar);
    void removeCar(String CarID,Car* oldCar);
    ...
  private:
    ...
    multimap<String,Car*> CarDictSet;
}
...
```

在图 15-15 中，类 ClassA 和类 ClassB 之间存在强制对可选的受限关联关系，在用 C++ 实现时，应在限定符一端的类中添加一个使用 map 声明的指向另一端类对象的指针字典，而在非限定符端的类中添加一个指向限定符端类对象的指针。如果要实现强制对多受限关联，则需要在限定符端的类中使用 Multimap 声明指针字典。

在图 15-16 中，类 ClassA 与类 ClassB 之间存在可选对可选的受限关联，在用 C++ 实现时，应向限定符端的类中添加一个用 map 声明的指向非限定符端类对象的指针字典，并向非限定符端类中添加一个指向限定符端类对象的指针。如果要更新可选对可选受限关联，则应先删除原有的关联，再建立新关联。

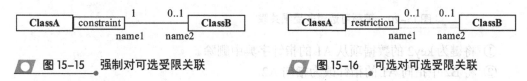

图 15-15　强制对可选受限关联　　　　图 15-16　可选对可选受限关联

在图 15-17 中，类 ClassA 的对象 A1 通过键 key1 和类 ClassB 的对象 B1 关联，并通过键 key2 与类 ClassB 的对象 B2 关联。如果要将对象 A2 通过键 key3 与 B2 关联起来，则可采用如下所示的步骤：

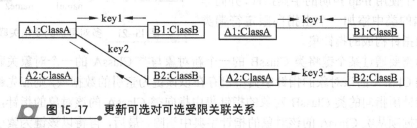

图 15-17　更新可选对可选受限关联关系

① 将键为 key2 的数据项从 A1 的指针字典中删除。
② 将 B2 中指向 A1 的指针改为指向 A2。
③ 将一个键为 key3、值为指向 B2 的指针的数据项添加到 A2 的指针字典中。

在图 15-18 中，类 ClassA 和类 ClassB 之间存在可选对强制的受限关联，它的实现方法和更新过程与可选对可选受限关联类似。

在图 15-19 中，类 ClassA 和类 ClassB 之间存在可选对多受限关联，在用 C++实现时，应向限定符一端的类中添加一个用 Multimap 声明的指针字典，并向非限定符端的类中添加一个指向限定符端类的对象的指针。如果要将类 ClassB 的一个对象和类 ClassA 的一个新对象关联起来，而类 ClassB 的该对象已经与类 ClassA 的其他对象存在关联关系，则应先删除该关联。也就是说，需要从类 ClassA 的原对象的指针字典中删除指向类 ClassB 对象的指针，并将类 ClassB 对象中指向类 ClassA 的指针改为指向类 ClassA 的新对象，最后，再向类 ClassA 新对象的指针字典中加入指向类 ClassB 对象的指针。

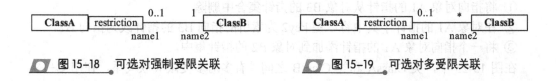

图 15-18　可选对强制受限关联　　　　图 15-19　可选对多受限关联

在图 15-20 中，A1 分别以键 key1、key2 与类 ClassB 的对象 B1、B2 关联，对象 A2 以键 key3 与 B3 关联。假如想再在 B2 和 A2 之间建立关联，则可采用如下所示的步骤：

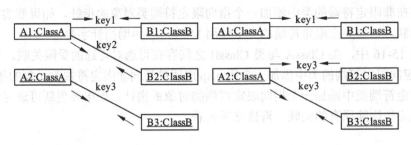

图 15-20　更新可选对多受限关联

① 将键为 key2 的数据项从 A1 的指针字典中删除。
② 将 B2 中指向 A1 的指针改为指向 A2。
③ 将一个键为 key3、值为指向 B2 的指针的数据项添加到 A2 的指针字典中。

在图 15-21 中，类 ClassA 和类 ClassB 之间具有多对可选的受限关联关系，在用 C++ 实现这种关联关系时，需要向限定符一端的类中添加一个使用 map 声明的字典指针，并向非限定符端的类中添加一个由指向限定符端类的对象的指针构成的指针集。

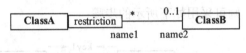

图 15-21　多对可选的受限关联

假如需要通过某个键将类 ClassB 的一个新对象与类 ClassA 的一个对象关联起来，并且在类 ClassA 的该对象的指针字典中已存在以该键为索引的数据项，则应先删除该数据项中指针所指向的类 ClassB 对象的指针集中指向类 ClassA 的该对象的指针，然后，再将该数据项从类 ClassA 的该对象的指针字典中删除，最后，再将以该键为索引的指向类 ClassB 的新对象的指针添加到类 ClassA 的该对象的指针字典中，并在类 ClassB 的新对象的指针集中添加一个指向类 ClassA 的该对象的指针。

在图 15-22 中，A1 通过键 key1 和 key2 与对象 B2 和 B3 关联起来，A2 通过键 key3 与 B3 关联起来。如果要将 B2 通过键 key2 与 A1 关联起来，可采用如下所示的步骤：

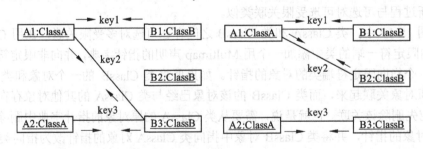

图 15-22　更新多对可选受限关联

① 将指向对象 A1 的指针从对象 B3 的指针集合中删除。
② 在对象 A1 的指针字典中将以键 key2 为索引的指向 B3 的指针改为指向 B2。
③ 将一个指向对象 A1 的指针添加到对象 B2 的指针集中。

在图 15-23 中，类 ClassA 和类 ClassB 之间具有多对多受限关联关系，在用 C++ 实现这种关联关系时，需要向限定符端的类中添加一个用 Multimap 声明的指针字典，并向非限定符端的类中添加一个由指向限定符端类对象的指针构成的指针集。如果需要更新这种关联关系，不需要删除任何已建立的关联关系，只需将参与关联的类 ClassA 对象的指针字典和类 ClassB 对象的指针集做相应的更新。

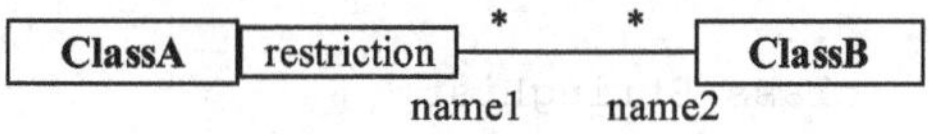

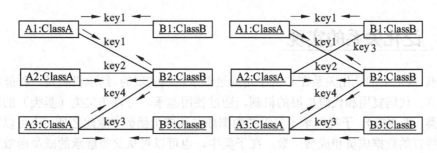

图 15-23　多对多受限关联关系

在如图 15-24 所示的关联关系中，如果需要以 key3 为键将对象 B1 和对象 A2 关联起来，可采用如下所示的步骤：

图 15-24　更新多对多受限关联关系

① 将一个以 key3 为键、值为指向 B1 的指针的数据项添加到对象 A2 的指针字典中。
② 将一个指向对象 A2 的指针添加到对象 B1 的指针集中。

## 15.3　聚合与组合关系的实现

聚合关系和组合关系都是特殊的关联关系，在用 C++语言实现聚合关系时，采用嵌入指针方式；实现组合关系时，采用嵌入对象方式。

在图 15-25 中，StringLink 类自身存在聚合关系，StringLink 类与 StringList 类之间也存在聚合关系，而 StringLink 类与数据类型 string 之间存在组合关系。根据前面所述的实现方法，StringLink 类和 StringList 类的头文件如下所示：

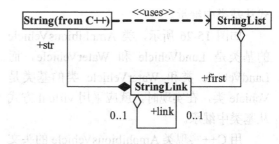

图 15-25　聚合和组合关系示例

```
//StringLink.h
...
class StringLink
{
  public:
    string str;
    StringLink *link;
    ...
};
```

```
...
//StringList.h
#include "StringLink.h"
...
class StringList
{
  public:
    StringLink *first;
    ...
};
...
```

## 15.4 泛化关系的实现

UML 规范中的泛化关系在 C++中是通过继承机制实现的。继承机制是一种能够促进代码共享、代码复用和代码扩展的机制，通过使用继承，可以在父类（基类）的基础上定义子类（派生类），子类继承了父类的数据成员和成员函数，除此之外，还可以为子类添加其特有的数据成员和成员函数。在子类中，也可以对从父类继承的成员函数进行修改，也就是 C++的虚函数机制。在父类中将一个成员函数声明为虚函数后，在该类的子类中就可以为这个虚函数重新指定函数体。

子类继承父类的方式可以是公有的、私有的和受保护的，在用 C++代码实现 UML 类图中的泛化关系时，通常使用公有继承方式。如果派生类沿多条途径从一个根基类继承数据成员和成员函数，为确保派生类中只有一个虚基类子对象，在用 C++实现类图中的泛化关系时，通常都使派生类以 virtual 方式从基类中继承。

如图 15-26 所示，类 AmphibiousVehicle 的基类是 LandVehicle 和 WaterVehicle，而 LandVehicle 类和 WaterVehicle 类的基类是 Vehicle 类，在实现时，就应采用 virtual 方式从基类中继承。

用 C++实现类 AmphibiousVehicle 的头文件如下所示：

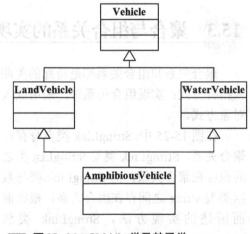

图 15-26　Vehicle 类及其子类

```
// AmphibiousVehicle.h
#include "LandVehicle.h"
#include "WaterVehicle.h"
...
class AmphibiousVehicle:virtual public LandVehicle,
virtual public WaterVehicle
{
    ...
}
```

如果某个类有派生类，则该类的析构函数应为虚析构函数，不然，如果基类指针指向了派生类对象，在执行 delete 操作时，派生类的析构函数将不会被调用。

## 15.5 接口类和包的实现

本节介绍如何用 C++语言实现 UML 模型中的接口和包。

首先介绍接口类的实现。接口是操作规约的集合。当一个类实现了某接口中声明的所有操作时，就称该类实现了此接口。在用 C++语言实现 UML 模型中的接口时，需要将其转换为只有函数原型的抽象类，也就是要将接口中声明的所有操作都转换为可见性为 public 的纯虚函数，而将实现接口的类转换为从接口继承的子类。

在图 15-27 中，Aeroplane 类实现了接口 Vehicle，类 Driver 和类 Vehicle 之间存在单向关联关系。根据前面介绍的实现方法，这三个类的 C++实现如下所示：

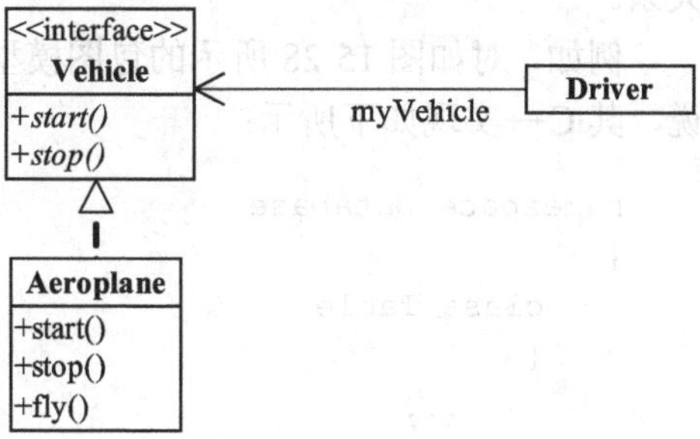

图 15-27　实现接口类

```
//Vehicle.h
...
class Vehicle
{
  public:
    Vehicle();
    virtual ~Vehicle()=0;
    virtual void start()=0;
    virtual void stop()=0;
    ...
};
//Aeroplane.h
#include "Vehicle.h"
...
class Aeroplane:virtual public Vehicle
{
  public:
    void start();
    void stop();
    void fly();
    ...
};
//Driver.h
#include "Vehicle.h"
...
Class Driver
{
  public:
```

```
    private:
        Vehicle *myVehicle;
};
```

下面介绍如何用 C++ 语言实现 UML 模型中的包。

在 UML 中,包可用于将一个大系统分成若干子系统,它们之间可以有依赖关系。在 C++ 中,可以使用命名空间来描述包。当需要引用某命名空间中的标识符时,可通过使用 using 声明语句或者 using 指示语句来说明,using 语句可用于实现包之间的依赖关系。

例如,对如图 15-28 所示的包图模型来说,其 C++ 实现如下所示:

```
namespace Database
{
    class Table
    {
        ...
    };
    ...
}
namespace BusinessLogic
{
    using namespace Database;
    class Transaction
    {
        ...
    };
    ...
}
namespace GUI
{
    using namespace BusinessLogic;
    class Menu
    {
        ...
    };
    ...
}
```

图 15-28 包图示例

## 15.6 思考与练习

一、简答题

1. 用 C++ 语言实现如图 15-29 所示的类图。
2. 将如下所示的 C++ 代码映射为类图。

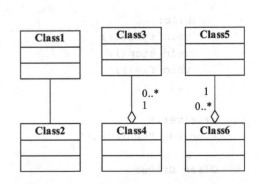

图 15-29 类图示例

```cpp
class Vehicle
{
  public:
    Vehicle(int weight=0);
    void SetWeight(int weight);
    virtual void display()=0;
  protected:
    int weight;
};

class Car:virtual public Vehicle
{
  public:
    Car(int weight=0,int aird=0);
    void display();
  protected:
    int aird;
};

class Ship:virtual public Vehicle
{
  public:
    Ship(int weight=0,float tonnage=0);void display();
  protected:
    float tonnage;
};

class AmphibianVehicle:public Car,public Ship
{
  public:
    AmphibianVehicle(int weight,
      int aird,float tonnage);
    void display();
    void showMembers();
};
```

3. 根据如下所示的 C++ 代码建立相应的 UML 类图。

```cpp
class Shape:public Object
{
  protected:
    double area;
    double perimeter;
  public:
    double compArea()
    {
        area=0.0;
        return 0.0;
    }
```

```cpp
        virtual String getName()=0;
};

class Rectangle:Shape
{
  private:
    double length;
    double width;
  public:
    Rectangle(double len,double wid)
    {
        length=len;
        width=wid;
    }
    double compArea()
    {
        area=length * width;
        return area;
    }
    string getName()
    {
        return "Rectangle";
    }
};

class Triangle:Shape
{
  private:
    double length;
    double height;
  public:
    Triangle(double len,double hei)
    {
        length=len;
        height=hei;
    }
    double  compArea()
    {
        area=0.5 * length * height;
        return area;;;
    }
    string getName()
    {
        return "Triangle";
    }
};
```

4. 用 C++语言实现如图 15-30 所示的类图。

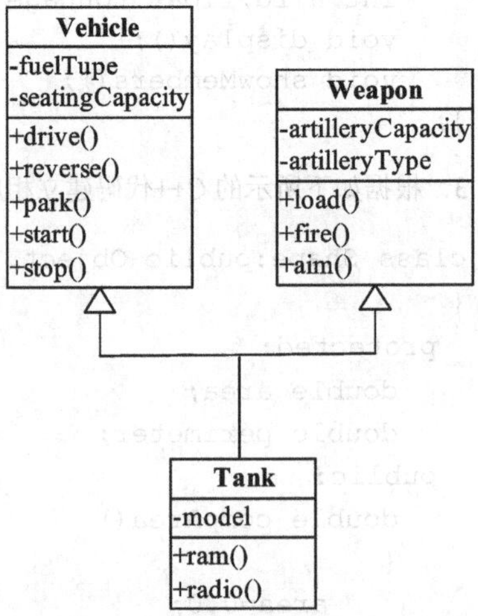

图 15-30　类图示例

# UML 模型的实现

5. 将如下所示的 C++ 类转换为 UML 类图。

```cpp
class Detonation
{
  public:
    virtual ~Detonation();
    virtual const Location& location() const;
  protected:
    Detonation();
    virtual void location(const location& loc);
  private:
    Location location;
};

class NuclearDetonation:public
virtual Detonation
{
  public:
    NuclearDetonation();
    NuclearDetonation(const NuclearDetonation&);
    ~NuclearDetonation();
    NuclearDetonation& operator=(const Nuclear Detonation&);
  protected:
  private:
    DebrisPatch* debrisPatch;
};

class DebrisPatch
{
  public:
    DebrisPatch();
    DebrisPatch(const
    DebrisPatch&);
    ~DebrisPatch();
    DebrisPatch operator = (const
    DebrisPatch&);
  protected:
  private:
NuclearDetonation*
nuclearDetonation;
};
```

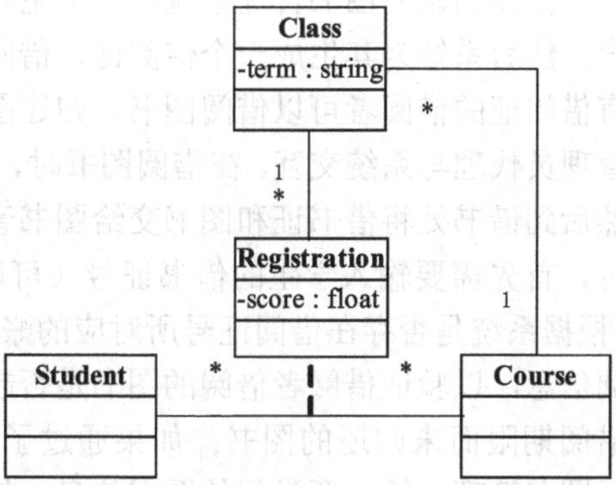

6. 用 C++ 语言实现如图 15-31 所示的类图。

图 15-31 类图示例

# 第 16 章　图书管理系统的分析与设计

本章将前面介绍的图书管理系统各部分的建模实例综合起来，形成一个完整的系统模型实例。整个系统的分析设计过程按照面向对象的软件设计实现，介绍面向对象系统的分析与设计的过程。

**本章学习要点：**

- ➢ 了解面向对象开发系统的过程
- ➢ 理解系统的需求，并描述系统需求
- ➢ 定义系统的静态结构，并学会如何完善系统的静态结构
- ➢ 对系统进行动态建模
- ➢ 根据运行环境，对系统的各组成部件进行部署

## 16.1 系统需求

信息系统开发的目的是满足用户需求，为了达到这个目的，系统设计人员必须充分理解用户对系统的业务需求。无论开发大型的商业软件，还是简单的应用程序，首先要做的是确定系统需求，即系统的功能。

功能需求描述了系统可以做什么，或者用户期望做什么。在面向对象的分析方法中，这一过程可以使用用例图来描述系统的功能。图书馆的图书管理系统需求信息描述如下：

在图书馆的图书管理系统中，学生要想借阅图书，必须先在系统中注册建立一个账户，然后系统为其生成一个借阅证，借阅证可以提供学生的姓名、系别和借阅证号。持有借阅证的借阅者可以借阅图书、归还图书和查询借阅信息，但这些操作都是通过图书管理员代理与系统交互。在借阅图书时，学生进入图书馆内首先找到自己要借阅的图书，然后到借书处将借书证和图书交给图书管理员办理借阅手续。图书管理员进行借书操作时，首先需要输入学生的借书证号（可以采有条形码输入），系统验证借阅证是否有效（根据系统是否存在借阅证号所对应的账户），若有效，则系统还需要检验该账户中的借阅信息，以验证借阅者借阅的图书是否超过了规定的数量，或者借阅者是否有超过规定借阅期限而未归还的图书；如果通过了系统的验证，则系统会显示借阅者的信息以提示图书管理员输入要借阅的图书信息，然后图书管理员输入要借阅的图书信息（也可以通过图书上的条形码输入），系统记录一个借阅信息，并更新该学生账户完成借阅图书操作。

学生还书时只需要将所借阅的图书交给图书管理员，由图书管理员负责输入图书信息，然后由系统验证该图书是否为本图书馆中的藏书，若是则系统删除相应的借阅信息，并更新相应的学生账户。在还书时也会检验该学生是否有超期未还的图书。学生也可以查询自己的借阅信息。

# 图书管理系统的分析与设计

为了系统能够正常运行和系统的安全性，系统还需要系统管理员进行系统的维护。通过对上述图书管理系统的分析，可以获得如下的功能性需求：

- 学生持有借阅证。
- 图书管理员作为借阅者的代理完成借阅图书、归还图书和查询借阅信息工作。
- 系统管理员完成对系统的维护。对系统的维护主要包括办理借阅证、删除借阅证、添加管理员、删除管理员，添加图书、删除图书，添加标题信息、删除标题信息。

## 16.2 需求分析

采用用例驱动的分析方法，分析需求的主要任务，识别系统中的参与者和用例，并建立用例模型。

在本系统中需要注意"图书"和"标题"两个概念。在一个图书馆中，多本图书可以拥有一个名称，为了区别每一本图书，需要为每一本图书指定一个唯一的编号。在本系统中，图书标题采用图书名称、出版社名称、作者以及图书的 ISBN 号标识每一种图书；而具体的图书则为其指定一个唯号的编号识别。其中，图书的标题信息用 Title 类表示，具体的图书则由 Book 类表示。

### 16.2.1 识别参与者和用例

通过对系统的分析，可以确定系统中有两个参与者：图书管理员 Librarian 和系统管理员 Administrator。各参与者的描述如下。

- **图书管理员 Librarian**　图书管理员代理学生完成借书、还书、查询其借阅信息。
- **系统管理员 Administrator**　系统管理员可以添加、删除为学生建立的账户，可以添加、删除具体的图书信息，还可以添加、删除图书标题。另外，也可以添加、删除管理员，实现对访问系统权限的管理。

在识别出系统参与者后，从参与者角度就可以发现系统的用例。并通过对用例的细化处理完成系统的用例模型。

#### 1. 图书管理员 Librarian 代理请求服务的用例图

图书管理员代理学生完成借书、还书和查询借阅信息的用例图如图 16-1 所示。
用例图说明如下。

- **Login 用例**　完成图书管理员的登录功能，验证图书管理员的身份，以保证系统的完全。
- **ModifyPassword 用例**　当图书管理员成功登录系统后，调用该用例可以完成对用户密码的修改。
- **BorrowBook 用例**　完成书籍借阅处理。
- **ReturnBook 用例**　完成归还图书处理。
- **ProcessOvertime 用例**　该用例检查每个借阅者（为学生在系统中创建的账户）是否有超期的借阅信息。
- **DisplayLoanInfo 用例**　用于显示某借阅者的所有借阅信息。

# UML 面向对象设计与分析基础教程

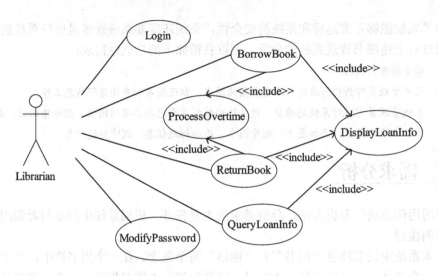

图 16-1　图书管理员的用例图

- **ReturnBook** 用例　完成还书处理。
- **QueryLoanInfo** 用例　完成查找某个借阅者。

### 2. 系统管理员进行系统维护的用例图

系统管理员进行系统维护包含如图 16-2 所示示例。

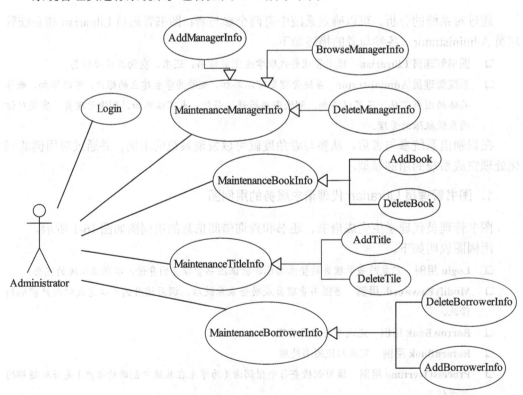

图 16-2　系统管理员维护系统用例图

# 图书管理系统的分析与设计

用例图说明如下。

- **Login 用例** 该用例完成对系统管理员身份的验证。
- **MaintenanceBorrowerInfo 用例** 用于完成对借阅者信息的维护，对借阅者信息的维护包括添加借阅者（AddBorrowerInfo）、删除借阅者（DeleteBorrowerInfo）。
- **MaintenanceTitleInfo 用例** 用于完成对图书标题的维护。同样，对图书标题的维护包括添加图书标题（AddTitleInfo）和删除图书标题（DeleteTitleInfo）。
- **MaintenanceManagerInfo 用例** 完成对管理员信息的维护，以确保系统的安全性。同样，它也包括添加管理员（AddManagerInfo）和删除管理员（DeleteManagerInfo）。
- **MaintenanceBookInfo 用例** 完成对图书馆藏书的维护，它包括添加图书（AddBook）和删除图书（DeleteBook）。

## 16.2.2 用例描述

在建立用例图后，为了使每个用例更新清楚，可以对用例进行描述。描述时可以根据其事件流进行，用例的事件流是对完成用例行为所需要的事件的描述。事件流描述了系统应该做什么，而不是描述系统应该怎样做。

通常情况下，事件流的建立是在细化用例阶段进行。开始只对用例的基本流所需的操作步骤进行简单描述。随着分析的进行，可以添加更多的详细信息。最后，将例外添加到用例的描述中。

对图书管理系统的借书用例描述如表 16-1 所示。

**表 16-1　借阅图书用例的描述**

| 用例名称 | BorrowBook |
|---|---|
| 标识符 | UC0001 |
| 用例描述 | 图书管理员代理借阅者办理借阅手续 |
| 参与者 | 图书管理员 |
| 前置条件 | 图书管理员登录进入系统 |
| 后置条件 | 如果这个用例成功，在系统中建立并存储借阅记录 |
| 基本操作流程 | 1. 图书管理员输入借阅证信息<br>2. 系统验证借阅证的有效性<br>3. 图书管理员输入图书信息<br>4. 添加新的借阅记录<br>5. 显示借书后的借阅信息 |
| 可选操作流程 | 该借阅者有超期的借阅信息，进行超期处理；借阅者所借阅的图书超过了规定的数量，用例终止，拒绝借阅；借阅证不合法，用例终止，图书管理员进行确认 |

对图书管理系统的还书用例描述如表 16-2 所示。

**表 16-2　归还图书用例的描述**

| 用例名称 | ReturnBook |
|---|---|
| 标识符 | UC0002 |
| 用例描述 | 图书管理员代理借阅者办理还书手续 |

| 用例名称 | ReturnBook |
|---|---|
| 参与者 | 图书管理员 |
| 前置条件 | 图书管理员登录进入系统 |
| 后置条件 | 如果这个用例成功，删除相关的借阅记录 |
| 基本操作流程 | 1. 图书管理员输入要归还的图书信息<br>2. 系统验证图书的有效性<br>3. 删除借阅记录 |
| 可选操作流程 | 该借阅者有超期的借阅信息，进行超期处理；归还的图书不合法，即不是本馆中的藏书，用例终止，图书管理员进行确认 |

对图书管理系统的查询借阅信息用例描述如表 16-3 所示。

**表 16-3　查询借阅信息用例的描述**

| 用例名称 | QueryLoanInfo |
|---|---|
| 标识符 | UC0003 |
| 用例描述 | 查询某学生所借阅的所有图书信息 |
| 参与者 | 图书管理员 |
| 前置条件 | 图书管理员登录进入系统 |
| 后置条件 | 如果这个用例成功，找到相应的借阅者信息 |
| 基本操作流程 | 1. 图书管理员输入学生的学号<br>2. 系统根据该学号检索借阅者信息<br>3. 调用显示借阅信息用例，显示借阅者所借阅的图书信息 |
| 可选操作流程 | 该学生的学号在系统中不存在，用例终止 |

显示借阅信息用例描述如表 16-4 所示。

**表 16-4　显示借阅信息用例的描述**

| 用例名称 | DisplayLoanInfo |
|---|---|
| 标识符 | UC0004 |
| 用例描述 | 显示某借阅者所借阅的所有图书 |
| 参与者 | 无 |
| 前置条件 | 找到有效的借阅者 |
| 后置条件 | 显示借阅者所借阅的所有图书信息 |
| 基本操作流程 | 1. 根据借阅者检索借阅信息<br>2. 由借阅信息找到图书信息<br>3. 根据图书信息显示相应的图书标题信息 |
| 可选操作流程 | 无 |
| 被包含的用例 | UC0001，UC0002，UC0003 |

超期处理用例的描述如表 16-5 所示。

**表 16-5　超期处理用例的描述**

| 用例名称 | ProcessOvertime |
|---|---|
| 标识符 | UC0005 |
| 用例描述 | 检测某借阅者是否有超期的借阅信息 |
| 参与者 | 无 |

## 图书管理系统的分析与设计

续表

| 用例名称 | ProcessOvertime |
| --- | --- |
| 前置条件 | 找到有效的借阅者 |
| 后置条件 | 显示借阅者所借阅的所有图书信息 |
| 基本操作流程 | 1．根据借阅者检索借阅信息 |
|  | 2．检验借阅信息的借阅日期，以验证是否超期 |
| 可选操作流程 | 超期则通知图书管理员 |
| 被包含的用例 | UC0001，UC0002，UC0003 |

修改登录密码用例的描述如表16-6所示。

**表16-6　修改密码用例的描述**

| 用例名称 | ModifyPassword |
| --- | --- |
| 标识符 | UC0006 |
| 用例描述 | 图书管理员修改自己登录时的密码 |
| 参与者 | 图书管理员 |
| 前置条件 | 图书管理员成功登录到系统 |
| 后置条件 | 图书管理员的登录密码被修改 |
| 基本操作流程 | 1．输入旧密码 |
|  | 2．验证该密码是否为当前用户的密码 |
|  | 3．输入新密码 |
|  | 4．修改当前用户的密码为新密码 |
| 可选操作流程 | 输入的旧密码不是当前用户密码，用例终止 |

添加借阅者信息用例的描述如表16-7所示。

**表16-7　添加借阅者信息用例的描述**

| 用例名称 | AddBorrower |
| --- | --- |
| 标识符 | UC0007 |
| 用例描述 | 系统管理员添加借阅者信息 |
| 参与者 | 系统管理员 |
| 前置条件 | 系统管理员成功登录到系统 |
| 后置条件 | 在系统中注册一名借阅者，并为其打印一个借阅证 |
| 基本操作流程 | 1．输入借阅者的信息，如姓名、院系、学号等 |
|  | 2．系统存储借阅信息 |
|  | 3．系统打印一个借阅证 |
| 可选操作流程 | 输入的借阅者信息已经在系统中存在，提示管理员并终止用例 |

删除借阅者信息用例的描述如表16-8所示。

**表16-8　删除借阅者信息用例的描述**

| 用例名称 | DeleteBorrower |
| --- | --- |
| 标识符 | UC0008 |
| 用例描述 | 系统管理员删除借阅者信息 |
| 参与者 | 系统管理员 |

| 用例名称 | DeleteBorrower |
|---|---|
| 前置条件 | 系统管理员成功登录到系统 |
| 后置条件 | 在系统中删除一借阅者信息 |
| 基本操作流程 | 1. 输入借阅者的信息<br>2. 查找该借阅者是否有未还的图书<br>3. 从系统中删除该借阅者的信息 |
| 可选操作流程 | 该借阅者有未还的图书，提醒管理员并终止用例 |

登录用例的描述如表 16-9 所示。

**表 16-9　登录用例的描述**

| 用例名称 | Login |
|---|---|
| 标识符 | UC0009 |
| 用例描述 | 管理员登录系统 |
| 参与者 | 系统管理员、图书管理员 |
| 前置条件 | 无 |
| 后置条件 | 登录到系统 |
| 基本操作流程 | 1. 系统提示用户输入用户名和密码<br>2. 用户输入用户名和密码<br>3. 系统验证用户名和密码，若正确，则用户登录到系统中 |
| 可选操作流程 | 如果用户输入无效的用户名和密码，系统显示错误信息，并返回重新提示用户输入用户名和密码；或者取消登录，终止用例 |

对其他用例的描述与此类似，这里不再列出。

## 16.3　静态结构模型

进一步分析系统需求，以发现类以及类之间的关系，确定它们的静态结构和动态行为，是面向对象分析的基本任务。系统的静态结构模型主要用类图和对象图描述。

### 16.3.1　定义系统中的对象和类

在定义系统需求后，下一步就是确定系统中存在的对象。系统对象的识别可以通过寻找系统域描述和需求描述中的名词来进行。在图书管理系统中可以确定的主要对象包括借阅者 Borrower、图书标题 Title、借阅信息 Loan 和具体的图书信息 Book。

**1．类 Borrower**

类 Borrower 描述了借阅者的信息（本系统中借阅者为一名学生）。借阅者的信息包括学号、姓名、院系和年级。这个类代表了学生在系统中的一个账户。

❑ 私有属性

stuID：String　　学生的学号。

name：String　学生的姓名。
dept：String　学生的院系。
borrowerID：String　借书证号。
loans[]：Loan　借阅记录。

❑ 公共操作

newBorrower(StuID:String,name:String,dept:String)　创建一个 Borrower 对象。
findBorrower(ID:String)　返回指定 BorrowerID 的 Borrower 对象。
addLoan(loan:Loan)　添加借阅记录。
delLoan(loan:Loan)　删除借阅记录。
getLoanNum()　返回借阅记录的数目。
getBorrower(stuID:String)　返回指定学号 stuID 的 Borrower 对象。
checkDate(title[]:Title)　返回超期的图书标题。
getTitleInfo()　返回图书标题 Title 对象的数组。
另外，还有设置和获取对象属性值的一系列方法：

```
setName(name:String)
getName()
setDept(dept:String)
getDept()
setStuID()
getStuID()
setBorrowerID(ID:String)
getBorrowerID()
```

### 2．类 Title

类 Title 描述了图书的标题种类信息。对于每种图书，图书馆通常都拥有多本具体的图书。类 Title 封装了图书的名称、出版社名、作者和 ISBN 号等信息。

❑ 私有属性

bookName:String　图书的名称。
author:String　作者名。
publisher:String　出版社名。
ISBN:String　图书的 ISBN 号。
books[]:Book　该种类的图书信息。

❑ 公共操作

newTitle(name:String,author:String,ISBN:String,publisher:String)　创建 Title 对象。
findTitle(ISBN:String)　返回指定 ISBN 的 Title 对象。
AddBook(book:Book)　添加该种类图书。
removeBook(index:int)　删除该种类中某一本图书。
getNumBooks()　返回该种类的图书数量。
设置获取对象属性值的一系列方法如下：

```
setBookName(name:String)
getBookName()
setPublisher(name:String)
getPublisher()
setISBN(ISBN:String)
getISBN()
setAuthor(author:String)
getAuthor()
```

### 3. 类 Book

类 Book 代表图书馆内的藏书。Book 对象有两种状态："借出"和"未借出"，并且每一个 Book 对象与一个 Title 对象相对应。

❏ 私有属性

ID:String  图书编号。
title:Title  图书所属标题。
loan:Loan  标记图书状态。

❏ 公共操作

newBook(ID:String,title:Title)  创建新 Book 对象。
findBook(ID:String)  返回指定编号的 Book 对象。
getTitleName()  返回该图书的名称。
getID()  获取图书编号。
setID(ID:String)  设置图书编号。
getTitle()  返回图书的 Title 对象。
getLoan()  返回图书的借阅记录。
setLoan(loan:Loan)  设置图书的借阅状态。若参数为 null，则图书的状态为未借阅状态。

### 4. 类 Loan

类 Loan 描述了借阅者从图书馆借阅图书时的借阅记录。一个 Loan 对象对应一个借阅者 Borrower 对象和一本图书 Book 对象。Loan 对象的存在表示：借阅者（Borrower 对象）借阅了借阅记录（Loan 对象）中记录的图书（Book 对象）。当返还一本图书时，将删除借阅记录。

❏ 私有属性

book:Book
borrower:Borrower
date:Date  借阅图书的日期。

❏ 公共属性

newLoan(book:Book,borrower:Borrower,date:Date)  创建 Loan 对象。
getBorrower()  返回借阅者 Borrower 对象。
getBook()  返回图书 Book 对象。

getDate()　返回借阅图书时的日期。

为了实施系统的安全和权限管理，还需要添加一个管理员 Manager 类，该类保存了用户名和密码信息。在图书管理系统中，管理员分为图书管理员和系统管理员，这就需要用到类的继承和派生。派生的 Librarian 类和 Administrator 类如图 16-3 所示。

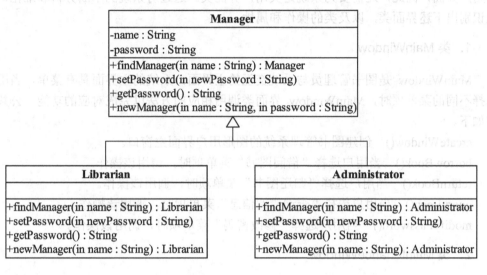

图 16-3　Librarian 类和 Administrator 类

在 Manager 类中，findManager()方法用于查找指定的管理员对象；setPassword()方法用于修改管理员的密码；getPassword()方法则用于获取用户密码。方法 findManager()、setPassword()和 getPassword()都为抽象方法，它们的具体实现由继承的子类实现。

在 Administrator 类中，新添加了一个方法 newManager()，该方法用于创建一个新的 Manager 对象。

注意，在定义类、类的方法和属性时，建立顺序图是很有帮助的，类图和顺序图的建立是相辅相成的，因为顺序图中出现的消息基本上都是类中的方法。因此，在设计阶段绘制系统的顺序图时，要尽量使用类中已经识别的方法来描述消息，若出现无法用类中已经识别的消息，就要考虑为该类添加一个新方法。

从上述分析可以得出系统中的五个重要的类：Borrower、Book、Title、Loan 和 Manager，上述类都是实体类，都需要持久性，即需存储到数据库中。因此，还可以抽象出一个代表持久性的父类 Persistent，该类实现了对数据库进行读、写、更新和删除等操作。Persistent 类中属性和方法如图 16-4 所示。

其中，方法 read()负责从数据库中读出对象的属性，write()方法负责将对象的属性保存到数据库中，update()方法负责更新数据库中保存的对象的属性，delete()方法则负责删除数据库保存的对象属性。

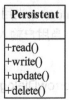

图 16-4　Persistent 类结构

### 16.3.2 定义用户界面类

用户与系统之间的交互是通过用户界面实现的，一个好的系统通常具备很友好的图形用户界面，因此，还需要为系统定义用户界面类。通过对系统的不断分析和细化，可以识别出下述界面类，以及类的操作和属性。

#### 1. 类 MainWindow

MainWindow 是图书管理员与系统交互的主界面，系统的主界面具有菜单，当用户选择不同的菜单项时，MainWindow 界面类调用相应的方法以完成对应的功能。公共操作如下：

createWindow()　创建图书管理系统的图形用户界面主窗口。
borrowBook()　当用户选择"借阅图书"菜单项时，调用该操作。
returnBook()　当用户选择"归还图书"菜单项时，调用该操作。
queryLoan()　当用户选择"查询借阅信息"菜单项时，调用该操作。
modifyPassword()　当用户选择"修改密码"菜单项时，调用该操作。

#### 2. 类 MaintenanceWindow

MaintenanceWindow 类是系统管理员对系统进行维护的主界面，与 MainWindow 界面类类似，它也提供相应的菜单项，以调用相应的操作。该界面类提供了如下的操作。

addTitle()　当用户选择"添加图书种类"菜单项时，调用该操作。
delTitle()　当用户选择"删除图书种类"菜单项时，调用该操作。
addBorrower()　当用户选择"添加借阅者"菜单项时，调用该操作
delBorrower()　当用户选择"删除借阅者"菜单项时，调用该操作
addBook()　当用户选择"添加图书"菜单项时，调用该操作
delBook()　当用户选择"删除图书"菜单项时，调用该操作
manager()　当选择"管理员"菜单项时，调用该操作。

#### 3. 类 LoginDialog

管理员运行系统时，启用类 LoginDialog 打开登录对话框，以完成对登录用户身份的验证。该界面只提供两个方法。

createDialog()　当用户运行系统时，调用该方法以创建登录对话框。
Login()　当用户输入用户名和登录密码并单击登录按钮后，调用该方法完成对用户身份的验证。

#### 4. 类 BorrowDialog

界面类 BorrowDialog 是进行借阅操作时所需的对话框。当主窗口 MainWindow 中的菜单项"借阅图书"被选择时，该对话框弹出，图书管理员在对话框中输入借阅者的信息和图书信息，并创建、保存借阅记录。它所具备的公共操作如下：

createDialog()　创建 BorrowDialog 对话框。
inputBorrowerID()　调用该方法，系统将获取用户输入的借书证号信息。
inputBookID()　调用该方法，系统将获取用户输入的图书信息。

### 5．类 ReturnDialog

界面类 ReturnDialog 是进行还书操作时需要的对话框。当选择主窗口中的"归还图书"操作时，将弹出该对话框。图书管理员在该对话框中输入图书信息，系统将根据图书信息删除相关的借阅记录。该类的公共方法如下。

createDialog()　创建用来填写还书信息的对话框。
returnBook()　调用该方法，完成还书操作。

### 6．类 QueryDialog

界面类 QueryDialog 是进行查询某借阅者的所有借阅信息时需要的对话框。图书管理员可以在该对话框中输入学生的学号，并调用 QueryDialog 类中相应的方法，则该对话框将显示该学生所借阅的所有图书信息。该类具有的公共方法如下。

createDialog()　创建 QueryDialog 对话框。
queryLoanInfo()　查询某学生所借阅的所有图书信息。

### 7．类 ModifyDialog

界面类 ModifyDialog 用于修改用户登录密码时所需要的对话框。图书管理员可以在该对话框中输入自己的旧密码，以及要修改的新密码，然后单击"确定"按钮，系统将修改用户的密码。该类具有的公共方法如下。

createDialog()　创建 ModifyDialog 对话框。
modifyPassword()　调用该方法时，系统将修改当前用户的密码。

### 8．类 ManagerDialog

界面类 ManagerDialog 是进行"添加管理员"、"删除管理员"操作的对话框。当调用 MaintenanceWindow 类的 manager()方法时打开该对话框，在该对话框中显示当前系统中所有的管理员信息，系统管理员可在其中添加新的管理员，或者删除管理员。该类具有的公共方法如下。

createDialog()　创建 ManagerDialog 对话框。
addManager()　调用该方法可以添加管理员。
delManager()　调用该方法可以删除管理员。
permission()　调用该方法可以设置管理员的权限。

### 9．类 AddTitleDialog

界面类 AddTitleDialog 是进行"添加图书标题"操作所需要的类。在该对话框中系统管理员可以输入图书的标题信息，并保存。它所具有的公共方法如下。

createDialog()　创建 AddTitleDialog 对话框。

addTitle()　调用该方法在系统中添加一个图书标题。

### 10．类 DelTitleDialog

界面类 DelTitleDialog 是进行"删除图书标题"操作所需要的类。管理员删除图书标题时，首先需要输入欲删除图书的 ISBN 号，并由系统找到该 ISBN 号对应的图书标题，然后由管理员确认，并决定是否删除。类 DelTitleDialog 具有如下的公共操作。

createDialog()　创建删除图书标题的对话框。
findTitle()　查找指定 ISBN 号图书的标题。
delTitle()　删除某图书标题。

### 11．类 AddBookDialog

界面类 AddBookDialog 是进行"添加图书"操作所需要的类。管理员添加图书时，需要在该对话框中输入添加图书的信息，如名称、出版社名、作者和 ISBN 号等信息，然后由系统查找该图书对应的标题信息，并添加图书。类 AddBookDialog 具有的公共操作如下。

createDialog()　创建"添加图书"对话框。
addBook()　向系统中添加图书。

### 12．类 DelBookDialog

界面类 DelBookDialog 是进行"删除图书"操作所需要的类。管理员删除图书时，需要在该对话框中输入图书的编号，并由系统查找该编号的图书，并显示该图书的标题信息进行确认，最后由管理员决定是否删除该图书。类 DelBookDialog 具有的公共操作如下。

createDialog()　创建"删除图书"对话框。
inputBookID()　查找指定编号的图书，并返回该图书的标题信息。
delBook()　删除指定的图书。

### 13．类 AddBorrowerDialog

界面类 AddBorrowerDialog 是进行"添加借阅者"操作所需要的类。当打开该对话框后，可以在其中输入学生的姓名、学号等信息，然后调用对话框中的方法，为该学生创建一个账户。添加借阅者信息成功后，系统将生成一个唯一的借阅证号，并通过打印机打印借阅证。

createDialog()　创建 AddBorrowerDialog 对话框。
addBorrower()　调用该方法添加一个借阅者。

### 14．类 DelBorrowerDialog

界面类 DelBorrowerDialog 是进行"删除借阅者"操作所需要的类。当打开该对话框后，首先需要输入要删除的借阅证号，系统根据该借阅证号查找到该借阅者的信息，并由管理员进行确认后，删除该借阅者。DelBorrowerDialog 类具有的公共方法如下。

createDialog()　调用该方法创建删除借阅者对话框。
findBorrower()　　调用该方法查找指定的借阅者。
delBorrower()　　调用该方法删除借阅者。

### 15．类 MessageBox

当管理员操作系统时，如果发生错误，则该错误信息由界面类 MessageBox 负责显示。MessageBox 类具有的方法如下。
createDialog()　　创建 MessageBox 对话框。
DisplayMessage()　　显示错误信息。

有一点需要强调的是：在本阶段，类图还处于"草图"状态。定义的操作和属性不是最后的版本，只是在现阶段看来这些操作和属性是比较合适的。类图最终的操作和属性是由在设计顺序图以及随后的其他分析过程中不断修改和完善的。

## 16.3.3　类之间的关系

在面向对象的系统分析中，常常将系统中的类分为三种：GUI 类、问题域类和数据访问类。GUI 类由系统中的用户界面组成，如 MainWindow 类和 ManageWindow 类；问题域（PD）类则负责系统中的业务逻辑处理；数据库（DB）访问类则负责保存处理结果。将这三类分别以包的形式进行包装，它们之间的关系如图 16-5 所示。

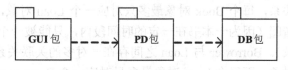

图 16-5　面向对象分析的系统中的类

### 1．DB 包

对于一个系统而言，它必须保存一些处理结果，这就需要使用数据访问层来提供这种服务。从理论上讲，保存处理结果时，既可以使用文件，也可以使用数据库进行保存，但当要保存的信息较多时，使用文件保存会发生信息的冗余等一系列问题，因此，当前的系统几乎都使用数据库保存信息。

因为本案例的分析并不涉及到数据库，因此，在本例当中只用 Persistent 类定义了访问数据的接口，当某对象需要保存时，只需要调用一些公共操作即可，如 read()、update() 等。注意：Persistent 类只是一个抽象类，其方法只是定义了一个接口，而并不涉及到具体的实现，具体的实现则由相应的子类完成。

定义 Persistent 接口后，就为日后对系统进行扩充提供了方法，例如，当想要保存借阅者信息时，就可以在 Borrower 类的 write() 方法中调用相应的数据访问类，以保存 Borrower 的信息。

### 2．PD 包

PD 包中包含了系统中的问题域类，如 Book 类、Title 类等。它主要负责实现系统的业务逻辑需求，也是系统的主要部分，也称为域类。问题域类之间的关系如图 16-6 所示。

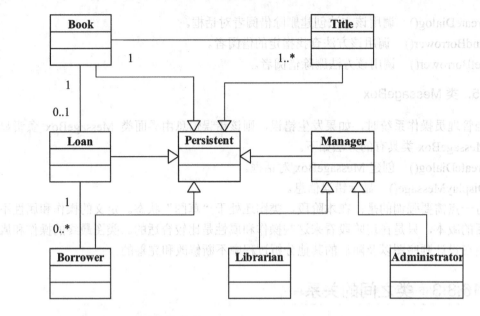

图 16-6　系统中的类图

类 Book 与类 Title 之间存在"一对多"的关联关系，每个 Title 对象至少对应一个 Book 对象，每个 Book 对象则只对应一个 Title 对象。类 Book 与类 Loan 之间存在关联关系，每个 Book 对象最多只对应一个 Loan 对象，每个 Loan 对象则只记录了一本书的借阅（因为一本书在一定的时间段内，只能被一个人借阅，因此最多只能有一个借阅记录）。Borrower 与 Loan 之间存在一对多的关联关系，每个 Borrower 对象对应多个 Loan 对象，而每个 Loan 对象最多只对应一个 Borrower 对象。

3．GUI 包

GUI 包中包含了与用户交互的用户界面类。该包主要包含的界面类包括 MainWindow 类和 ManageWindow 类。图 16-7 为组成 MainWindow 界面的类。

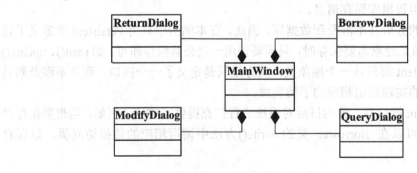

图 16-7　MainWindow 类

图 16-8 为组成 ManageWindow 界面的类。

除了 MainWindow 类和 ManageWindow 类之外，GUI 包中还包含两个单独的用户界面类：Login 类和 MessageBox 类。

# 图书管理系统的分析与设计

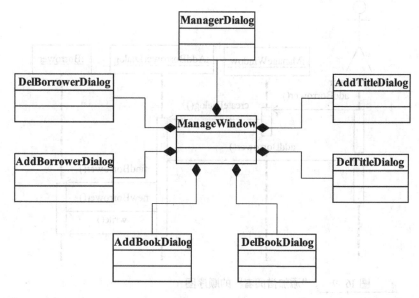

图 16-8　ManageWindow 界面的组成

## 16.4 动态行为模型

系统的动态行为模型图由交互图（顺序图和协作图）、状态图、活动图描述。在本节中将用顺序图对用例进行描述，用状态图来描述对象的动态行为。

### 16.4.1 建立顺序图

在建立顺序图时，将会发现新的操作，并可以将它们加到类图中。另外，操作仅仅是一个"草案"，同样要用说明来详细描述。分析的目的是同用户/客户沟通，为了对要建立的系统有更好的了解，而不是一个详细的设计方案。

#### 1. 添加借阅者

添加借阅者的过程为：系统管理员选择菜单项"添加借阅者"，弹出 AddBorrowerDialog 对话框。系统管理员可以在该对话框中输入学生的信息并保存，随后系统将对提交的学生信息进行验证，查看输入的学号是否已经存在系统中，若不在，则为学生创建一个账户，并存储该学生的信息。如果需要，系统还可以使用打印机打印生成的账户信息。"添加借阅者"用例的顺序图如图 16-9 所示。

#### 2. 删除借阅者

删除借阅者的过程为：系统管理员选择菜单项"删除借阅者"，弹出 DelBorrower-Dialog 对话框，系统管理员首先输入借阅者的借阅证号，系统查询数据库并显示相关的借阅者信息（如果输入的借阅者信息不存在，则显示提示信息结束删除操作），按下删除

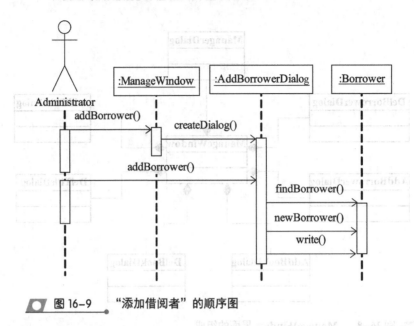

图 16-9 "添加借阅者"的顺序图

按钮,系统确认是否存在与该借阅者相关的借阅信息,若有,给出提示信息,结束删除操作;若没有,则系统删除该借阅者。"删除借阅者"的顺序图如图 16-10 所示。

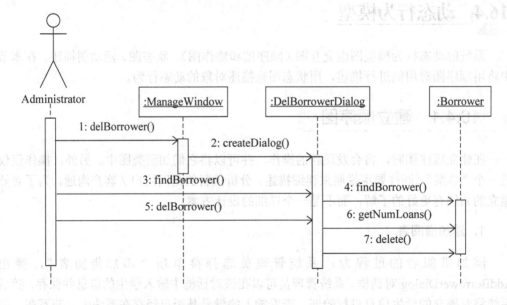

图 16-10 "删除借阅者"的顺序图

### 3. 添加图书标题

添加图书标题的过程为:系统管理员选择"添加图书标题"菜单项,弹出 AddTitleDialog 对话框。系统管理员输入图书的名称、ISBN 号、出版社名、作者名称等信息并提交,系统根据 ISBN 号查询图书的标题是否存在,若不存在,则创建该图书标题。"添加图书标题"的顺序图如图 16-11 所示。

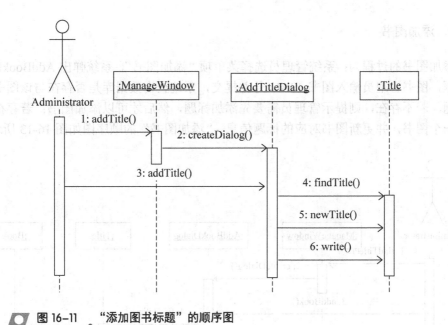

图 16-11　"添加图书标题"的顺序图

### 4．删除图书标题

删除图书标题的过程如下：系统管理员选择菜单项"删除图书标题"，系统弹出 DelTitleDialog 对话框，系统管理员在该对话框中输入图书的 ISBN 号并提交，系统查询数据库，显示图书标题信息，然后由系统管理员对要删除的标题信息进行确认并删除，系统验证该标题对应的图书数目是否为 0，如果为 0，则删除该标题信息，反之，则提示必须先删除相应的图书。"删除图书标题"的顺序图如图 16-12 所示。

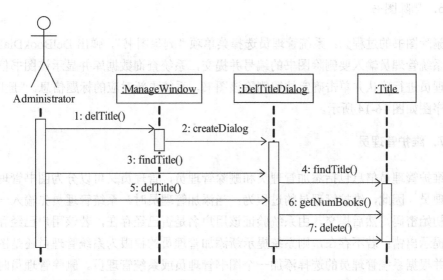

图 16-12　"删除图书标题"的顺序图

### 5. 添加图书

添加图书的过程为：系统管理员选择菜单项"添加图书"，系统弹出 AddBookDialog 对话框，图书管理员输入图书 ISBN 号并提交，系统查询数据库是否存在与该图书对应的标题，若不存在，则提示管理员需要先添加标题，然后才可以添加图书；若存在，则添加一个图书，并更新图书对应的标题信息。"添加图书"的顺序图如图 16-13 所示。

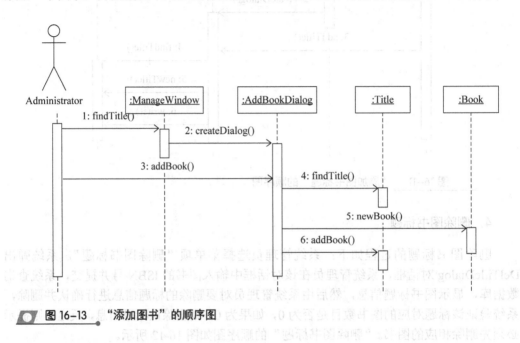

图 16-13 "添加图书"的顺序图

### 6. 删除图书

删除图书的过程为：系统管理员选择菜单项"删除图书"，弹出 DelBookDialog 对话框。系统管理员输入要删除图书的编号并提交，系统查询数据库并显示该图书信息，系统管理员进行确认并单击确定按钮删除该图书，系统更新对应的标题信息。"删除图书"的顺序图如图 16-14 所示。

### 7. 维护管理员

维护管理员信息包括添加管理员和删除管理员，管理员又可以分为图书管理员和系统管理员。因此，维护管理员的过程为：当添加管理员时，系统管理员先输入一个用户名和初始密码，然后提交，由系统验证该用户名是否已经存在，若该用户已经存在，系统则提示出错；若不存在，则系统提示新添加管理员的权限为系统管理员还是图书管理员，并根据系统管理员的选择添加一个图书管理员或系统管理员。删除管理员时，系统管理员输入要删除的管理员的用户名，系统查询数据库，以验证该管理员是否存在；若存在，则删除该管理员。添加管理员的顺序图如图 16-15 所示，删除管理员的顺序图如图 16-16 所示。

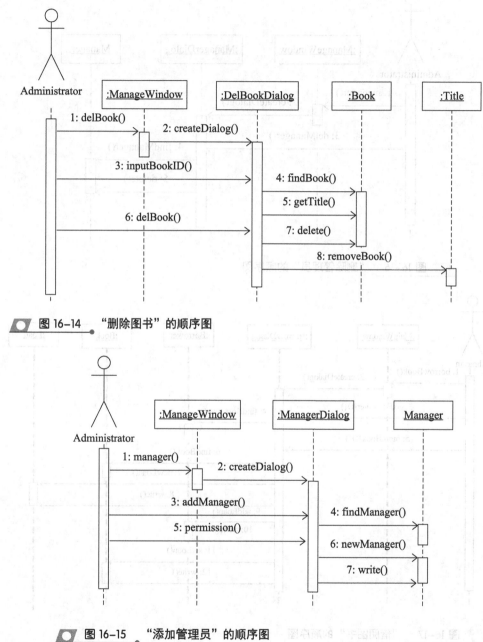

图 16-14 "删除图书"的顺序图

图 16-15 "添加管理员"的顺序图

8. 借阅图书

借阅图书的过程为：图书管理员选择菜单项"借阅图书"，弹出 BorrowDialog 对话框，图书管理员在该对话框中输入借阅者信息，然后由系统查询数据库，以验证该借阅者的合法性，若借阅者合法，则再由图书管理员输入所要借阅的图书信息，系统记录并保存该借阅信息。借阅图书的基本工作流如图 16-17 所示。

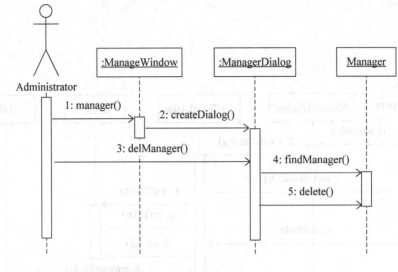

图 16-16 "删除管理员"的顺序图

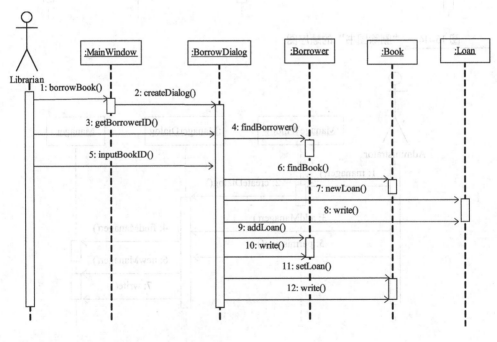

图 16-17 "借阅图书"的顺序图

### 9. 归还图书

归还图书的过程为：图书管理员选择菜单项"归还图书"，弹出 ReturnDialog 对话框，图书管理员在该对话框中输入归还图书编号，然后由系统查询数据库，以验证该图书是否为本馆藏书，若图书不合法，则提示图书管理员；若合法，则由系统查找该图书的借阅者信息，然后删除相对应的借阅记录，并更新借阅者信息。归还图书的基本工作流如图 16-18 所示。

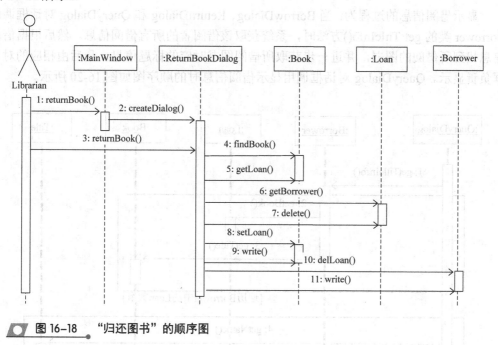

图 16-18 "归还图书"的顺序图

### 10. 查询借阅信息

查询借阅信息的过程为：图书管理员选择菜单项"查询借阅信息"，弹出 QueryDialog 对话框，图书管理员在该对话框中输入要查询学生的学号，然后由系统查询数据库，以获取该学生的信息，并通过显示借阅信息用例显示该学生所借阅的所有图书信息。查询借阅信息的基本工作流如图 16-19 所示。

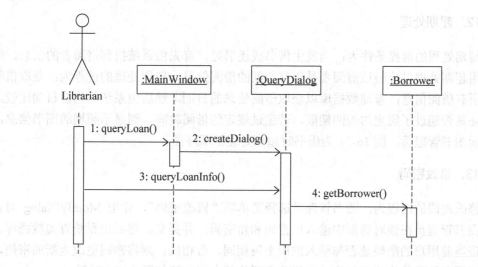

图 16-19 查询借阅信息的顺序图

## 11. 显示借阅信息

显示借阅信息的过程为：当 BorrowDialog、ReturnDialog 和 QueryDialog 对话框调用 Borrower 类的 get TitleInfo()方法时，系统获取该借阅者的所有借阅信息，然后根据借阅信息找到所借阅的图书，并进一步获取所借阅图书对应的标题信息，最后由相应的对话框负责显示。QueryDialog 对话框调用显示借阅信息时的顺序图如图 16-20 所示。

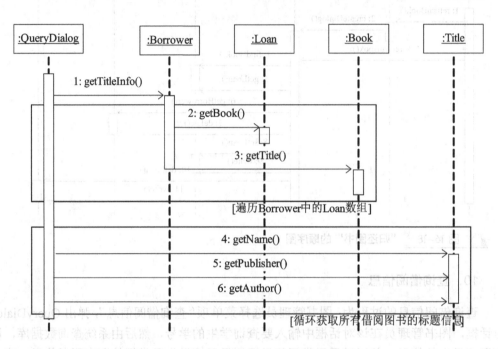

图 16-20　QueryDialog 对话框调用显示借阅信息时的顺序图

## 12. 超期处理

超期处理的前提条件为：当发生借书或还书时，首先由系统找到借阅者的信息，然后调用超期处理以检验该借阅者是否有超期的借阅信息。超期处理的过程为：获取借阅者的所有借阅信息，查询数据库以获取借阅信息的日期，然后由系统与当前日期比较，以验证是否超过了规定的借阅期限，若超过规定的借阅时间，则显示超期的图书信息，以提示图书管理员。图 16-21 为借书时超期处理的顺序图。

## 13. 修改密码

修改密码的过程为：图书管理员选择菜单项"修改密码"，弹出 ModifyDialog 对话框，图书管理员在该对话框中输入旧密码和新密码，并提交，然后由系统查询数据库，以验证当前用户的密码是否与输入的旧密码相同，若相同，则将密码更改为新的密码，并提示图书管理员修改密码成功。修改密码的基本工作流如图 16-22 所示。

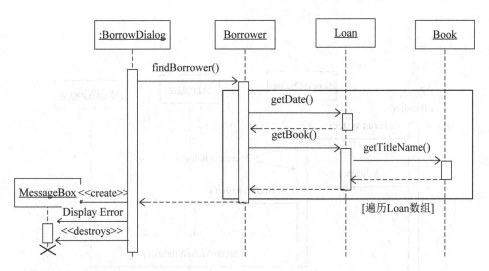

图 16-21 借书时超期处理的顺序图

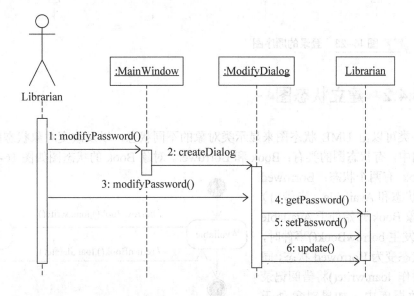

图 16-22 图书管理员修改密码的顺序图

在图 16-22 中出现了两个 Librarian,它们的含义是不相同的,一个代表系统的参与者,它不包含在系统中,另一个是为了实现系统的安全性,而在系统中创建的反映参与者的对象。

**14. 登录**

登录的过程为:当图书管理员或系统管理员运行系统时,系统将首先运行 Login 对话框,然后由图书管理员或系统管理员输入用户名和密码,并提交到系统,然后由系统查询数据库以完成对用户身份的验证,当通过验证后,将根据登录的用户是图书管理员还是系统管理员,以打开相应的对话框。图书管理员登录时的顺序图如图 16-23 所示。

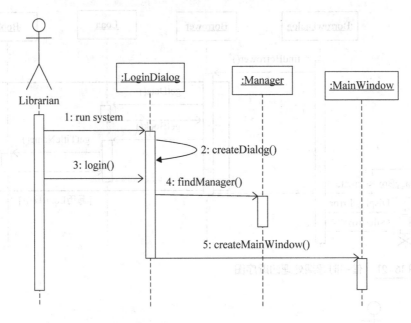

▲ 图 16-23  登录的顺序图

## 16.4.2  建立状态图

某些类可以由 UML 状态图来显示类对象的不同状态，以及改变对象状态的事件。在本案例中，有状态图的类有：Book 和 Borrower。对象 Book 的状态图如图 16-24 所示，对象 Book 有两个状态：Borrowed（借出）状态和 Available（未借出）状态。对象 Book 开始处于 Available 状态，当发生 borrowBook()事件时，对象的状态变为 Borrowed 状态，同时执行动作 loan.write()将借阅记录添加到数据库中。如果对象处于 Borrowed 状态，事件 returnBook()发生后，对象 Book 将返回状态 Available，同时执行动作 loan.delete()从数据库中删除借阅记录。

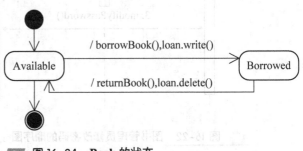

▲ 图 16-24  Book 的状态

借阅者账户的状态图如图 16-25 所示。借阅者的账户 Borrower 同样有两个状态：Account Available 状态和 Account Unavailable 状态。Borrower 对象开始处于 Account Available 状态，当借阅的图书数量达到规定的上限时，或者借阅图书的时间超过规定时，Borrower 对象变为不可用状态 Account Unavailable。当发生 returnBook()事件后，将删除相应的借阅记录，并更新借阅者的借阅信息，如果更新后的 Borrower 对象满足了两个守卫条件（没超期的借阅信息、所借阅的图书数量没有达到规定的数量），则借阅者的账户 Borrower 会重新变为可用状态 Account Available。

图书管理系统的分析与设计

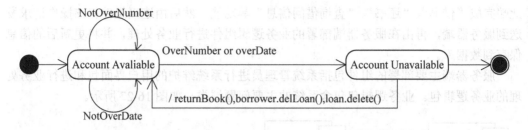

图 16-25　Borrower 对象的状态图

## 16.5　物理模型

本系统采用局域网连接的 C/S 三层模型结构，这样就可以将程序设计的三层部署在相应的层次中，即用户界面部署在客户端，业务逻辑类部署在业务服务器上，而数据库服务器上则部署数据访问类。除此之外，系统可能还需要打印机打印借阅证等信息，因此，可以在业务服务器上连接打印机。图 16-26 列出了系统的部署情况。

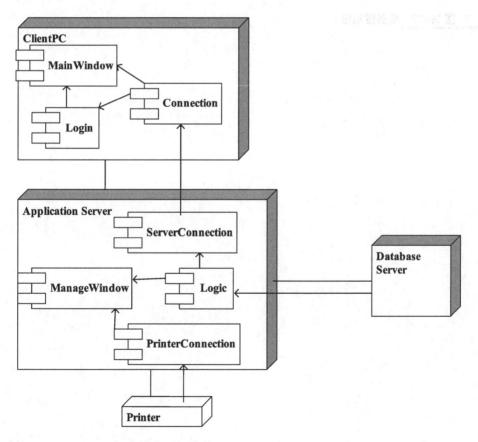

图 16-26　图书管理系统的部署

客户端 ClientPC 主要部署以 MainWindow 对话框组成的用户界面包。图书管理员在此端完成"借书"、"还书"、"查询借阅信息"等功能，然后由连接组件将该操作请求发送到服务器端，再由在服务器端部署的业务逻辑组件进行业务处理，并将更新后的信息保存到数据库。

服务器端主要部署的组件包括系统管理员进行系统维护的用户界面包和进行业务处理的业务逻辑包。业务逻辑包包含系统的主要问题域类，如图 16-27 所示。

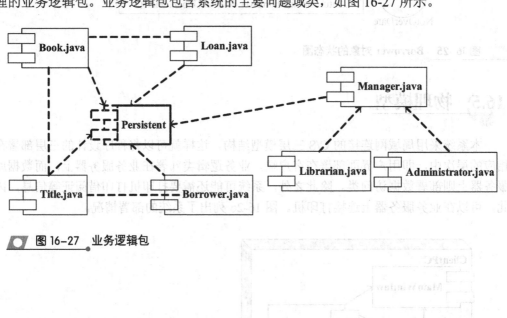

图 16-27 业务逻辑包

# 第 17 章  嵌入式系统设计

UML 为面向对象系统的分析和设计提供了标准化的符号表示,它提供了一套用于对系统建模的标准化图表。这些图表能从多个角度描述系统,使系统的设计人员、开发人员、用户和其他人员能清楚无误地理解系统。这样,UML 图就可用来对包含实时嵌入式系统在内的复杂软件系统建模。然而,UML 不是一个软件开发过程,它没有对一个软件项目的各个开发阶段进行阐明。也就是说,尽管 UML 为不同的图提供了符号表示,但它没有规定如何创建和应用这些图,故 UML 的应用有很大的灵活性,在不同的开发过程中使用这些图表的方法和步骤都不相同,针对的领域和最终效果也会不同。嵌入式系统是近年来研究和应用的热点,其应用范围广。

本章通过一个 MP3 播放器的面向对象设计和实现过程,阐明如何应用 UML 为一个嵌入式系统建模。为此,在本章将首先介绍 MP3 播放器的需求分析,接着讨论系统的对象模型并描述其类图,然后继续进行面向对象的分析但重点放在每个对象的内部行为上,最后讨论系统结构设计方面的问题。

**本章学习要点:**

- 了解嵌入式系统的技术特点
- 了解嵌入式系统的开发过程
- 掌握对嵌入式系统的需求分析
- 使用 UML 为嵌入式系统建造静态模型
- 掌握嵌入式系统的动态模型的绘制方法
- 掌握嵌入式系统的体系结构

## 17.1 嵌入式系统的技术特点

在当前数字信息技术和网络技术高速发展的后 PC(Post-PC)时代,嵌入式系统已经广泛地渗透到科学研究、工程设计、军事技术、各类产业和商业文化艺术以及人们的日常生活等方方面面中。随着国内外各种嵌入式产品的进一步开发和推广,嵌入式技术越来越和人们的生活紧密结合。

1970 年左右出现了嵌入式系统的概念,此时的嵌入式系统很多都不采用操作系统,它们只是为了实现某个控制功能,使用一个简单的循环控制对外界的控制请求进行处理。当应用系统越来越复杂,利用的范围越来越广泛的时候,每添加一项新的功能,系统都可能需要从头开始设计。没有操作系统已成为最大的缺点了。

C 语言的出现使操作系统开发变得简单。从 20 世纪 80 年代开始,出现了各种各样的商用嵌入式操作系统,比较著名的有 VxWorks、pSOS 和 Windows CE 等,这些操作系统大部分是为专有系统而开发的。另外,源代码开放的嵌入式 Linux 操作系统,由于其强大的网络功能和低成本，近年来也得到了越来越多的应用。

嵌入式系统通常包括构成软件的基本运行环境的硬件，以及嵌入式操作系统两部分。嵌入式系统的运行环境和应用场合决定了嵌入式系统具有区别于其他操作系统的一些特点。

### 1. 嵌入式处理器

嵌入式处理器可以分为三类：嵌入式微处理器、嵌入式微控制器、嵌入式 DSP（Digital Signal Processor）。嵌入式微处理器就是和通用计算机的微处理器对应的 CPU。在嵌入式系统当中，一般是将微处理器装配在专门设计的电路板上，在电路板上只保留和嵌入式相关的功能，这样可以满足嵌入式系统体积小和功耗低的要求。

嵌入式微控制器又称为单片机，它将 CPU、存储器（少量的 RAM、ROM 或两者都有）和其他外设封装在同一片集成电路里。例如，常见的 8051、8055。

嵌入式 DSP 专门用来对离散时间信号进行极快的处理计算，提高编译效率和执行速度。在数字滤波、FFT、谱分析、图像处理的分析等领域，DSP 正在大量进入嵌入式系统市场。

### 2. 微内核结构

大多数操作系统至少被划分为内核层和应用层两个层次。内核层只提供基本的功能，如建立和管理进程、提供文件系统、管理设备等，这些功能以系统调用方式提供给用户。一些桌面操作系统，如 Windows、Linux 等，将许多功能引入内核，操作系统的内核变得越来越大。

大多数嵌入式操作系统采用了微内核结构，内核只提供基本的功能，比如任务的调度、任务之间的通信与同步、内存管理、时钟管理等。其他的应用组件，比如网络功能、文件系统、GUI 系统等均工作在用户态，以系统进程或函数调用的方式工作。

### 3. 任务调度

在嵌入式系统中，任务也就是线程。大多数的嵌入式操作系统支持多任务。多任务运行是靠 CPU 在多个任务之间的瞬间切换，使得 CPU 在某个时间段内可以运行多个任务。在多任务系统中，每个任务都有其优先级，然后由系统根据各任务的优先级进行调度。任务的调度有三种方式：可抢占式调度、不可抢占式调度和时间片轮转调度。不可抢占式调度在当前任务未完成之前，由当前任务独占 CPU 运行，除非由于某种原因，它决定放弃 CPU 的使用权；可抢占式调度是基于任务优先级的，当前正在运行的任务可以随时让位给优先级更高的处于就绪态的其他任务；当两个或两个以上任务有同样的优先级，不同任务轮转地使用 CPU，直到系统分配任务的 CPU 时间片用完，这就是时间片轮转调度。

目前，大多数嵌入式操作系统对不同优先级的任务采用基于优先级的抢占式调度法，对相同优先级的任务则采用时间片轮转调度法。

### 4. 实时性

一般情况下，嵌入式系统对时间的要求比较高，这种系统也称为实时系统。实时系统有两种类型：硬实时系统和软实时系统。软实时系统并不要求限定某一任务必须在一定的时间内完成，只要求各任务运行得越快越好；硬实时系统对系统响应时间有严格要求，一旦系统响应时间不能满足，就可能会引起系统崩溃或致命的错误，一般在工业控制中应用较多。

### 5. 内存管理

现在的一些桌面操作系统，如 Windows、Linux，都使用了虚拟存储器的概念。大多数的嵌入式系统不能使用处理器的虚拟内存管理技术，其采用的是实存储器管理策略。因而对于内存的访问是直接的，其所有程序访问的地址都是实际的物理地址。

由此可见，嵌入式系统的开发人员不得不参与系统的内存管理。从编译内核开始，开发人员必须告诉系统有多少内存；在开发应用程序时，必须考虑内存的分配情况并关注应用程序需要运行空间的大小。另外，由于采用实存储器管理策略，用户程序同内核以及其他用户程序在一个地址空间，程序开发时要保证不侵犯其他程序的地址空间，以使得程序不至于破坏系统的正常工作，或导致其他程序的运行异常，因而，嵌入式系统的开发人员对软件中的一些内存操作要格外小心。

### 6. 系统运行方式

嵌入式操作系统内核可以在只读存储器上直接运行，也可以加载到内存中运行。只读存储器的运行方式是把内核的可执行程序映像烧录到只读存储器上，系统启动时从只读存储的某个地址开始执行。这种方法实际上是很多嵌入式系统所采用的方法。

由于嵌入式系统的内存管理机制，其对用户程序采用静态链接的形式。在嵌入式系统中，应用程序和操作系统内核代码编译、链接生成一个二进制影像文件来运行。

## 17.2 嵌入式系统的开发技术

嵌入式系统的开发相对于桌面操作系统 Windows 而言，其应用程序有着很多的不同。由于嵌入式系统的硬件平台和操作系统的特点，这为开发嵌入式系统的应用程序带来了许多附加的复杂性。

### 17.2.1 嵌入式系统开发过程

在嵌入式系统开发过程中，系统有宿主机和目标机之分。宿主机是执行应用程序编译、链接、定址过程的计算机；目标机指运行嵌入式软件的硬件平台。在开发嵌入式系统时，首先必须把应用程序转换成可以在目标机上运行的二进制代码。这一过程分为三个步骤完成：编译、链接、定址。编译过程由交叉编译器完成，要想让计算机源程序运行就必须通过编译器把这个源程序编译成相应计算机上的目标代码，而交叉编译器就是指运行在一个计算机平台上,而为另一个平台产生代码的编译器。链接过程就是将编译过程中产生的所有目标文件链接成一个目标文件。随后的定址过程会把物理存储器地址指定给目标文件的每个相对偏移处,该过程生成的文件就是可以在嵌入式平台上执行的二进制文件。

在嵌入式系统的开发过程中还有另外一个重要的步骤:调试目标机上的应用程序。嵌入式调试采用交叉调试器,一般采用宿主机对目标机的调试方式。宿主机和目标机之间由串行口线或以太网连接。交叉调试有任务级、源码级和汇编级的调试,调试时需要将宿主机上的应用程序和操作系统内核下载到目标机的 RAM 中,或者直接烧录到目标机的只读存储器 ROM 中。目标监控器是调试器对目标机上运行的应用程序进行控制的代理,事先被固化在目标机的 ROM 中,在目标机通电后自动启动,并等待宿主机方调试器发来的命令,它配合调试器完成应用程序的下载、运行和基本的调试功能,将调试信息返回给宿主机。

### 17.2.2 软件移植

大部分嵌入式系统开发人员选用的软件开发模式为:首先在 PC 机上编写软件并调试,使软件能够正常运行;然后再将编译好的软件移植到目标机上。因此,在 PC 机上编写软件时,需要注意软件的可移植性,通常选用具有较高移植性的编程语言(例如 C 语言),尽量少调用操作系统函数,注意屏蔽不同硬件平台带来的可移植性问题。

## 17.3 嵌入式系统的需求分析

MP3 播放器是一种主要用来播放媒体格式为.mp3 的声音文件的播放器,其 mp3 媒体文件存放在系统的存储器中。硬件 MP3 播放器是独立的、具有特殊用途的产品,它具有电源和专门的部件以满足存储、管理、播放数字音乐及显示其相关信息的功能。而且未来的播放器将能存储更多的音乐,具有更快的处理器,并能支持更多的音乐文件格式。

对于硬件 MP3 播放器而言,用户可通过该设备前部的按钮播放媒体文件,其体积一般都非常小,并且可通过 USB 接口与计算机连接。图 17-1 给出了模拟设计的 MP3 播放器的外观,它只有火柴盒大小,除具有显示屏外,上面还有几个按钮。

图 17-1　MP3 播放器外观

该 MP3 播放器具有如下几个特点:
- 存储媒体文件的多少取决于播放器存储器的大小和媒体文件的大小。
- 存储的媒体文件可以通过 USB 接口由计算机删除和存储。
- 显示屏除显示媒体文件的名称外,还显示音量的大小信息。
- 用户可以用 VOL+和 VOL-按钮调节音量的大小。
- 用户可以通过面板上的按钮选择播放的媒体文件。
- 播放器具有一个电压指示器,电压指示器根据电池的电量多少,将剩余的电量显示在屏幕上。

□ 在播放音乐的过程中，关闭显示屏进入省电模式，直到播放下一曲，或用户按下任一按键。

### 17.3.1 MP3 播放器的工作原理

由于本章以一个硬件 MP3 播放器为例来说明如何设计嵌入式系统，因此，需要对 MP3 播放器的工作原理有一个基本的认识。

一般 MP3 播放器都是利用数字信号处理器（DSP）来完成处理传输和解码 MP3 文件的任务。MP3 播放设备的核心是数字信号处理器，DSP 处理数据的传输，控制设备对音频文件进行解码和播放。DSP 的处理速度很快，并且在处理过程中消耗很少的电力。当数字文件在 PC 上被创作和下载时，处理过程就开始了，文件被制成 MP3（WMA 或 ACC）格式后，软件将文件变小，这个处理过程叫做有损压缩。

容量是 MP3 播放器的关键指标之一，硬件 MP3 播放器的最大限制在于存储数字音乐文件容量的大小。更小的 MP3 文件可通过进一步压缩来实现，通过压缩水平可知道音乐在压缩时的失真程度如何，一般用每秒钟音乐所占的比特数据来表示，这个数字越小，压缩程度就越高，但其播放音质也就越差。如，同一首 MP3 歌曲，压缩成 160Kb/s 比压缩成 96Kb/s 音质要好，而前者会占用更多的空间。

MP3 文件就是采用国际标准 MPEG 中的第三层音频压缩模式，对声音信号进行压缩的一种格式。MPEG 中的第三层音频压缩模式比第一层和第二层编码要复杂得多，但音质最高。

一旦有了一个压缩后的 MP3 文件，下一步就是将其传输到 MP3 播放器的存储器中。第一代播放器使用的用于存储数字音频数据存储介质的是闪存，这是一种有点类似于计算机 RAM 的存储介质，但在掉电的情况下不丢失内容。现在的播放器有了更多的选择，使用的存储介质包括内置硬盘和移动硬盘。当我们播放歌曲时（通过播放器的内置控制器选择，液晶显示屏会显示出歌曲名、艺术家名和播放时间等相关信息），数据被传送到 DSP，DSP 对文件进行解压。解压软件可内嵌在处理器或设备内存中。下一步，DSP 将数据传送到数字-模拟解码器，将二进制数字信息转换成模拟音频信号，然后模拟音频信号控制耳机或扬声器形成音乐。有的播放器还带有小型的前置功放集成电路，在音频信号到达耳机前加强声音效果。

### 17.3.2 外部事件

实时嵌入式系统一般都需要与环境交互，所以对于实时嵌入式系统，事件是非常重要的。在需求分析时，可以将 MP3 播放器系统看作是一个黑盒，它能对来自于环境的请求和消息做出相应的反应。MP3 播放器由若干个参与者构成，每个参与者出于不同的目的和它进行交互并交换不同的消息。

图 17-2 描述了播放器与外部环境的交互。在这个系统中，通过对系统的分析，可以识别出三种参与者：用户、电池和计算机。对于用户而言，播放器上的按钮是用户向系统输入的操作请求的输入设备，显示屏与扬声器是用于向用户输出信息的输出设备。电池成为参与者的原因很简单，因为在使用 MP3 播放器时，电池的电量会不断减少，因此，

系统需要不断获取电池电量的信息。计算机成为系统的参与者是因为用户是通过计算机操作系统中的媒体文件的，用户不可以直接删除或添加系统中的媒体文件。

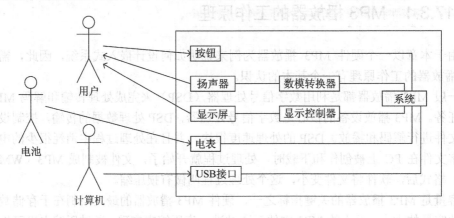

图 17-2　MP3 播放器系统的参与者

事件是来自环境的重要的消息，一个实时系统必须在有限的时间内响应外部事件。事件的方向可以规定为"进"和"出"，"进"表示事件的方向是从外部环境到系统，"出"表示事件的方向是从系统到环境。事件的发生可以是周期的或随机的。如果系统不能在规定的时间内响应，这意味着系统的响应不正确。

表 17-1 给出了 MP3 播放器系统中可能发生的所有事件。在这个表中，In 表示事件的方向是从环境到系统，Out 表示事件的方向是从系统到环境。显然，一个事件的发生可能是周期性的，也可能是偶发性的。表中给出的响应时间指出了 MP3 播放器最多在多长时间内必须响应。如果系统在给定的响应时间内没有反应，那么系统就发生了错误。

表 17-1　系统响应参数

| | 事件 | 系统响应 | 方向 | 事件发生的模式 | 响应时间/s |
| --- | --- | --- | --- | --- | --- |
| 1 | 一曲播放结束 | 读取下一个媒体文件<br>显示媒体文件名<br>播放音乐 | In | 随机 | 1 |
| 2 | 用户按下 Play 按钮 | 如果正在播放音乐，则暂停<br>如果未播放音乐，则开始播放音乐 | In | 随机 | 1 |
| 3 | 用户按下 VOL+按钮 | 增加一个单位的播放音量 | In | 随机 | 0.5 |
| 4 | 用户按下 VOL−按钮 | 减小一个单位的播放音量 | In | 随机 | 0.5 |
| 5 | 用户按下"下一曲"按钮 | 暂停当前播放的音乐<br>读取下一个媒体文件<br>显示媒体文件名<br>播放音乐 | In | 随机 | 1 |
| 6 | 用户按下"上一曲"按钮 | 暂停当前播放的音乐<br>读取上一个媒体文件<br>显示媒体文件名<br>播放音乐 | In | 随机 | 1 |

续表

| | 事件 | 系统响应 | 方向 | 事件发生的模式 | 响应时间/s |
|---|---|---|---|---|---|
| 7 | 电量不足 | 提示用户并停止播放 | In | 随机 | 1 |
| 8 | 进入省电模式 | 关闭显示屏 | In | 随机 | 1 |
| 9 | 在省电模式下，用户按下任一个按钮唤醒系统 | 离开省电模式，打开显示屏 | In | 随机 | 1 |

### 17.3.3 识别用例

系统用例描述的是用户眼中的系统，即用户希望系统有哪些功能和通过哪些操作完成这些功能。一个用例代表用户与系统交互的一种方式。正如前面介绍过的，识别用例的最好方法是从参与者的角度分析系统。在 MP3 播放器中，首要的参与者是用户。如图 17-3 所示，它从用户角度描述了该系统应该具有何种功能。下面将逐一介绍这些用例。

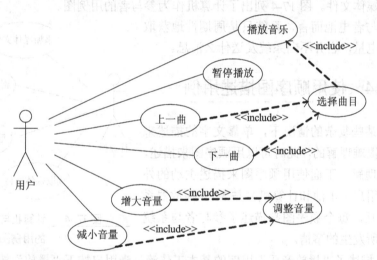

图 17-3  用户使用播放器的用例图

**1. 播放音乐**

用户按下"播放"按钮，MP3 播放器将通过扬声器播放存储的媒体文件，播放完后将播放下一曲，直到用户停止播放为止。

**2. 暂停播放**

当用户再次按下"播放"按钮时，MP3 播放器将暂停当前播放的媒体文件，直到用户再次按下"播放"按钮，才开始播放。

**3. 选择曲目**

当用户按下"下一曲"或"上一曲"时，该用例从存储器中读取一个媒体文件，并播放。

#### 4．下一曲和上一曲

播放器中存储的媒体文件是以媒体文件的文件名排列，用户通过"上一曲"和"下一曲"按钮，可以选择播放的媒体文件。

#### 5．调整音量

当用户按下"增大音量"或"减小音量"时，该用例调整播放媒体文件的音量大小。

#### 6．增大音量和减小音量

用户按下增大音量或减小音量按钮，以调整播放的音量大小。

对于参与者计算机而言，它可以向系统添加媒体文件、删除媒体文件、重命名媒体文件和读取媒体文件。图 17-4 列出了计算机作为参与者的用例图。

作为参与者电池而言，系统只是周期性地获取电池的剩余电量，它并不向系统发送什么消息。

### 17.3.4　使用顺序图描述用例

因为在某些复杂的情况下，单靠文字的描述来说明用例是很难理解的，此时可以用顺序图来描述，使用例更易理解。下面使用顺序图来描述主动的外部参与者（用户、电池和计算机）与 MP3 播放器系统之间的交互。每个顺序图都描述了参与者与系统进行交互时所发生的事情。

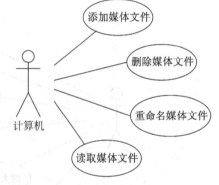

图 17-4　计算机与系统交互的用例图

图 17-5 描述了"播放音乐"用例的基本工作流。当用户按下"播放"按钮时，即向系统发送消息开始播放媒体文件，系统 System 发送消息给扬声器 Speaker，扬声器 Speaker 开始播放媒体音乐，系统 System 向显示器 LCD 发送消息显示播放进度和音量大小，系统 System 周期性地获取电池的电量信息，并通过显示屏显示剩余电量。用户再次按下"播放"按钮，即向系统发送暂停播放消息，系统 System 停止播放。因为实时系统对响应时间有比较严格的限制，所以在图中标出了系统的响应时间限制，第一个 1s 表示按下播放按钮和系统开始播放音乐的时间间隔不超过 1s；第二个 1s 表示再次按下播放按钮和系统停止播放的间隔不超过 1s。

描述所有可能出现的情况，是复杂而繁琐的任务。一般而言，即使在每个参与者的作用都很清楚的情况下，研究所有参与者与系统之间所有可能发生的交互也是比较困难的。但是，在系统的设计早期还是应该描述这些情况。对于 MP3 播放器而言，在播放音乐 2s，用户未按下任一按钮时，系统进入省电模式。而当以下几种情况发生时，系统会进行相应的处理：

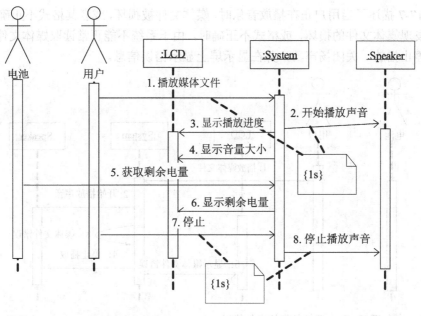

图 17-5 播放音乐的顺序图

- 电池的剩余电量不足。
- 播放的媒体文件损坏，或格式不正确。
- 用户按下了一个按钮。
- 播放的当前媒体文件结束。

图 17-6 描述了当用户正在播放音乐时，电池的剩余电量不足的情况。此时，系统将停止正常的播放，关闭系统以节省电能。

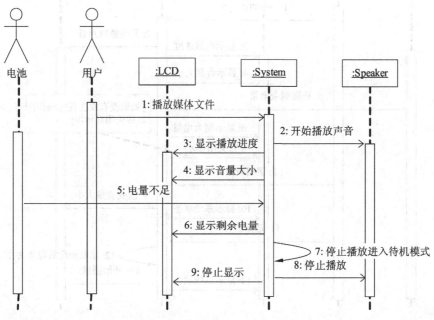

图 17-6 播放音乐时电量不足的情况

图 17-7 描述了当用户正在播放音乐时，媒体文件被损坏，或者其格式不正确的情况。当系统发现媒体文件的损坏，或格式不正确时，由于系统不能正常读取媒体文件，因此，系统将停止播放，关闭扬声器，并在显示屏上显示错误信息。

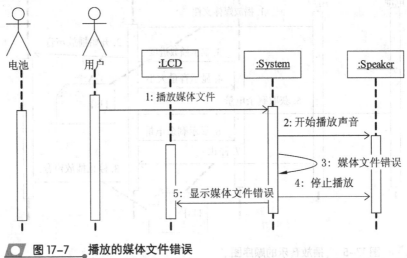

图 17-7　播放的媒体文件错误

图 17-8 描述了当播放音乐时，用户按下了一个按钮，这时系统将从省电模式退出，并根据用户按下的按钮调整系统状态。系统如果在 2s 内没有发生任何事件，系统就关闭

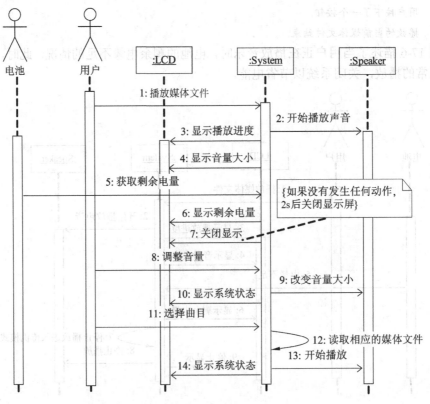

图 17-8　用户按下了某一按钮时的顺序图

显示屏，从而进入省电模式。当用户按下 VOL+或 VOL−按钮时，系统相应地调整音量的大小，并显示当前调整后系统的状态信息；随后用户又按下了选择曲目按钮，系统读取相应的媒体文件，并重新开始播放，显示系统当前状态。

图 17-9 描述了当播放完当前的媒体文件时，系统采取的响应。系统在播放完当前媒体文件时，会自动找到下一个媒体文件，并重新开始播放，同时显示当前系统的状态。系统中的媒体文件按名称进行了排列。

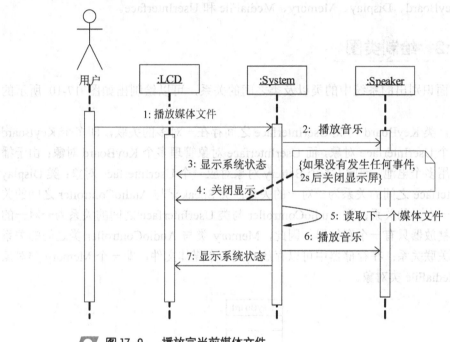

图 17-9　播放完当前媒体文件

## 17.4　系统的静态模型

在分析完系统的需求后，下一步就要对问题域进行分析，为系统建立一个静态模型。建立静态模型，也可以说是为系统绘制类图。注意，此时定义的类图只是一个草图，其中的操作和属性还需要以后的分析逐步修改和完善。

### 17.4.1　识别系统中的对象或类

在分析了系统的用例后，需要对系统进一步分析，以便发现其中的类或对象，并初步确定类的属性和操作，以及类之间的关系。

对于 MP3 播放器系统，很显然，用户通过显示器及按键与系统进行交互。由于显示器和按键是被动对象，因此需要添加一个用户接口对象来管理用户和系统之间的交互。用户接口对象依靠音频控制器来实现用户期望的操作。实际上，音频控制器是 MP3 播放器的核心，它完成用户接口所指定的各种操作。音频控制器通过扬声器来播放音乐。

对于媒体文件，MP3 播放器提供了一个可读写存储器，以存储媒体文件。存储器可由计算机通过 USB 接口连接，这样就可以实现对存储的媒体文件进行管理。因此，需要一个类来表示存储器，而媒体文件将作为一个单独的类出现。

为了显示电池的剩余电量，系统需要周期性地测试电池的剩余电量。因此，也可以为电池建立一个对象。

通过上述分析，可以从系统中抽象出以下一些主要类：Battery、AudioController、Speaker、KeyBoard、Display、Memory、MediaFile 和 UserInterface。

### 17.4.2 绘制类图

根据前面识别出的系统中的类以及类之间的关系，可以绘制出如图 17-10 所示的类图。

在图中，类 KeyBoard 与类 UserInterface 之间存在一对多的关联，即多个 KeyBoard 对象对应一个 UserInterface 对象，而 UserInterface 对象管理多个 KeyBoard 对象；由于播放器可以使用多个电池，因此，多个 Battery 对象对应一个 UserInterface 对象；类 Display 与类 UserInterface 之间的关系为一对一的关系；类 Speaker 与 AudioController 之间的关联关系也为一对一的关系；类 AudioController 与类 UserInterface 之间的关系为一对一的关联关系；播放器只有一个存储器，因此，Memory 类与 AudioController 类之间的关系为一对一的关联关系；在存储器中可以存放 0 到多个媒体文件，即一个 Memory 类对象对应多个 MediaFile 类对象。

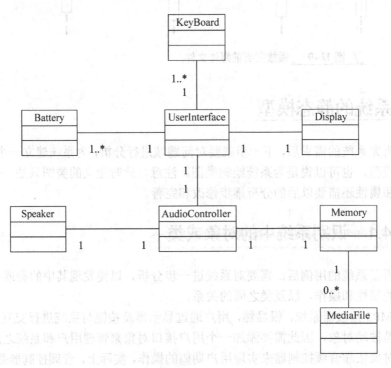

图 17-10　MP3 播放器的类图

为了更好地理解系统的静态结构，可以把这个系统分为四个子系统：用户接口子系统、电池子系统、存储器子系统和音频子系统，如图 17-11 所示。下面将对各子系统分别分析，以确定类的操作和属性。

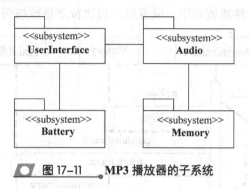

图 17-11　MP3 播放器的子系统

1. 音频子系统 Audio

在 MP3 播放器中，每个 MP3 媒体文件都是由帧 frame 构成的，帧是 MP3 文件最小的组成单位，无论帧长是多少，每帧的播放时间都是 26ms。音频子系统的功能是播放一个完整的 MP3 文件。由于音频的输出是实时的，因而用一个定时器类来为音频输出提供精确的计时。定时器类实际上是对物理计时器的软件包装。此外，物理扬声器只能播放声音样本。因此需要一个扬声器类对此进行扩充包装。这样就可得到如图 17-12 所示的音频子系统类图。

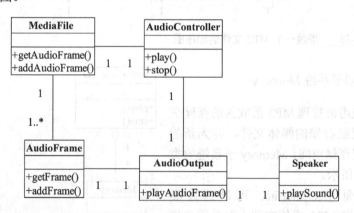

图 17-12　Audio 子系统的类图

图 17-13 使用顺序图描述了 Audio 子系统播放音乐时各对象之间的交互作用，同时添加了三个实时约束。播放消息响应时间是指从用户按下按钮开始，一直到开始播放声音文件为止这段时间。停止响应是指从用户再次按下开始按钮开始，到声音停止播放为止这段时间。帧间隔表示系统播放完一个数据帧到获取下一个数据帧的时间间隔。

如图 17-13 所示，当用户按下播放按钮时，UserInterace 对象将发送消息 play 给 AudioController 对象，AudioController 对象发送消息 getFile 给 Memory 对象，Memory 对象返回一个媒体文件对象 MediaFile，随后，AudioController 向 MediaFile 发送一个

getAudioFrame 消息，以获取媒体文件的一个数据帧，然后，再由 AudioController 对象向 AudioOutput 对象发送 playAudioFrame 消息，以便播放获取的数据帧。当第一个数据帧播放完后，AudioController 对象便立即获取第二个数据帧，并进行处理播放。这种情况会一直持续到媒体文件播放完毕，或者用户再次按下播放按钮停止播放。

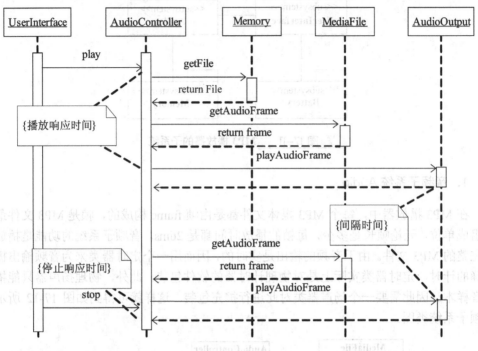

图 17-13　播放一个 MP3 文件的顺序图

## 2. 存储器子系统 Memory

存储器类用来管理 MP3 播放器的存储空间，它维护已经存储的媒体文件，并为新的媒体文件分配存储空间，Memory 子系统的类图如图 17-14 所示。

用户界面 UserInterface 可以通过类 Memory 来获取 MP3 媒体文件，但是用户界面类不能直接修改它，只有类 AudioController 可以通过类 Memory 来修改所保存的媒体文件。例如，如果类 UserInterface 想删除媒体文件，它只需要调用 AudioController 类的方法 delFile，而不是直接访问对象 MediaFile。这样做的原因是为了防止 AudioController 对象正在播放媒体文件时，用户通过用户界面类 UserInterface 删除该媒体文件。图 17-15 所示的顺序图描述了这个过程。

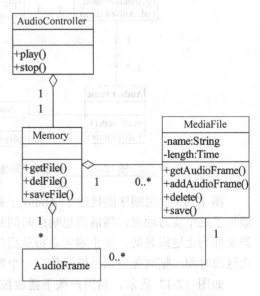

图 17-14　Memory 子系统的类图

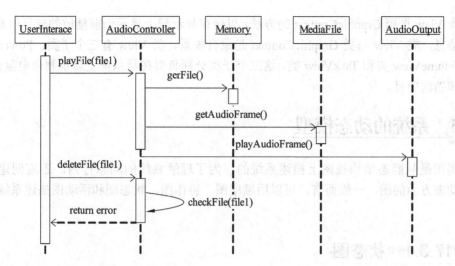

**图 17-15** 删除正在播放的媒体文件

### 3．用户接口子系统类图

用户接口子系统的功能是管理用户和系统之间的交互。它通过按键接收用户的输入，并通过显示屏给用户反馈信息。显示器类是操作硬件显示器的接口，通过该接口可以关闭显示屏以节省电能。为了便于在显示屏上输出内容，可以建立一个图形设备上下文类，该类具有在显示屏上绘制圆点、画线、输入字符串等绘图操作。

除通过键盘接收来自用户的消息外，用户接口对象还获取来自电池和 USB 接口的消息。由上述分析可以得到如图 17-16 所示的用户接口子系统类图。

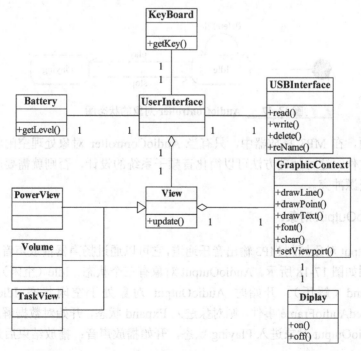

**图 17-16** 用户接口子系统类图

类 View 调用 GraphicContext 的方法，以便在显示屏上显示当前播放的曲目信息、音量等信息，类 View 与类 GraphicContext 是聚合关系。类 View 有三个子类：PowerView 类、VolumeView 类和 TaskView 类，这三个子类分别负责在显示屏上显示剩余电量信息、音量和当前曲目。

## 17.5 系统的动态模型

类图是从静态结构视图上描述系统的，为了理解系统的动态行为，还应创建描述系统动态方面的图。一般而言，可以用顺序图、协作图、状态图和活动图描述系统动态行为。

### 17.5.1 状态图

在本节将分别描述使用状态图对 MP3 播放器系统中具有动态行为的对象。

#### 1. AudioController 对象

如图 17-17 所示是 AudioController 对象的状态图，在本 MP3 播放器中，AudioController 对象只有两个状态：Idle（空闲）和 Playint（播放）。刚进入系统时，AudioController 对象处于空闲状态。如果用户按下"播放"按钮，事件 play 发生，对象进入状态 Playing；当事件 stop 发生时，系统停止播放，AudioController 对象返回到空闲状态。

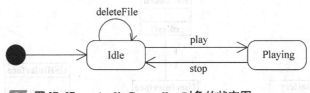

图 17-17　AudioController 对象的状态图

另一方面，在 MP3 播放器中，只有当 AudioController 对象处理空闲状态时，才可以删除媒体文件。这种处理方法可以简化音频子系统的设计，否则就需要用互斥机制来防止可能的资源冲突。

#### 2. AudioOutput 对象

AudioOutput 对象控制 MP3 输出音乐通道，它可以通过扬声器播放声音。AudioOutput 对象的状态图如图 17-18 所示。AudioOutput 对象有三个状态：Idle（空闲）、Playing（播放）和 Expand（解压）。开始时 AudioOutput 对象处于空闲状态 Idle，如果发生 playCompressedAudioFrame 事件，则对象进入 Expand 状态，开始对数据解压缩；解压缩完成后，AudioOutput 对象进入 Playing 状态，开始播放声音；播放结束后返回到空闲状态 Idle。

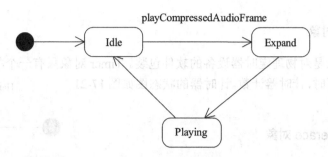

图 17-18　AudioOutput 对象的状态图

### 3. Speaker 对象

Speaker 对象是物理扬声器的软件接口。如图 17-19 所示的是 Speaker 对象的状态图。Speaker 对象有两个状态：Idle（空闲）和 Playing（播放）。在系统的初始阶段，Speaker 对象处理空闲状态 Idle，如果事件 SwitchOn 发生，对象进入 Playing 状态，扬声器工作；如果事件 SwitchOff 发生，Speaker 对象返回到空闲状态 Idle。

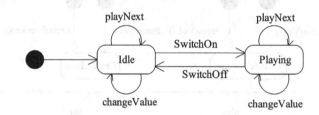

图 17-19　Speaker 对象的状态图

当 Speaker 对象处于空闲状态时，如果用户切换了播放曲目，或调整了音量大小，则 Speaker 对象的状态不变；同样，当 Speaker 对象处于播放状态时，切换曲目、调整音量大小，对象的状态也不会发生改变。这样，可以实现当切换曲目时，不会改变播放的音量；同样，当调整音量大小时，也不会改变当前播放的曲目。

### 4. Display 对象

Display 对象是物理显示器件的软件接口。Display 对象的状态图如图 17-20 所示。Display 对象有两个状态：Indle（空闲）和 Holding（显示）。通常 Display 对象处于空闲状态 Idle，如果发生事件 SwitchOn，对象进入 Holding 状态，显示器工作；如果事件 SwithcOff 发生，对象返回到 Idle 状态。

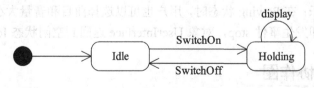

图 17-20　Display 对象的状态图

### 5. Timer 对象

定时器对象是对物理定时器设备的软件包装。Timer 对象只有一个状态 Timer，当硬件时钟引起中断时，计时器计数。计时器的状态图如图 17-21 所示。

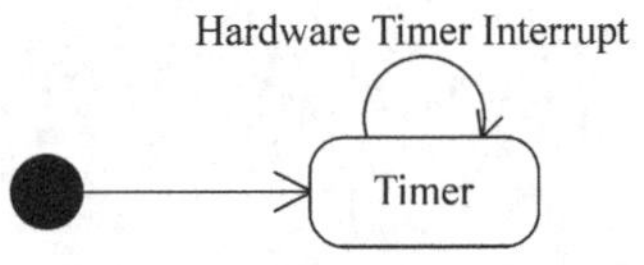

### 6. UserInterace 对象

用户接口对象负责外部事件与系统内部之间的通信。UserInterface 对象有两个状态：Idle（空闲）和 Playing（播放）。Idle 和 Playing 状态都是组合状态，它们含有两个子状态：ChangeVolume 和 ChangeTune。图 17-22 为 UserInterface 对象的状态图。

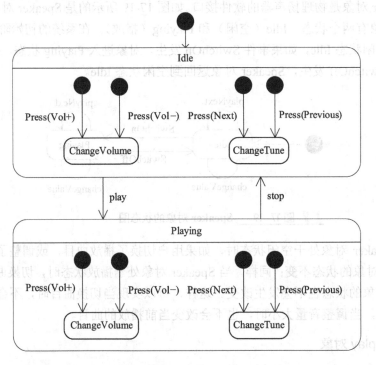

图 17-21　Timer 对象的状态图

图 17-22　UserInterface 对象的状态图

在系统的开始阶段，UserInterface 对象处于空闲状态，用户可以通过 VOL+ 和 VOL− 按钮调整音量大小，或者通过按钮选择相应的曲目；在对象空闲状态时，如果用户按下播放按钮，则对象 UserInterface 进入 Playing 状态，系统按照 UserInterface 对象空闲时设置的状态播放音乐；在 Playing 状态时，用户也可以选择曲目和音量大小。当用户再次按下播放按钮时，即发生事件 stop，对象 UserInterface 返回到空闲状态 Idle。

### 17.5.2　协作图

状态图描述了系统中对象的内部行为，即当事件发生时，对象的状态如何变化。在本节将用协作图来描述不同的软件对象如何协作以达到目标。

可以把系统中的硬件当作一个参与者来看待，这个新的参与者可能包装了分析阶段所描述的其他一些参与者。硬件参与者通过中断请求通知正在运行的程序发生了一个事件。当一个硬件设备通过事件和系统进行通信时，它就会发一个中断请求，在处理器接收了这个中断后，它停止当前的程序流，并且调用一个中断服务程序，然后由中断服务子程序处理硬件请求，并且尽可能快地返回，使正常的程序执行流能继续执行。但是不能将中断服务子程序作为某个对象的方法设计，因此，设计人员应该建立一种能将硬件中断变换成发送给某个对象的消息的机制。这里使用一个抽象类 ISR 包装这个机制。ISR 的子类可将中断服务子程序当作一个普通的方法来实现。

键盘、电池电量测量表、音频控制器通过反应对象与用户界面进行协作，反应对象将事件发送给事件代理，它们不需要等用户接口读取这些事件。用户界面则不断查询事件代理中的新事件，如果新的事件存在，用户界面将事件指派给相应的视图和控制器进行处理。

键盘对象 KeyBoard 需定期检测物理按键的状态。在 MP3 播放器中，假设键盘对象每秒查询物理键盘 10 次，那么为了获取用户的按键，用户按下键的时间应该大于十分之一秒；如果用户按钮的时间不够十分之一秒，则击键操作可能会被错过。上面这种获取按键信息的方式为查询方法，为了减轻 CPU 的负担，可也以采用中断的方法。中断方法就是在按下一个按键时，物理按钮产生一个中断，这就需要添加相应的硬件。

为了定期地被激活，键盘和电池电量表对象需要使用 Scheduler 对象的服务。图 17-23 所示的协作图描述了调度者对象 Scheduler 与它的客户之间的协作。

存储器是媒体文件对象的容器。存储器和媒体文件对象之间的交互采用包容器模式。当音频控制器需要访问某个媒体文件对象时，它需要使用存储器对象，然后，由存储器对象返回媒体文件对象。

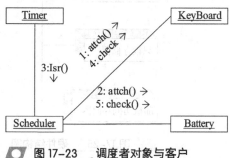

图 17-23　调度者对象与客户之间的协作图

如图 17-24 所示的协作图描述了用户接口对象、音频控制器、MP3 文件和音频输出对象之间的协作，该协作用来播放一个 MP3 媒体文件。

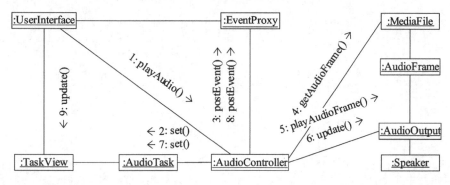

图 17-24　播放音乐的协作图

## 17.6 体系结构

本节将讨论硬件资源分配问题。对于嵌入式系统而言，硬件的设计和软件的设计同样重要，因为在购买该产品时，谁都不会只购买程序或硬件，他所需要的是硬件和软件都包含的产品。

如图 17-25 所示是系统硬件体系结构。对于 MP3 播放器这个嵌入式系统的核心是微控制器。微控制器与时钟相连，以便时钟为其提供时间和计时服务。显示器通过显示器控制器由系统总线连接到微控制器，同时存储器也通过系统总线与微控制器相连。这里将存储器分为两部分：一部分为存储系统程序的只读存储器；另一部分为存储 MP3 文件的随机访问存储器。电池、键盘和 D/A 转换器则通过 I/O 接口与微控制器连接。D/A 转换器实现将数字信号转换成模拟信号与扬声器连接。USB 接口作为一个 I/O 接口负责与 PC 之间的连接。

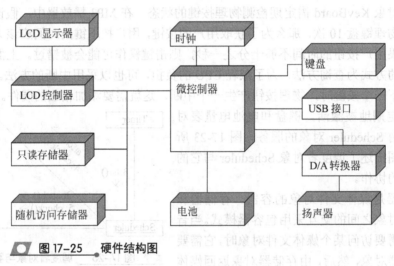

图 17-25　硬件结构图

# 第18章　Web 应用程序设计

随着 Web 技术的发展，使得应用 Web 技术开发管理系统变得更方便，且功能更强大。在系统的开发过程中，Web 技术起到了一个骨架式的支持作用；与此同时组件技术的发展为系统的开放性、集成性提供了便利，有效合理地引入组件技术是当前 Web 系统开发与发展的一个方向。通过对在开发系统时建模进行形象直观的图形化表示，可以显示系统的流程与功能。但是到目前为止，大多数情况下，开发 Web 应用程序时只注重开发工具和网页效果，而很少关注 Web 应用程序的设计。这当开发比较简单的 Web 程序时并不是太大的问题，但当系统比较庞大，而且需要多个合作时，对系统进行分析、设计和建模是非常重要的，因为这样做不但可以降低系统的复杂性，还可以为开发人员提供交流的工具，并可以提高系统设计的可重用性、系统的可维护性。因此，选择有效的建模方法，充分利用 Web 技术与组件技术，提高软件的开发效率，提高软件的可靠性和可维护性，是每个软件开发人员所关心的问题。

UML 是基于对象技术的标准建模语言，定义良好、易于表达、功能强大的特点使它在面向对象的分析与设计中更具优势。在基于 Web 技术和组件技术的系统建模中，它完善的组件建模思想和可视化建模的优势更利于系统开发人员理解程序流程和功能，进一步提高 Web 系统的开发效率以及 Web 组件的可重用性和可修复性。

本章将对一个基于 Web 的学生成绩管理系统进行分析、设计和建模，介绍 UML 在基于 Web 技术和组件技术的系统建模中的应用。学生成绩管理系统是现代学校（院）管理系统的一个重要组成部分，传统的系统开发方法的效率和质量都比较低下，这里将通过一个学生成绩管理系统的分析与设计，阐述如何通过 UML 降低开发难度和提高开发效率。

**本章学习要点：**

- ➢ 了解 Web 应用程序的结构
- ➢ 理解瘦客户端模式的程序结构
- ➢ 理解胖客户端模式的程序结构
- ➢ 理解 Web 传输模式的程序结构
- ➢ 能够使用 UML 为 Web 应用系统建模
- ➢ 掌握 UML 在瘦客户模式、胖客户模式和 Web 发送模式中的应用
- ➢ 理解 Web 应用系统的设计和部署

## 18.1　Web 应用程序的结构

对于基于 Web 技术的应用系统一般采用 B/S 模式，即用户直接面对的是客户端浏览

器,用户在使用系统时,通过浏览器发送请求,发送请求之后的事务逻辑处理和数据的逻辑运算由服务器与数据库系统共同完成,对用户而言是完全透明的。运算后得到的结果再以浏览器可以识别的方式返回到客户端浏览器,用户通过浏览器查看运行结果。这个过程可分成一些子步骤,每一个子步骤的完成可理解为通过一个单独的应用服务器来处理,这些应用服务器在最终得到用户所需的结论之前,相互之间还会进行一定的数据交流和传递。图 18-1 就是 Web 的应用结构简图。

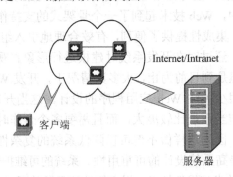

图 18-1 Web 的应用结构

如图 18-1 所示,Web 应用的基本构架包括浏览器、网络和 Web 服务器。浏览器向服务器请求 Web 页,Web 页可能包含由浏览器解释执行的客户端脚本,而且还可以与浏览器、页内容和页面中包含的其他控件(Java Applet、ActiveX 控件等)进行交互。用户向 Web 页输入信息或通过超级链接导航到其他 Web 页,与系统进行交互,改变系统的"业务状态"。

Web 应用程序的体系结构模式描述了软件系统的基本的结构组织机制,Web 应用程序体系结构可以被分为三种模式:瘦客户端模式、胖客户端模式和 Web 传输模式。

## 18.1.1 瘦客户模式

瘦客户端结构模式主要适用于基于 Internet 的 Web 应用程序。在这种模式中,程序对客户端的配置几乎没有控制,客户端只要求一个标准的、支持表格的 Web 浏览器,所有的业务逻辑都在服务器上执行。该模式主要的适用情况为:客户端计算能力极其有限或对客户端的配置无法控制。

瘦客户端结构模式主要由下列组件组成。

**1. 客户端浏览器(Client Browser)**

客户端浏览器是任何标准的支持表格的 HTML 浏览器,它充当了一个通用的用户接口。当在瘦客户端模式时,它提供了唯一的服务中接受和返回 Cookies 的能力。用户使用浏览器请求网页,服务器返回客户端完全支持的网页。用户与系统的所有交互是通过浏览器进行的。

## 2. Web 服务器

在瘦客户端模式中，Web 服务器用于接受客户端浏览器的网页请求。根据请求，Web 服务器可能启动服务器的进程进行处理。在任何情况下，返回的结果都是 HTML 格式的网页，以便浏览器对其完全支持。

## 3. HTTP 协议

HTTP 协议是客户端浏览器与 Web 服务器之间最常用的通信协议。

## 4. 网页

网页可以分为动态网页和静态网页。静态网页是一种不经过任何服务器端处理的网页。通常这些网页由文字、图片和一些格式标记符组成；当 Web 服务器接收到静态网页请求时，服务器只需要检索该网页，然后将该网页返回到客户端；由于这种网页是由 HTML 写成的，所以也称为 HTML 网页。另一种网页是动态网页，动态网页需要能经过服务器端的处理，生成客户端支持的 HTML 网页。

## 5. 应用程序服务器

应用程序服务器是主要负责执行应用程序的业务逻辑。应用程序服务器可以和 Web 服务器位于同一个机器上，也可以位于通过网络连接的另一台机器上。逻辑上，用户程序服务器是一个独立的单元，它只参与业务逻辑的执行。

图 18-2 描述了瘦客户模式的结构。瘦客户端模式的主要组成部分位于服务器上。

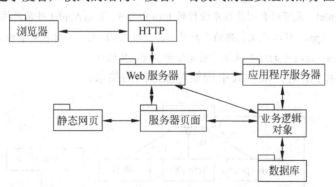

图 18-2　瘦客户端模式的结构

大部分 Web 应用程序使用数据库来存储业务逻辑处理的结果。在某些情况下，数据库也被用来存储网页，当在程序中使用数据库时，这种模式就变成了 B/S 三层模式。由于 Web 应用程序可以使用多种技术保存数据，因此这层也称为数据持久层。业务逻辑组件封装了对具体业务逻辑的处理。这个组件通常在应用程序服务器上编译并执行。

如图 18-2 所示，当客户端通过 HTTP 协议从 Web 服务器请求网页时，如果请求的网页是 Web 服务器中的 HTML 网页，Web 服务器只是查找该网页并将它返回到请求该网页的客户端；如果请求的是动态网页，Web 服务器则需要委托应用服务器进行处理。

应用服务器运行动态网页中的程序，获取所需要的数据库中保存的数据，并生成一个 HTML 页面，最后将生成的 HTML 页面返回到客户端。

这样只有当处理页面请求时，服务器才会进行业务逻辑处理，一旦请求完成，结果返回到发送请求的客户端，客户端和服务器端之间的连接就终止了。这种模式有一个好处：当程序编写好或修改后，只需要将其安装到服务器端即可，而不需要修改客户端，这有利于对程序的部署和维护。

## 18.1.2 胖客户模式

胖客户端模式意味着有相当数量的业务逻辑在客户端执行，在客户端可以使用客户端脚本和自定义的对象，以扩充瘦客户端模式。胖 Web 客户端对于可以确定客户端配置和浏览器版本的 Web 应用是最适合的。客户端通过 HTTP 与服务器通信，使用 DHTML、Java Applet 或者 ActiveX 控件执行业务逻辑。HTTP 的无连接特性，决定了客户端脚本、ActiveX 控件和 Java Applet 只能同客户端对象进行交互。瘦客户模式和胖客户模式的最大区别为：浏览器在系统的业务逻辑执行过程中所扮演的角色不同。

正如前所说，胖客户端模式只是对瘦客户端模式的客户端进行扩充，所以两种模式的主要组成部分是相同的，只是在胖客户端模式中的客户端添加了如下的组件。

- **客户端脚本** 嵌入到 HTML 页面中的 VBScript 和 JavaScript 客户端脚本。该脚本由浏览器解释执行。
- **XML 文档** 是用 XML 格式化的文档。
- **ActiveX 控件** 是可以在客户端脚本中引用的 COM 对象，通过它可以充分访问客户端资源。
- **Java Applet** 是可以在浏览器中运行的 Java 小程序。Java Applet 对客户端资源的访问是有限的。Java Applet 可以建立复杂的用户界面，分析 XML 文档，封装复杂的业务逻辑。
- **JavaBean** Java 中的组件技术，它类似于 ActiveX 组件。

图 18-3 显示了胖客户端模式中构架对象之间的关系。

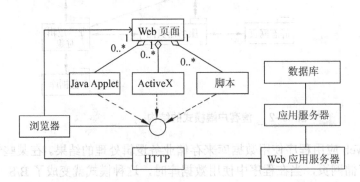

图 18-3 胖客户端模式的构成

客户端显示接收的页面时，浏览器执行嵌入的脚本，这些脚本通常可以在不同的线程中执行，通过 DOM 接口（文档模型接口）与页面内容进行交互。

胖客户端模式的最大缺点是跨浏览器的可移植性差。不是所有的 HTML 浏览器都支持 JavaScript 或 VBScript，另外，只有基于 Windows 系统的客户端才能使用 ActiveX 组件。这就需要浏览程序的所有浏览器都具有相同的配置。

### 18.1.3 Web 传输模式

　　Web 传输模式除了使用 HTTP 协议负责客户端和服务器的通信之外，还可以使用 IIOP 和 DCOM 等协议以支持分布式对象系统。Web 页面通过远程对象桩和远程对象传输协议与远程对象服务器通信，由服务器管理远程业务对象的生命周期，向客户端对象提供服务。图 18-4 显示了 Web 传输模式中各组件之间的关系。

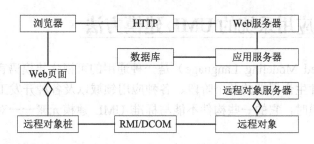

图 18-4　Web 传输模式中各组件之间的关系

　　远程对象桩是一个对象，在客户端执行，并与远程对象具有相同的接口。当通过这个对象调用方法时，这些方法被封装起来，使用远程对象传输协议 RMI/DCOM 发送到远程对象服务器，服务器解释请求，实例化并调用实际对象实例中的方法。

　　如图 18-4 所示，Web 发送模式的重要组成部分除了包括瘦 Web 客户端模式中规定的那些元素外，还包括以下几个重要组件。

- ❑ **DCOM**　分布式 COM 是微软的分布式对象协议。它使得一个机器上的对象可以与另一个机器上的对象交互。
- ❑ **RMI**　远程方法调用协议，是分布式 Java 对象间进行交互的协议。

　　这种模式不适用于基于 Internet 的应用程序或网络通信不可靠的情况。通过客户端和服务器之间的直接和持久的通信，这种模式克服了前面两种 Web 应用程序模式（瘦客户模式和胖客户模式）的限制，客户端可以在更大程度上执行重要的业务逻辑，这种模式是不能孤立使用的，通常，这种模式是和前面两种模式结合起来一起使用的。

　　实际的应用中，往往根据业务需要，综合使用上述三种构架。在我们的学生成绩管理系统中，综合采用了瘦 Web 客户端和胖 Web 客户端传输构架。在有的客户端网页中使用了 JavaScript 进行客户端验证，把经过验证的数据提交服务器处理。

### 18.1.4 程序结构模式对程序的影响

　　在 Web 应用程序中，对业务逻辑对象的正确划分是很重要的，它在很大程度上是由 Web 应用程序的结构来决定的。对象可能只存在于服务器上或只存在于客户端上，或者既存在于服务器上又存在于客户端上。在瘦客户端模式中，应用程序的所有对象都放在服务器上，而胖客户端应用程序允许一些对象在客户端上执行。

当设计胖客户端模式的应用程序时，在分析过程中会发现大量的对象。一般情况下，持久对象、容器对象、共享对象、复杂对象都属于服务器。判断哪些对象可以存在于客户端，这要比判断哪些对象不能存在于服务器上容易。如果对象和服务器上的对象没有关联或依赖关系，只和其他客户端资源有关联或依赖关系，则对象可以放在客户端。客户端对象可以使用 JavaScript、JavaBean、Java Applet 和 ActiveX 组件来完成。在分析过程中，这些对象只是代表了实现需求或用例脚本的机制，但在设计过程中，需要为这些对象提供结构支持，这些对象必须是可实现的。

## 18.2 Web 应用系统的 UML 建模方法

UML（Unified Modeling Language）是一种通用的可视化建模语言，适用于各种软件开发方法、软件生命周期的各个阶段、各种应用领域以及各种开发工具。但在对 Web 应用程序进行建模时，它的一些构件不能与标准 UML 建模元素一一对应，因此必须对 UML 进行扩展。

UML 的三种核心扩展机制包括构造型、标记值和约束。其中最重要的扩展机制是构造型，它不能改变原模型的结构，但是却可以在模型元素上附加新的语义，通常用"<<构造型名>>"来表示。约束是模型元素中的语义关系，定义了模型如何组织在一起，通常用一对花括号"{}"之间的字符串表示。标记值是对模型元素特性的扩展，大多数的模型元素都有与之关联的特性，通常用带括号的字符串表示。

页面、脚本、表单和框架是 Web 应用系统的关键部分，数据流程的模型化表示关键就是用 UML 对上述 Web 元素应用及其关系建模，下面对这几种元素的模型化表示做一个简要介绍。

### 1. Web 页面建模

用户在使用 Web 应用系统时，是通过 Web 页面进行系统的操作，在页面建模过程中，可以用两个类别模板<<Client Page>>和<<Server Page>>分别表示客户端页面和服务器端页面，两者之间通过定向关系相互关联。客户端页面的属性是在本网页的作用域中定义的变量，方法是本网页脚本中定义的函数；服务器页面的属性是该网页脚本中定义的变量，方法是脚本中定义的函数。在使用页面信息传递时，还可能出现服务器页面的重定向，在 UML 建模过程中，可以用类别模板<<Redirect>>来表示；而有的 Web 页面可能同时包含客户端脚本和服务器端脚本，因此必须分别进行建模，服务器端 Web 页面一般包含由服务器执行的脚本，每一次被请求时都在服务器上组合，更新业务逻辑状态，返回给浏览器。客户端 Web 页则可能包含数据、表现形式甚至业务逻辑，由浏览器解释执行，并可以与客户端组件相关联，如 Java Applet、ActiveX、插件等，这种关联关系用类别模板<<Build>>表示。这种关联是一种单向关联，由服务器页面指向客户端页面，具体表示如图 18-5 所示。

Web 应用程序设计

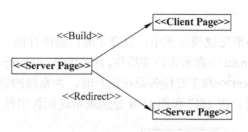

图 18-5　页面交互的模型化表示

在 Web 应用系统中，还会经常用到的就是超级链接，在 UML 建模过程中，将用类别模板<<link>>表示超级链接，它的参数模拟为超链接属性。

**2. 表单建模**

在 Web 应用程序中，经常遇到系统需要与用户进行交互的情况，用户与系统之间的交互一般通过页面中的表单实现。表单是 Web 页的基本输入机制，在表单中可以包括<input>、<select>和<textarea>等输入元素。在 UML 建模过程中，表单用类别模板<<form>>表示，属性是表单中的域，表单没有方法。表单在处理请求时，要与 Web 页面交换数据，这个交换过程是用提交按钮 submit 来完成，为了在建模中表示这种关系，可以用类别模板<<submit>>表示。图 18-6 描述了含有表单的客户端 Web 页与服务器的交互过程。

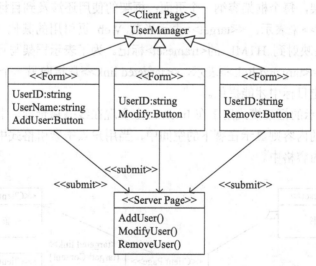

图 18-6　包含表单的客户端 Web 页与服务器的交互过程

**3. 组件建模**

Web 应用中的组件分为服务器端组件和客户端组件两类。服务器端较复杂的业务逻辑通常由中间层完成，包括一组封装了所有业务逻辑的已编译好的组件。因此，使用中间层不仅可以提高性能，而且可以共享整个应用的业务功能。客户端 Web 页中常见的组件是 Java Applet 和 ActiveX，利用它们访问浏览器和客户端的各种资源，实现 HTML 无法实现的功能。

在 UML 基本的图形化建模元素中，设立了专门的组件图。Web 应用扩展定义了类别模板<<Client Component>>表示客户端组件，用<<Server Component>>表示服务器端组件。<<Server Component>>的主要任务是在运行时，为系统的物理文件和逻辑视图中的逻辑表现之间提供映射。图 18-7 和图 18-8 分别表示这两种组件实现的逻辑视图。

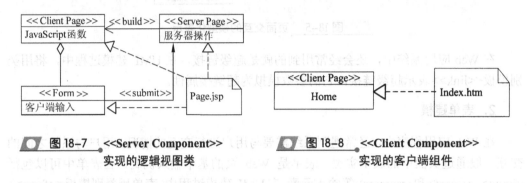

图 18-7 <<Server Component>>实现的逻辑视图类

图 18-8 <<Client Component>>实现的客户端组件

**4. 框架建模**

在 Web 应用程序中，为了在网页中对要显示的内容进行布局，经常需要使用框架。在 UML 建模过程中，框架通过被定义为类别模板元素<<frameset>>来实现，frameset 指定并命名各个框架，每个框架容纳一个页面；框架的使用还涉及到目标 target，在 UML 建模时用<<target>>来表示。<<target>>表示当前 Web 页引用的其他 Web 页或框架，<<frameset>>直接映射到 HTML 的<frameset>标记。为了表示框架与目标页之间的连接关系，UML 使用<<targeted link>>表示，<<targeted link>>是指向另一个 Web 页的超级链接，但它要在特定目标中才能提供。

如图 18-9 所示的框架模式用于在 Internet 上实现在线书籍管理，书的目录通常放在左边的框架，书的内容则显示在剩下的空间中，当用户点击索引格式中的链接时，所请求的页被载入到内容格中。

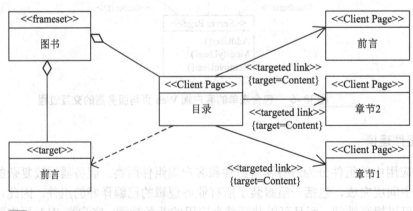

图 18-9 图书管理框架模型

## 18.3 UML 在学生成绩管理系统建模中的运用

为了说明基于 Web 应用程序的设计，下面将以一个简单的学生成绩管理系统为例，介绍如何设计各种模式的 Web 应用程序。在对该系统的建模过程中，要体现整个系统前台与后台间数据交互的流程。在设计时，主要是考虑设计它的类图和组件图，用这两类模型图来体现 UML 的用例驱动和系统组件结构的特性。由于在系统的开发中采用了模块化的设计方法，因此在构划模型图时，采用了先整体后局部的思路，首先考虑整个系统的用例图，再对子模块进行分析和设计，在每个子模块数据流的入口和出口设置模型图间数据交互的接口。

### 18.3.1 系统需求分析

Web 应用程序的分析与设计与其他程序一样，都需要进行需求分析，建立业务模型。业务模型和需求分析的目的是对系统进行评估，采集和分析系统的需求，理解系统要解决的问题，重点是充分考虑系统的实用性。结果可以用一个业务用例图表示。根据学生成绩管理系统的基本特征和功能可得到本系统的用例图，如图 18-10 所示。

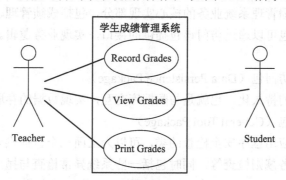

图 18-10　学生管理系统的用例图

在用例模型中，系统的参与者包括教师和学生，教师可以使用系统"记录成绩"、"查看成绩"和"打印成绩"；而参与者学生则使用系统"查看成绩"。业务用例框图是对系统需求的描述，表达了系统的功能和所提供的服务，包括 Record Grades、View Grades 和 Print Grades 服务。

图 18-10 是学生管理系统层次的用例模型，只包含了最基本的用例的模型，是系统的高层抽象。在开发过程中，随着对系统需求认识的不断加深，用例模型可以从顶向下不断细化，演化出更加详细的用例模型。

### 18.3.2 系统设计

对系统进行分析与设计是研究欲采用的实现环境和系统结构所必需的，其结果是产生一个对象模型，也就是设计模型。设计模型包含了用例的实现，可以表现对象如何相互通信和运行来实现用例工作流的。对于系统的静态结构，可以通过类图、对象图、组件图和配置图来描述；对于系统的动态行为，可以通过顺序图、协同图、状态图、活动图描述。这些图再加上说明文档就构成一个完整的设计模型。

使用 UML 对学生成绩管理系统进行基于面向对象的分析和实现，可以从开发的第一步开始，从系统的底层就把握住学生成绩信息的特征，为下一步具体实现打好基础。在学生成绩管理系统建立模型时要涉及到处理大量的模型元素，如类、接口、组件、节点、图等，可以将语意上相近的模型元素组织在一起，这就构成了 UML 的包，包从较高的层次来组织管理系统模型。

学生成绩管理系统主要有以下四个包。

（1）用户界面包（User Interface Package）

用户界面包在其他包的顶层次，为系统用户提供访问信息和服务。要注意一点，由于所使用的开发工具不同，对用户界面的描述也是有区别的。如果采用 Java Web 开发，就要以 JSP（Java Server Pages）为基础，如果采取 Microsoft 的 ASP.NET 开发，其基础就是标准化控件组。本系统在此将使用 Java Web 开发，下面有关代码的描述都是基于 Java 的。

（2）业务逻辑包（Business Rule Package）

该包是学生成绩管理系统业务的核心实现部分，包括成绩管理、学生信息管理、成绩单管理等，其他包可以通过访问该包提供的接口，实现业务逻辑。例如，查询学生成绩业务等。

（3）数据持久访问包（Data Persistence Package）

该包实现数据的持久化，也就是与数据库交互，实现数据的存取、修改等操作。

（4）通用工具包（General Tool Package）

该包主要包括应用程序安全检查的类，可以为上面三个包提供安全检查，如客户端检查和服务器端业务规则检查等，同时包括一些系统异常检查与抛出处理以及系统日志服务等。

### 1. 瘦客户端设计

瘦客户端结构模式对网页的使用设置了最严格的约束，它规定每个网页只能包含有当前 HTML 版本所规定的结构元素。在瘦客户端应用程序中，参与者只与客户端交互，服务器页面只与服务器资源交互，所以，需要将客户端页面和服务器端页面放在顺序图中。在将分析模型转换为设计模型时，应该将分析模型中的边界类直接转换成客户端页面，而将控制对象转变为服务器页面。

如图 18-11 所示是瘦客户端应用程序设计模型中的一个顺序图，该图描述了教师查询学生成绩用例。顺序图起始于参与者 Teacher 发送消息 Query Student Information 给客户端页面 Query Grades。由于 Query Grades 页面是"自引用"页面，因此，该网页在服务器端上的版本包含了适当的服务器端脚本。该页面的逻辑控制通过获取用户传递的数据，查询数据库以获取要查询学生的详细信息，并根据学生信息获取其成绩信息。

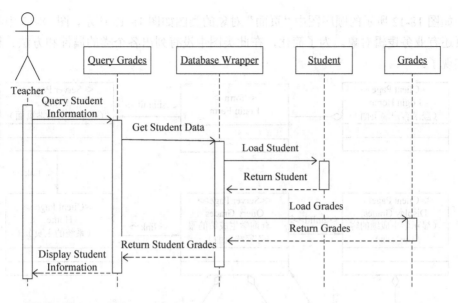

**图 18-11** 查询学生成绩用例

在瘦客户端应用程序中，服务器页面的逻辑往往比较复杂，它们既负责服务器端业务逻辑，同时，还需要建立用户界面并将之发送到客户端。为了减小服务器页面的逻辑复杂性，可以将服务器页面中的业务逻辑分离出来，以减轻服务器页面的责任并使服务器页面更易于维护。

从服务器页面中分离业务逻辑协调以减轻服务器页面的责任，这可以通过引入另一个页面 Display Grades 来完成。用户界面的创建由该页面负责，而业务逻辑控制则由 Query Grades 页面负责。分离业务逻辑后的顺序图如图 18-12 所示。

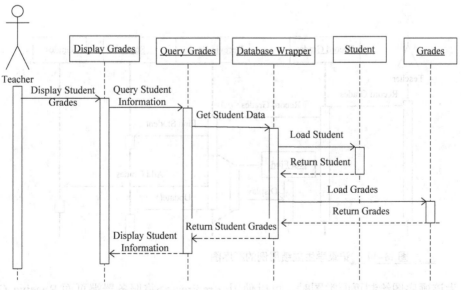

**图 18-12** 分离业务逻辑后的查询学生成绩顺序图

如图 18-12 所示的顺序图中"页面"对象的类图如图 18-13 所示，图 18-13 中不但有网页还有业务逻辑对象。为了简化，在此类图中没有列出各个类的属性和方法。整个类图实现了。

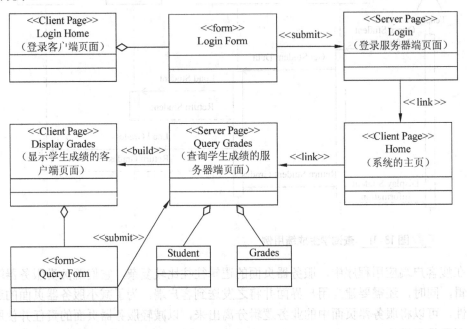

图 18-13　查询学生成绩信息的页面类图

当教师记录学生成绩时，系统可能会发生意外的情况：输入的学生信息错误或当学生的信息不存在时，记录学生成绩用例终止。该用例的顺序图描述如图 18-14 所示。

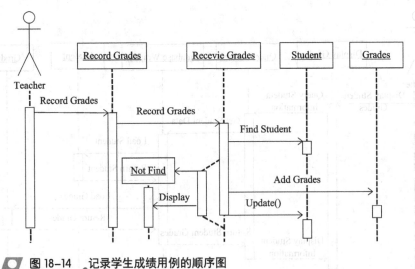

图 18-14　记录学生成绩用例的顺序图

为该顺序图绘制页面类图时，可以使用<<redirect>>将服务器端页面 Receive Grades 重定向到客户端页面 Not Find。记录学生成绩的页面类图如图 18-15 所示。

# Web 应用程序设计

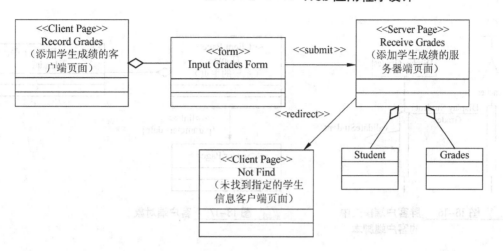

> **图 18-15** 记录学生成绩的页面类图

### 2. 胖客户端设计

因为胖客户端应用程序的客户端可运行各种各样的对象,因此,为其设计具有动态客户端页的 Web 应用程序时需要注意对象的划分。设计胖客户端系统是从描述用例的顺序图开始的,例如,教师查询学生成绩时,发现所查询的学生信息是错误的。对于胖客户端系统而言,这种功能可以在客户端用脚本 JavaScript 实现。

顺序图 18-16 描述了客户端如何执行该操作。图中的该操作是页中的 JavaScript 功能,JavaScript 功能通过响应浏览器的特定事件来执行。文档对象模型定义了这些事件,事件可以是文档载入事件,但大部分是用户发起的事件,在如图 18-16 所示的例子中,事件是用户单击"提交"按钮时触发的。

胖客户端不仅可以用脚本,而且可以用组件对象来实现,例如,ActiveX 控件、Java Applets 和 JavaBeans。这样当客户端需要真正复杂的功能时,就可以使用这些组件,这些组件的使用,可以使得 Web 应用程序像传统的客户/服务器模式中的用户界面一样提供复杂的功能。

当在客户端使用这些组件时,参与者或页面可以直接和这些组件交互。如图 18-17 所示的类图中,在客户端网页中使用了两个 ActiveX 控件,该页面通过 Calendar 对象向用户显示一个日历。当用户连接到系统的其他页面时,当前的系统日期将以参数的形式传递到其他的页面。如图 18-17 所示。

### 3. Web 传输模式设计

为了取得更大的灵活性,Web 应用程序可以使用真正的对象。目前,将 ActiveX 和 JavaBean 对象应用到浏览器已经变得很容易。使用 Java Applets、Java Beans、ActiveX 或 DCOM 是由应用程序的需要和开发人员的经验所决定,通常当其他 Web 结构模式不能满足功能和性能要求时,就需要使用这些技术,因为客户端对象和服务器端对象之间的通信往往是更有效的。

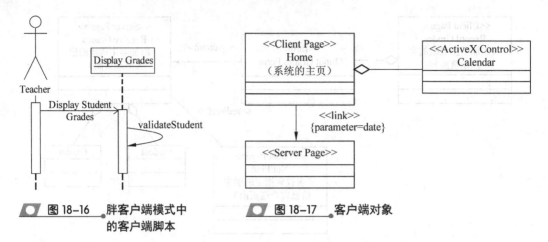

图 18-16 胖客户端模式中的客户端脚本

图 18-17 客户端对象

（1）DCOM 分布式组件对象模型

DCOM 是微软提供的分布对象的通信方式，本质上 DCOM 是一个对象请求代理程序，它与 CORBA ORB 类似；它们之间的区别是：DCOM 是操作系统的一部分。

为了使用 COM（或 ActiveX）对象，COM 对象必须注册到 Windows 的注册表，注册表含有关于组件实际位置的信息，服务器组件可驻留在任何与网络相连的机器上。如果组件位于远程机上，客户机上就必须安装远程对象的 Stub（插桩）模块，Stub 模块负责编码并发送对象或组件传递的信息。

如图 18-18 所示的是一个分布式对象的类图，图中的客户端对象 DataSet 与服务器端对象 DBManager 通过 DCOM 通信，因此将客户端对象 DataSet 与服务器端对象的接口 IDBManager 之间的关联用原型<<DCOM>>表示。

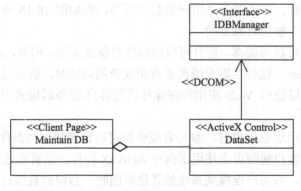

图 18-18 分布式对象的类图

如图 18-19 所示的顺序图描述了系统如何访问数据库。MaintainDB 客户端页面含有 ActiveX 控件 DataSet，这个控件使得参与者可以浏览并编辑数据库的记录。当载入客户端页面时，控件通过 DCOM 与服务器端的管理数据库记录的组件连接，当这个网页在浏览器中保持打开状态时，ActiveX 控件保持与数据库管理对象 DBManager 的开放连接。参与者浏览数据库中的记录时，如果参与者修改数据库的记录，ActiveX 控件便与服务器组件通信，从而立即更新服务器端的数据库记录。

在 Web 应用程序中使用 DCOM 有一个缺点，即使用 DCOM 时客户端和服务器端都是基于 Windows 的，这样使得 Web 应用程序缺少平台的无关性。

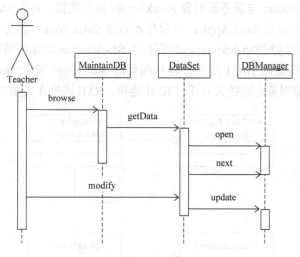

图 18-19　访问数据库的顺序图

（2）RMI/IIOP

IIOP 是一个协议，是分布式对象之间通信的规范；RMI 则不仅仅是一个规范，它是一个具体的产品，RMI 是使服务器位置对客户端透明的高级编程接口，RMI 是 Java 到 Java 的产品，它规定了两个 Java 组件如何通信。如果客户端的 Java 组件需要和服务器端的 C++或 Ada 组件交互，那么就要使用 IIOP；如果只有 Java 组件为客户端组件提供公共接口，则选择使用 RMI。除了实现和跨语言能力上有一些细微差别外，RMI 和 IIOP 的建模和设计基本是相同的。在类图中，根据通信机制对客户端对象和服务器对象间的关系使用原型<<IIOP>>或<<RMI>>。

图 18-20 描述系统通过 Java Applet 浏览或修改数据库中的记录。当参与者浏览含

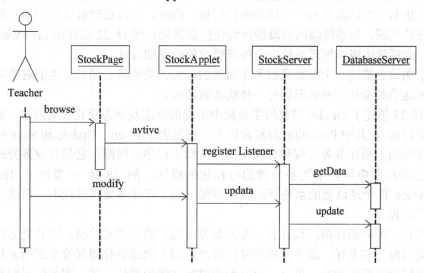

图 18-20　通过 Java Applet 访问数据库

Applet 的网页 StockPage 时，StockApplet 被激活，该 StockApplet 获取客户端网页中的服务器名，然后 StockApplet 与服务器对象 StockServer 建立连接，对象 StockServer 负责将客户端感兴趣的数据发送给 StockApplet。当参与者通过 StockApplet 修改数据时，StockApplet 将修改后的数据再发送到 StockServer，然后再由 StockServer 对象更新数据库中的记录。

这些组件的类图如图 18-21 所示，客户端页面 StockPage 包含 StockApplet 对象，客户端对象与服务器端对象之间的关联通过 RMI 连接，RMI 连接在类图中用<<RMI>>表示。

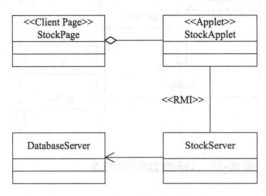

图 18-21　RMI 关联的类图

## 18.4　系统详细设计

详细设计主要是描述在系统分析阶段产生的类，与分析阶段类的区别就是偏重于技术层面和类的细节实现。学生成绩管理系统提供的各种服务都是建立在分布、开放的信息结构之上，依托高速、可靠的网络环境来完成的。每项服务都可以看作一个事件流，由若干相关的对象交互合作来完成。对于这种系统内部的协作关系和过程行为，可以通过绘制顺序图和协作图来帮助观察和理解。此外，描述工作流和并发行为还可以通过活动图，表达从一个活动到另一个活动的控制流。同时，可以在理解这些图的基础上，抽象出系统的类图，为系统编码阶段继续细化提供基础。图 18-22 以使用 Java Web 开发工具为例，介绍学生成绩管理系统中业务逻辑对象的详细设计。

状态图适合描述一个对象穿越多个用例的行为。类的状态图表示类的对象可以呈现的状态和这个对象从一种状态到另一种状态的转换。

图 18-23 描述了 Grades 对象的生命期中可能的状态及状态变化（从创建、更新到消亡的转变过程），其中 Persisting 为复合状态，它包含了 Insert、Update 和 Save 状态。

活动图用于描述业务过程和类的操作，类似于程序流程图，它是对业务处理工作流建模。在活动图中可以增加参与者的可视化的维数，图 18-24 是增加了 Teacher 和 UserInterface 两个游泳道的系统活动图，该图反映了在业务处理过程中，系统与用户的交互执行的程序。

通过状态图和活动图，设计和开发人员可以确定需要开发的类，以及类之间的关系和每个类的操作和责任。顺序图按照时间排序，用于通过各种情况检查逻辑流程。协作图用于了解改变后的影响，可以很容易看出对象之间的通信。状态图描述了对象在系统中可能的状态，如果要改变对象，就可以方便地看到受影响的对象。

## Web 应用程序设计

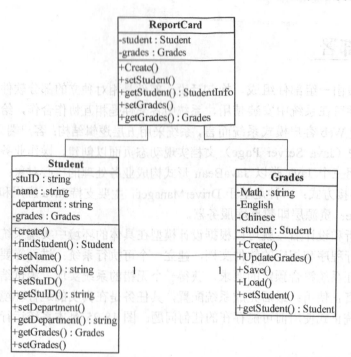

图 18-22  业务逻辑对象类的详细设计

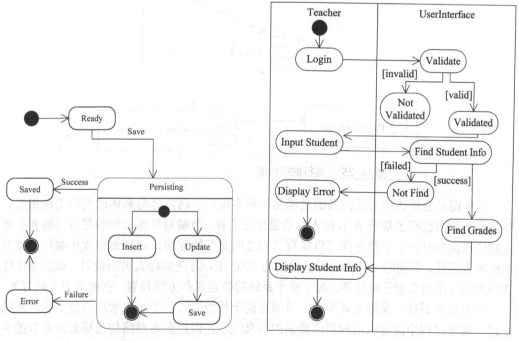

图 18-23  Grades 对象状态图

图 18-24  查询学生成绩的活动图

在确定业务逻辑对象类的主要操作和关联后,下一步就可以确定各页面的操作以及它们之间的关联。

## 18.5 系统部署

软件系统一般由一组部件组成，换句话说，部件是相对独立的部分软件实现，有自己特有的功能，并可在系统中安装使用，系统中各部件是相互协作合作，给系统提供完整的功能。对于瘦 Web 客户模式系统而言，系统采用五层逻辑结构：客户端只需浏览器；Web 层用几个 JSP（Java Server Page）文档实现动态页面以创建、操作业务逻辑对象；业务核心对象层用三个 Java 类以 JavaBean 形式构成业务处理的核心对象；连接层采用 JDBC 提供两种连接方式：一种是基于 DriverManager，主要支持 Java 应用和测试，另一种基于 DataSource；资源层即数据库服务器。

经过系统分析和设计后，就可以根据设计模型在具体的环境中实现系统，生成系统的源代码、可执行程序和相应的软件文档，建立一个可执行系统；进而需要对系统进行测试和排错，保证系统符合预定的要求，获得一个无错的系统实现。测试结果将确认所完成的系统可以真正使用；最后完成系统配置，其任务是在真实的运行环境中配置、调试系统，解决系统正式使用前可能存在的任何问题。图 18-25 是本系统运行时的主要组件部署情况。

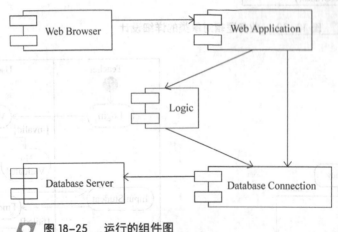

图 18-25 运行的组件图

组件图是分析该环节所涉及的功能是如何实现的，这部分与具体的编码工作相关。类图和组件图说明了基于 Web 技术的信息交互流程。当编写页面之间的超级链接和页面之间的重定向时，由于模型图可以掌握它们之间交互的逻辑，这样使得程序编写更富条理性和方便性。在实际工作中，可以设置为 CRC 卡，方便编程人员的使用。如若再比较详细地设计出对象图和顺序图，对于整个系统的类定义和方法设置，会提供更大的方便。

信息管理系统的发展方兴未艾，目前正处于传统手工、半手工管理向数字化过渡的阶段，转变过程中需要应用和集成最新的信息技术，以达到对网络信息资源最有效的利用和共享。传统的系统分析设计方法难以保证效率和质量，将 UML 应用于信息管理系统的建设，可以加速开发进程，提高代码质量，支持动态的业务需求。从实际效果来看，UML 可以保证软件开发的稳定性、鲁棒性，在实际应用中取得良好的效果。

## 18.5 系统部署

软件系统一般由一组部件组成，换句话说，部件是相对独立的部分软件实现，有自己特有的功能，并可在系统中安装使用，系统中各部件是相互协作合作，给系统提供完整的功能。对于瘦 Web 客户模式系统而言，系统采用五层逻辑结构：客户端只需浏览器；Web 层用几个 JSP（Java Server Page）文档实现动态页面以创建、操作业务逻辑对象；业务核心对象层用三个 Java 类以 JavaBean 形式构成业务处理的核心对象；连接层采用 JDBC 提供两种连接方式：一种是基于 DriverManager，主要支持 Java 应用和测试，另一种基于 DataSource；资源层即数据库服务器。

经过系统分析和设计后，就可以根据设计模型在具体的环境中实现系统，生成系统的源代码、可执行程序和相应的软件文档，建立一个可执行系统；进而需要对系统进行测试和排错，保证系统符合预定的要求，获得一个无错的系统实现。测试结果将确认所完成的系统可以真正使用；最后完成系统配置，其任务是在真实的运行环境中配置、调试系统，解决系统正式使用前可能存在的任何问题。图 18-25 是本系统运行时的主要组件部署情况。

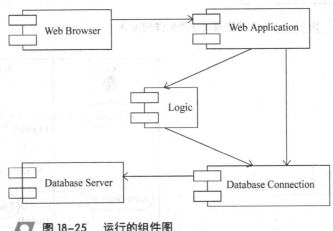

图 18-25 运行的组件图

组件图是分析该环节所涉及的功能是如何实现的，这部分与具体的编码工作相关。类图和组件图说明了基于 Web 技术的信息交互流程。当编写页面之间的超级链接和页面之间的重定向时，由于模型图可以掌握它们之间交互的逻辑，这样使得程序编写更富条理性和方便性。在实际工作中，可以设置为 CRC 卡，方便编程人员的使用。如若再比较详细地设计出对象图和顺序图，对于整个系统的类定义和方法设置，会提供更大的方便。

信息管理系统的发展方兴未艾，目前正处于传统手工、半手工管理向数字化过渡的阶段，转变过程中需要应用和集成最新的信息技术，以达到对网络信息资源最有效的利用和共享。传统的系统分析设计方法难以保证效率和质量，将 UML 应用于信息管理系统的建设，可以加速开发进程，提高代码质量，支持动态的业务需求。从实际效果来看，UML 可以保证软件开发的稳定性、鲁棒性，在实际应用中取得良好的效果。

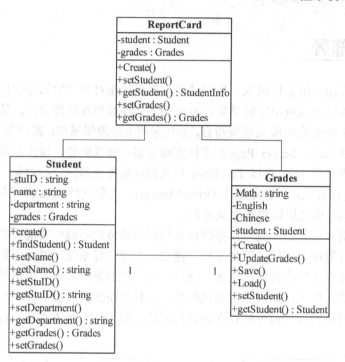

图 18-22　业务逻辑对象类的详细设计

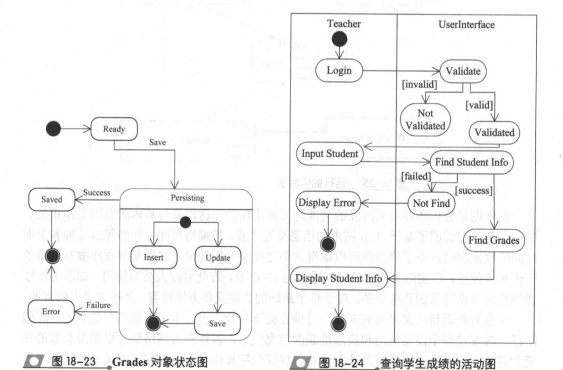

图 18-23　Grades 对象状态图　　　　图 18-24　查询学生成绩的活动图

在确定业务逻辑对象类的主要操作和关联后,下一步就可以确定各页面的操作以及它们之间的关联。